5G
移动通信技术

5G YIDONG TONGXIN JISHU

朱伏生　吕其恒　徐　巍　蒋志钊◎编著

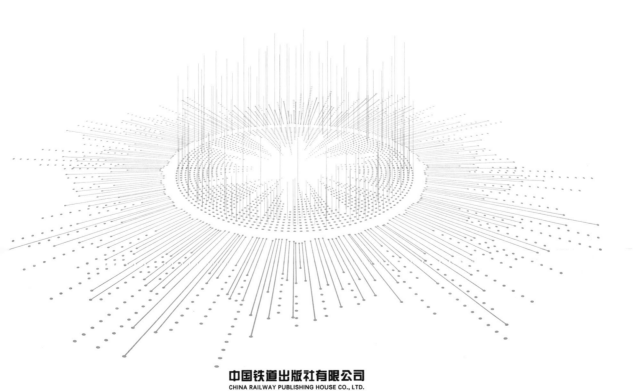

中国铁道出版社有限公司
CHINA RAILWAY PUBLISHING HOUSE CO., LTD.

内 容 简 介

本书全面介绍了5G移动通信技术的发展历程,分析了5G关键技术以及核心网。本书分为理论篇、应用篇两篇,主要内容有:初识5G网络、学习5G无线网架构、学习5G的无线网络规划部署、掌握5G无线网的关键技术、分析5G承载网、讨论5G核心网,以及学习中国电信5G行业场景案例集。

本书概念清晰、内容翔实,理论与实践紧密联系,重点突出,适合作为高等学校本科通信工程、信息工程、电子工程和其他相近专业的教材,也可作为通信工程技术人员的参考书。

图书在版编目(CIP)数据

5G移动通信技术/朱伏生等编著. —北京:中国铁道出版社
有限公司,2021.2(2024.1 重印)
面向新工科5G移动通信"十三五"规划教材
ISBN 978-7-113-27612-6

Ⅰ.①5… Ⅱ.①朱… Ⅲ.①无线电通信-移动通信-通信技术-
高等学校-教材 Ⅳ.①TN929.5

中国版本图书馆 CIP 数据核字(2020)第 273160 号

书　　名:**5G移动通信技术**
作　　者:朱伏生　吕其恒　徐　巍　蒋志钊

策　　划:韩从付　　　　　　　　　　　　　编辑部电话:(010)63549501
责任编辑:贾　星　包　宁
封面设计:MXK DESIGN STUDIO
封面制作:尚明龙
责任校对:孙　玫
责任印制:樊启鹏

出版发行:中国铁道出版社有限公司(100054,北京市西城区右安门西街8号)
网　　址:http://www.tdpress.com/51eds/
印　　刷:三河市国英印务有限公司
版　　次:2021年2月第1版　2024年1月第4次印刷
开　　本:787 mm×1 092 mm 1/16　印张:16　字数:367 千
书　　号:ISBN 978-7-113-27612-6
定　　价:49.80 元

编委会成员:(按姓氏笔画排序)

序　一

　　全球经济一体化促使信息产业高速发展，给当今世界人类生活带来了巨大的变化，通信技术在这场变革中起着至关重要的作用。通信技术的应用和普及大大缩短了信息传递的时间，优化了信息传播的效率，特别是移动通信技术的不断突破，极大地提高了信息交换的简洁化和便利化程度，扩大了信息传播的范围。目前,5G 通信技术在全球范围内引起各国的高度重视，是国家竞争力的重要组成部分。中国政府早在"十三五"规划中已明确推出"网络强国"战略和"互联网＋"行动计划，旨在不断加强国内通信网络建设，为物联网、云计算、大数据和人工智能等行业提供强有力的通信网络支撑，为工业产业升级提供强大动力，提高中国智能制造业的创造力和竞争力。

　　近年来，为适应国家建设教育强国的战略部署，满足区域和地方经济发展对高学历人才和技术应用型人才的需要，国家颁布了一系列发展普通教育和职业教育的决定。2017 年10 月，习近平总书记在党的十九大报告中指出，要提高保障和改善民生水平，加强和创新社会治理，优先发展教育事业。要完善职业教育和培训体系，深化产教融合、校企合作。2022 年 1 月召开的 2022 年全国教育工作会议指出，要创新发展支撑国家战略需要的高等教育。推进人才培养服务新时代人才强国战略，推进学科专业结构适应新发展格局需要，以高质量的科研创新创造成果支撑高水平科技自立自强，推动"双一流"建设高校为加快建设世界重要人才中心和创新高地提供有力支撑。《国务院关于大力推进职业教育改革与发展的决定》指出，要加强实践教学，提高受教育者的职业能力，职业学校要培养学生的实践能力、专业技能、敬业精神和严谨求实作风。

　　现阶段，高校专业人才培养工作与通信行业的实际人才需求存在以下几个问题：

　　一、通信专业人才培养与行业需求不完全适应

　　面对通信行业的人才需求，应用型本科教育和高等职业教育的主要任务是培养更多更好的应用型、技能型人才，为此国家相关部门颁布了一系列文件，提出了明确的导向，但现阶段高等职业教育体系和专业建设还存在过于倾向学历化的问题。通信行业因其工程性、实践性、实时性等特点，要求高职院校在培养通信人才的过程中必须严格落实国家制定的"产教融合,校企合作,工学结合"的人才培养要求，引入产业资源充实课程内容，使人才培养与产业需求有机统一。

　　二、教学模式相对陈旧，专业实践教学滞后比较明显

　　当前通信专业应用型本科教育和高等职业教育仍较多采用课堂讲授为主的教学模式，学生很难以"准职业人"的身份参与教学活动。这种普通教育模式比较缺乏对通信人才的专业技能培训。应用型本科和高职院校的实践教学应引入"职业化"教学的理念，使实践教

学从课程实验、简单专业实训、金工实训等传统内容中走出来，积极引入企业实战项目，广泛采取项目式教学手段，根据行业发展和企业人才需求培养学生的实践能力、技术应用能力和创新能力。

三、专业课程设置和课程内容与通信行业的能力要求多有脱节，应用性不强

作为高等教育体系中的应用型本科教育和高等职业教育，不仅要实现其"高等性"，也要实现其"应用性"和"职业性"。教育要与行业对接，实现深度的产教融合。专业课程设置和课程内容中对实践能力的培养较弱，缺乏针对性，不利于学生职业素质的培养，难以适应通信行业的要求。同时，课程结构缺乏层次性和衔接性，并非是纵向深化为主的学习方式，教学内容与行业脱节，难以吸引学生的注意力，易出现"学而不用，用而不学"的尴尬现象。

新工科就是基于国家战略发展新需求、适应国际竞争新形势、满足立德树人新要求而提出的我国工程教育改革方向。探索集前沿技术培养与专业解决方案于一身的教程，面向新工科，有助于解决人才培养中遇到的上述问题，提升高校教学水平，培养满足行业需求的新技术人才，因而具有十分重要的意义。

本套书第一期计划出版 15 本，分别是《光通信原理及应用实践》《综合布线工程设计》《光传输技术》《无线网络规划与优化》《数据通信技术》《数据网络设计与规划》《光宽带接入技术》《5G 移动通信技术》《现代移动通信技术》《通信工程设计与概预算》《分组传送技术》《通信全网实践》《通信项目管理与监理》《移动通信室内覆盖工程》《WLAN 无线通信技术》。套书整合了高校理论教学与企业实践的优势，兼顾理论系统性与实践操作的指导性，旨在打造为移动通信教学领域的精品图书。

本套书围绕我国培育和发展通信产业的总体规划和目标，立足当前院校教学实际场景，构建起完善的移动通信理论知识框架，通过融入黄冈教育谷培养应用型技术技能专业人才的核心目标，建立起从理论到工程实践的知识桥梁，致力于培养既具备扎实理论基础又能从事实践的优秀应用型人才。

本套书的编者来自中国电子科技集团、广东省新一代通信与网络创新研究院、南京理工大学、黄冈教育谷投资控股有限公司等单位，包括广东省新一代通信与网络创新研究院院长朱伏生、中国电子科技集团赵玉洁、黄冈教育谷投资控股有限公司徐巍、舒雪姣、徐志斌、兰剑、姚中阳、胡良稳、蒋志钊、阳春、袁彬等。

本套书如有不足之处，请各位专家、老师和广大读者不吝指正。希望通过本套书的不断完善和出版，为我国通信教育事业的发展和应用型人才培养做出更大贡献。

张光义

2022 年 1 月

序 二

现今,ICT(信息、通信和技术)领域是当仁不让的焦点。国家发布了一系列政策,从顶层设计引导和推动新型技术发展,各类智能技术深度融入垂直领域为传统行业的发展添薪加火;面向实际生活的应用日益丰富,智能化的生活实现了从"能用"向"好用"的转变;"大智物云"更上一层楼,从服务本行业扩展到推动企业数字化转型。中央经济工作会议在部署 2019 年工作时提出,加快 5G 商用步伐,加强人工智能、工业互联网、物联网等新型基础设施建设。5G 牌照发放后已经带动移动、联通和电信在 5G 网络建设的投资,并且国家一直积极推动国家宽带战略,这也牵引了运营商加大在宽带固网基础设施与设备的投入。

5G 时代的技术革命使通信及通信关联企业对通信专业的人才提出了新的要求。在这种新形势下,企业对学生的新技术和新科技认知度、岗位适应性和扩展性、综合能力素质有了更高的要求。从相关调研与数据分析看,通信专业人才储备明显不足,仅 10% 的受访企业认可当前人才储备能够满足企业发展需求。相关的调研显示,为应对该挑战,超过 50% 的受访企业已经开展 5G 相关通信人才的培养行动,但由于缺乏相应的培养经验、资源与方法,人才培养投入产出效益不及预期。为此,黄冈教育谷投资控股有限公司再次出发,面向教育领域人才培养做出规划,为通信行业人才输出做出有力支撑。

本套书是黄冈教育谷投资控股有限公司面向新工科移动通信专业学生及对通信感兴趣的初学人士所开发的系列教材之一。以培养学生的应用能力为主要目标,理论与实践并重,并强调理论与实践相结合。通过校企双方优势资源的共同投入和促进,建立以产业需求为导向、以实践能力培养为重点、以产学结合为途径的专业培养模式,使学生既获得实际工作体验,又夯实基础知识,掌握实际技能,提升综合素养。因此,本套书注重实际应用,立足于高等教育应用型人才培养目标,结合黄冈教育谷投资控股有限公司培养应用型技术技能专业人才的核心目标,在内容编排上,将教材知识点项目化、模块化,用任务驱动的方式安排项目,力求循序渐进、举一反三、通俗易懂,突出实践性和工程性,使抽象的理论具体化、形象化,使之真正贴合实际、面向工程应用。

本套书编写过程中,主要形成了以下特点:

(1)系统性。以项目为基础、以任务实战的方式安排内容,架构清晰、组织结构新颖。

先让学生掌握课程整体知识内容的骨架,然后在不同项目中穿插实战任务,学习目标明确,实战经验丰富,对学生培养效果好。

(2)实用性。本套书由一批具有丰富教学经验和多年工程实践经验的企业培训师编写,既解决了高校教师教学经验丰富但工程经验少、编写教材时不免理论内容过多的问题,又解决了工程人员实战经验多却无法全面清晰阐述内容的问题,教材贴合实际又易于学习,实用性好。

(3)前瞻性。任务案例来自工程一线,案例新、实践性强。本套书结合工程一线真实案例编写了大量实训任务和工程案例演练环节,让学生掌握实际工作中所需要用到的各种技能,边做边学,在学校完成实践学习,提前具备职业人才技能素养。

本套书如有不足之处,请各位专家、老师和广大读者不吝指正。以新工科的要求进行技能人才培养需要更加广泛深入的探索,希望通过本套书的不断完善,与各界同仁一道携手并进,为教育事业共尽绵薄之力。

2022 年 12 月

前　言

信息化高速时代,移动通信已成为人们生活、娱乐、学习不可或缺的组成部分,从最初的1G网络,到后来的2G,再到3G和4G,以及当前备受瞩目的5G,移动通信技术在不断地更新换代。与2G萌生数据、3G催生数据、4G发展数据不同,5G是跨时代的技术,除了更极致的体验和更大的容量,它还将开启物联网时代,并渗透至各个行业。它将和大数据、云计算、人工智能等一道迎来信息通信时代的黄金10年。

本书从工程从业人员的视角来介绍5G移动通信技术发展和应用,系统全面地介绍了5G的关键技术和应用,注重强化了5G网络组网和5G在生活中的应用。本书共分为两篇:理论篇介绍了初识5G网络、5G无线网架构、5G的无线网络规划部署、5G无线网的关键技术、5G承载网和5G核心网;应用篇以5G实际应用要求为目标,突出实践操作,以工程项目实践的形式着重介绍了应用案例。

学生通过学习,可以掌握5G网络规划和部署以及相关核心技术,了解5G愿景与需求、5G的标准化和性能要求,熟悉5G频谱需求分析和5G网络安全需求,这样既能让学生掌握5G网络的特性特点,相关拳头产品的操作维护方法;又能学习到5G网络关键技术、关键融合应用内容,也为学生日后从事相关的5G网络应用、5G网络建设及维护等工作打下理论及应用基础。

为了便于学习,本书采用项目任务式来组织全书内容,每个任务还提供了任务描述、任务目标、任务实施、任务小结,每个项目提供了丰富的思考与练习。

本书适合作为高等学校通信工程、信息工程、电子工程和其他相近专业的教材,也可作为通信工程技术人员的参考书。

由于移动通信的发展迅速,加之编者水平有限,书中难免存在疏漏和不足之处,敬请广大读者批评指正。

编　者
2020 年 7 月

目　录

@ **理论篇　5G 移动通信技术的发展与演进**

@ 应用篇　5G 在各领域中的应用

理论篇

5G移动通信技术的发展与演进

移动通信(Mobile Communication)是移动体之间的通信,或移动体与固定体之间的通信。移动体可以是人,也可以是汽车、火车、轮船、收音机等在移动状态中的物体。1899 年,船舶上用无线电报传递保障船舶运行和海上人员安全的有关信息,其后开放有旅客与陆地公用电信网之间的通信业务。20 世纪 20 年代初,美国底特律警察局将 2 MHz 频段的无线电台安装在警车上作调度通信。1922 年,船舶上使用了无线电话。第二次世界大战后期,出现了将超短波电台装在指挥车上的单工通信系统。1946 年,美国在圣路易斯建立了公用汽车电话网。接着,西德、法国、英国等国家都相继研制了公用移动电话系统。50—60 年代,我国主要在航空、海上、军事、铁路列车无线调度等领域使用短波波段开展专用移动通信。60 年代,美国开始应用改进型移动电话系统(IMTS),可以直接拨号,自动选择无线信道并自动接入公用电信网。70 年代,美国开始使用第一代无绳电话系统。1976 年,美国发射了 MARISAT 海事卫星,海上移动通信开始使用微波频段和卫星通信技术。70 年代末,美国、日本研制了服务范围划分为若干基站覆盖区的模拟蜂窝式移动电话通信系统。1979 年成立国际海事卫星组织,该组织的全球卫星系统于 1982 年开始向船舶、海上石油钻台等水上目标与岸站间提供通信业务。70—80 年代初,我国各种专用移动通信系统相继投入使用。我国自行设计的 8 频道公用移动电话系统于 1982 年在上海投入运营。80 年代初,日本提出 900 MHz 无中心选址系统。80 年代中期以后,移动通信得到飞速发展。80 年代末,数字式无绳电话(CT2)系统在英国投入商用。

接着,北美的 CT2、瑞典的 CT3 等相继问世,有的可以提供双向呼叫和越区切换。专用调度系统也向公用方向发展,在美国、日本、苏联、法国、加拿大、瑞典等国家出现了集群式调度网。西欧国家组成的移动通信特别小组(GSM)提出了窄带 TDMA 数字移动电话系统的标准,泛欧国家于 20 世纪 90 年代初开通数字蜂窝式移动电话通信系统。1991 年,美国提出用几十颗低轨卫星覆盖全球的卫星移动通信系统。

1

1991 年,我国开始使用北京海事卫星通信岸站。1992 年,数字式无绳电话(CT2)在深圳开通。集群调度系统也在北京、上海等城市投入运营。

学习目标

- 掌握移动通信基础理论知识。
- 掌握移动通信网络系统的组成、性能特点等。

知识体系

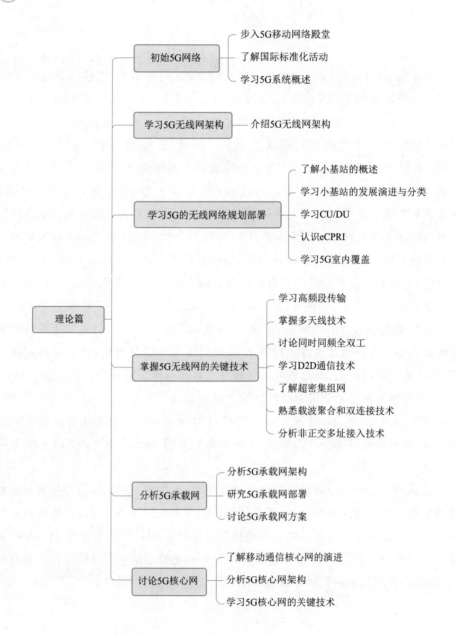

项目一

初识5G网络

任务一　步入5G移动网络殿堂

任务描述

本任务主要介绍移动通信网络的发展历史和全球5G产业倡议，为后面5G无线网的学习打下基础。

任务目标

- 了解5G网络的发展历史。
- 了解5G网络的产业倡议。

任务实施

一、移动通信网络的发展历史

1. 移动网络历史回顾

诞生于21世纪的信息通信技术（又称ICT技术）起源于20世纪两个主要产业的融合，即电信产业和计算机产业的融合。本书描述移动通信产业第五代技术的发展趋势，这些技术将实现多种通信服务的增强融合，在包括连接、信息处理、数据存储和人工智能在内的、复杂的分布式环境中，实现内容的分发、通信和运算。这些技术的巩固和加强模糊了传统的技术功能的边界。例如，计算和存储嵌入通信基础设施之中，流程控制分布于互联网之上，运算功能迁移到集中的云计算环境之中。

ICT产业源于电信产业和（计算机）互联网产业的结合，并给信息和通信服务的供给和分发方式带来巨大的变革。大量被广泛使用的移动连接设备推动社会进一步深入变革，社会变得更加网络化和连接化，从而在经济、文化和技术方面产生深远影响。人类社会正在经历一场技术革命，这个过程始于20世纪70年代半导体技术和集成电路技术的发展，以及随之而来的信息技术（IT）的成熟和20世纪80年代现代电子通信技术的发展。下一代ICT产业中日趋成熟的前沿包括:构建在不同的场景中,同时满足服务需求差异巨大的交付框架,满足大量的不同需求,例如,来自和去往互联网的个人媒体交付,实现万物互联(物联网),并将安全和移动性作为可以配置的功能引入所有通信服务。有人将其称为工业革命的第四阶段。

工业革命的四个阶段如图 1.1.1 所示。

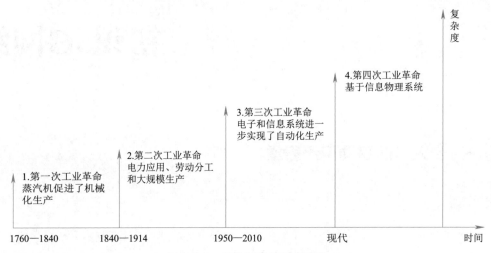

图 1.1.1　工业革命的四个阶段

第一阶段(约 1760—1840 年)始于英国,其间诞生了动力织布机和蒸汽机。在随后的几十年里,18 世纪的农业经济迅速转型为工业经济,用于生产货物的机器大行其道。

第二阶段(约 1840—1914 年)始于贝西默钢铁生产程序,这一阶段实现了早期工业电气化、大规模工业制造和流水线生产方式。电气化生产线上的工人分工更加专业,从而实现了大规模工业制造。

第三阶段(约 1950—2010 年)主要归功于电子信息技术,特别是可编程逻辑控制器件(Programmable Logic Controllers,PLC)的发明。这些技术进一步提升了生产流程自动化和产能。

第四阶段也就是我们目前所处的时代。在这个时代,通过新一代无线通信技术实现万物互联,无处不在地连接设备和物品,推动工业自动化水平再次飞跃。

人们期待的第五代移动通信(5G)提供了进入工业革命第四阶段的途径。因为它将以人为主要服务对象的无线通信,延伸到人与物全连接的世界。5G 包括以下内容:

①连接成为人与物的标准配置。

②关键和海量的机器连接。

③新的频段和监管制度。

④移动和安全成为网络功能。

⑤通过互联网的内容分发集成。

⑥网络边缘处理和存储。

⑦软件定义网络和网络功能虚拟化。

2.移动通信的发展历程:从 1G 到 4G

从 20 世纪 80 年代的婴儿期(第一代无线通信,1G)到 2020 年(第五代移动通信,5G),蜂窝移动通信系统演进的主要历程如图 1.1.2 所示。

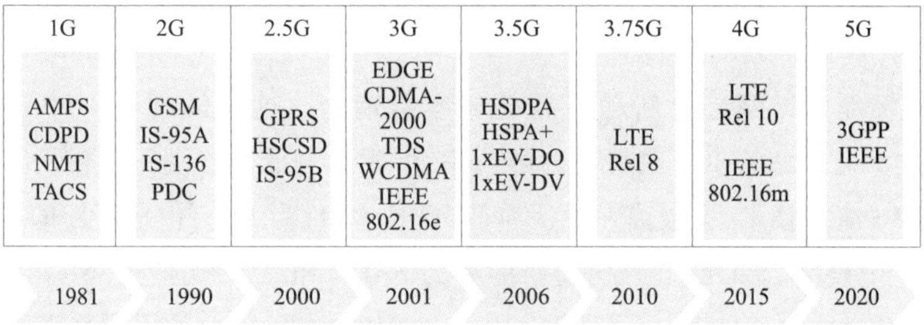

1G	2G	2.5G	3G	3.5G	3.75G	4G	5G
AMPS CDPD NMT TACS	GSM IS-95A IS-136 PDC	GPRS HSCSD IS-95B	EDGE CDMA- 2000 TDS WCDMA IEEE 802.16e	HSDPA HSPA+ 1xEV-DO 1xEV-DV	LTE Rel 8	LTE Rel 10 IEEE 802.16m	3GPP IEEE
1981	1990	2000	2001	2006	2010	2015	2020

图 1.1.2　蜂窝移动通信系统演进的主要历程

第一代商用模拟移动通信系统部署于 20 世纪 80 年代,但市场渗透率很低。1981 年诞生了第一代移动蜂窝系统(1G),包括北欧国家部署的北欧移动电话系统(NMT),德国、葡萄牙和南非部署的 C-Netz 系统,英国部署的 TACS 系统和北美部署的 AMPS 系统。1G 由于采用模拟技术而被称为模拟标准,通常采用调频信号和数字信令信道。1982 年欧洲邮电管理大会(CEPT)决定开发泛欧第二代移动通信系统,即处于 2G 统治地位的 GSM 系统,1991 年 GSM 开始国际部署。2G 的标志是实现了数字发送技术和交换技术。数字技术有效地提升了话音质量和网络容量,同时引入了新服务和高级应用,例如用于文本信息的存储和转发的短消息。

设计 GSM 系统的首要目的是实现欧洲数字语音服务的国际漫游。与 1G 仅使用了 FDMA 相比,GSM 采用了混合的时分多址(TDMA)/频分多址(FDMA)技术。与此同时,全球其他 2G 系统也在部署之中,并且相互竞争。2G 技术包括以下内容:①北美的 NA-TDMA(TIA/EIA-136)标准;②CDMAOne(TIA/EIAIS-95A);③仅用于日本的个人数字蜂窝系统(PDC)。2G 的演进又称 2.5G,在语音和数据电路交换之上,引入了数据分组交换业务。主要的 2.5G 标准包括 GPRS 和 TIA/EIA-95,二者分别是 GSM 和 TIA/EIA-p5A 的演进版。此后不久,GSM 进一步演进为 EDGE 和 EGPRS。其性能增强主要是采用了更高级的调制和编码技术。GSM/EDGE 在 3G 合作伙伴项目(3GPP)标准继续演进,并且在最新的版本里支持更宽的带宽和载波聚合技术。

2G 系统商用不久,业内就开始准备和讨论第三代无线通信系统。同时国际电信联盟无线通信委员会(ITU-R)制定了国际移动通信系统 2000(IMT-2000)的要求。1998 年 1 月,两个基于 CDMA 技术的标准被欧洲通信标准协会(ETSI)接纳为全球移动通信系统(UMTS),分别是宽带 CDMA(WCDMA)和时分 CDMA(TD-CDMA)技术。UMTS 成为主要的 3G 移动通信系统,并且是最早达到 IMT-2000 要求的技术。最终有六个空中接口技术满足 IMT-2000 要求,包括三个基于 CDMA 的技术、一个 GSM/EDGE 的新版本(称为 UWC-1361)和两个基于 OFDMA 的技术。在 3GPP 的框架内,制定了被称为 3G 演进的新技术规范,即 3.5G。这一演进技术建议包括两个无线接入网络(RAN)技术和一个核心网演进建议。

第一个 RAN 技术是 3GPP 2 制定的基于 CDMA2000 的演进版本 lxEV-DO 和 lxEV-DV。第二个 RAN 技术是高速数据分组接入技术(HSPA)。HSPA 由 3GPP R5 版加入下行 HSPA(HSDPA)和 3GPP R6 版加入上行 HSPA(HSUPA)组成。二者都是为了提升数据速率,下行提高到

14.6 Mbit/s,上行提高到 5.76 Mbit/s。引入 MIMO 后,速率获得进一步提升。HSPA 技术基于 WCDMA 并且完全后向兼容。CDMA lxEV-DO 在 2003 年开始部署,HSPA 和 CDMA lx EV-DV 于 2006 年实现商用。

所有 3GPP 标准始终保持着新功能后向兼容的理念。这也体现在 HSPA 的进一步演进 HSPA + 中,该技术通过载波聚合获得更高的速率,但不影响原有终端正常使用。

第二个 UMTS 演进技术,也被商业上认为是 4G 技术,称为 LTE,包括了新的基于正交频分多址(OFDMA)的空中接口,新的网络架构和新的称为 SAE/EPC 的核心网(CN)。LTE 与 UMTS 并不后向兼容。这个标准设计灵活,可以部署在从 1.4 MHz 到 20 MHz 的不同带宽的载波上。

LTE 标准实现了系统容量的大幅提升,其设计使蜂窝网络脱离了电路交换的功能。与之前的通信系统相比,这一改进显著降低了成本。2007 年年底,第一个 LTE 版本得到 3GPP 批准,称为 LTE R8 版本。这一版本的峰值速率约为 326 Mbit/s,和以前的系统相比频谱利用效率获得了提升,并显著降低了时延(下降到 20 ms)。与此同时,ITU-R 提出了 IMT-2000 的后续要求(IMT-Advanced),作为制定第四代移动通信系统的要求。LTE R8 版本并不能达到 IMT-Advanced 的要求,因此被认为是前 4G 技术。这些要求后来有所放松,因此 LTE 被统一认为是 4G 技术。技术上,3GPP LTE R10 版本和 IEEE 802.16m(又称 WiMAX)是最早满足 IMT-Advanced 要求的空中接口技术。而 WiMAX 尽管被批准成为 4G 标准,但没有被市场广泛接受,最终被 LTE 取代。与 LTE R8 版本相比,LTE R10 版本新增了高阶 MIMO 和载波聚合的技术,从而提升了容量和速率,利用高达 100 MHz 的载波聚合带宽可以达到 3 Gbit/s 下行峰值速率和 1.5 Gbit/s 上行峰值速率。其中下行采用 8 × 8 MIMO,上行采用 4 × 4 MIMO。

3GPP 对于 LTE 的标准化工作持续进行,包括 R11 版本到 R13 版本,以及后续版本。LTE R11 版本通过引入载波聚合、中继和干扰消除技术优化了 LTE R10 版本的容量。同时,增加了新的频谱以及多点协同发送和接收(CoMP)技术。

在 2015 年 3 月冻结的 LTE R12 版本增加了异构网络和更高级的 MIMO 以及 FDD/TDD 载波聚合,增加了一些回传和核心网负载均衡的功能。LTE R12 和 LTE R13 版本为了支持机器类通信(MTC),例如传感器和电动装置,引入了新的物联网解决方案(包括 LTE-M 和窄带物联网 NB-IOT)。这些新技术提升了覆盖,延长了电池的续航能力,降低了终端成本。LTE R13 版本为了获得极高的移动宽带速率引入高达 32 载波的载波聚合技术。

截至 2015 年年中,全球蜂窝移动用户数达到 74.9 亿户,其中 GSM/EDGE 包括以数据通信为目标的 EGPRS 主宰了无线接入网络。GSM 市场份额达到 57%(其用户数达到 42.6 亿),但是 GSM 的连接数已经达到峰值,并开始下降。3G(包括 HSPA)的用户数从 2010 起不断上升,达到 19.4 亿,市场占有率达到 26%。爱立信移动报告预测 2020 年 WCDMA/HSPA 的用户数将达到顶峰,之后将会下降。处于 4G 主导地位的 LTE 技术截至 2015 年年底,发展用户 9.1 亿(市场份额 12%),预计 2021 年达到 41 亿,从而成为用户数最多的移动通信技术。目前市场上的 3GPP 技术总体趋势是越来越广的频谱分布、更高的带宽、更高的频谱利用率和更低的时延。

3. 从 ICT 到社会经济

与以前的蜂窝系统相比,5G 系统设计的主要目标是满足不同的移动业务的需要,并把来自不同工业经济领域的需求映射到信息系统之中。事实上,无线通信在 21 世纪初就已经开始进军大众消费、金融和媒体等领域。接下来的几年,人们预期社会经济对无线移动通信的利用程度将越过临界点。5G 将把无线连接这一可选功能,变成众多领域中大量产品的必备功能。这里的必要性来源于潜在的基于数据的机器学习,进一步数据挖掘和信息提取,并在社会各个领域实现高度智能化。最后,由连接设备产生的数据将会降低业务交付成本,甚至实现现代工业革命 255 年来未曾实现的人类生产率和生产活动能力的提升。连接能力的提升将会给其他经济领域带来传导效益,并以前所未有的方式改善人们的生活。无线通信将会对下列经济领域产生重要影响。

农业:传感器和电动装置越来越多地被广泛应用于测量和传输关于土壤质量、降雨量、温度和风速等与农作物生长和畜牧活动相关的信息。

汽车制造:无线通信已经获得大量来自智能交通相关应用的关注。例如,实现更大程度的车辆自动驾驶、车辆之间通信、车辆与道路基础设施之间的通信、感知和避免碰撞的安全功能、规避道路拥塞,还包括媒体内容交付等商业应用。

建筑/建筑物:建筑物在建设过程中安装不同用途的传感器、电气装置、内置天线和监视设备,可以用于节能、安防、建筑使用状态和财产跟踪等。

能源/电力:智能电网价值链的各个环节都将受到影响,例如电动机、发电和产能、交易、检测、负载控制、故障容错和电力消耗。未来的能源消费者也可能成为电力生产者,各种设备被连接并由电力公司控制。同时,越来越多的电动汽车也给电力公司带来新的挑战和机遇。

金融/银行:与贸易、银行业和零售业相关的金融活动越来越多地通过无线上网完成。同时银行转账的安全、欺诈检测和分析变得越来越重要。这些服务由于无线连接能力的提升将得到更多的使用。

健康:无线通信可以被用在简单的或者复杂的健康应用中,包括运动监控、实时用户健康感知、医疗提示和健康监视,以及医院对病人的远程监视、远程健康服务,甚至实现远程手术等。

生产制造:由于无线通信的应用,不同的工程任务和流程控制可以变得更为高效、可靠和准确。5G 拥有的超高可靠性和极低时延要求对于工厂自动化极为重要。同时,海量的机器连接会进一步提高无线通信在工业制造机器人和自控设备中的应用。RFID 和低功耗无线通信也可以用于生产资产管理。

媒体:视频是推动大流量消费的主要动力。5G 可以提供大量优异的 3D 和 4K 用户体验。目前高清视频的用户体验还仅限于固定网络和短距离无线通信,享受高品质音乐服务的需求在人口密集地区也受到限制。未来在移动条件下,诸如虚拟现实(VR)和增强现实(AR)之类的应用将会变得越来越普遍。

公共安全:警察、消防、救援、救护和紧急医疗等服务都需要高可靠性和高可用性。就像 4G 被广泛应用于公共安全,5G 无线接入也是未来安全服务、执法和紧急救援人员的重要工具。SDN 和 NFV 技术的使用使网络在公共安全方面起到的作用更为直接,例如在火灾、地震和海啸等灾害中,通过更有效地管理局部的传感器和网络连接为人们提供帮助。通过网络也可使用本地服务来支持救援行动。

零售和消费者:无线通信将会继续在零售、旅游、休闲(包括酒店行业)起到重要的作用。

交通(包括物流):无线通信已经在这个领域发挥重要作用。随着5G的到来,这一作用会更为突出。事实上,5G能够进一步提升在铁路、公共交通、海运和陆运方面基础设施的通信功能。

新增行业:航空和国防、基础原材料、化工、工业产品和服务在不久的将来也会使用无线通信技术。

二、全球5G产业倡议

1. METIS 和 5G-PPP

全球范围内有很多5G的论坛和研究项目组。2011年欧洲第一个开展了5G研究,不久之后中国、韩国、日本开始了各自的研究活动。

(1)METIS

METIS是欧盟第一个完整的5G项目,并对全球的5G发展产生了深远的影响。METIS属于欧洲框架7项目,项目准备始于2011年4月,正式启动于2012年11月1日,终止于2015年4月30日。

METIS项目的原始诉求是为全球的5G研究建立参照体系,包括确定5G的应用场景、测试用例和重要性能指标。目前这些成果被商界和学术界广泛引用。其主要成果是筛选了5G的主要技术元素。欧洲通过该项目在5G的研发方面获得了明显的领先地位。

5G公私合作伙伴(5G-PPP)是欧盟框架7项目中5G后续项目。欧洲的ICT行业和欧洲委员会(EC)于2013年12月签署了商业协议,组建5G-PPP。该项目主要是技术研究,其2014—2020年预算为14亿欧元。欧洲委员会和ICT产业各出资一半(7亿欧元)。5G-PPP在设备制造企业、电信运营商、服务提供商和中小企业以及研究人员之间架起了桥梁。

根据与METIS签署的谅解备忘录,5G-PPP项目内METIS-Ⅱ于2015年7月启动。METIS-II致力于开发设计5G无线接入网络,其目标是进行足够的细节研究,支撑3GPP R14版本的标准化工作。METIS-II将提出技术建议,并有效地集成当前开发的5G技术元素以及与原有LTE-A技术演进的集成。为了实现这一目标,METIS-II非常重视和5G-PPP的其他项目以及全球其他5G项目的合作和讨论。讨论范围包括5G应用场景和需求、重要5G技术元素、频谱规划和无线网络性能等。

(2)5G-PPP

5G-PPP项目的目标是确保欧洲在特定领域的领先,并在这些领域开发潜在市场,例如智慧城市、电子医疗、智能交通、教育、娱乐和媒体。5G-PPP的终极目标是设计第五代通信网络和服务。

2. 中国:5G推进组

IMT-2020(5G)推进组于2013年2月由中国工业和信息化部、国家发展和改革委员会、科学技术部联合推动成立,组织国内的企业和高校等成员开展5G的研发和产业推进,是聚合移动通信领域产学研用力量、推动第五代移动通信技术研究、开展国际交流与合作的基础工作平台。

3. 韩国:5G论坛

韩国的5G论坛也是公私合作项目,成立于2013年5月。该项目的主要目标是发展和提出国家的 5G 战略,并规划技术创新战略。成员包括 ETRI、SK Telecom、KT、LG-爱立信和三星公司。这个论坛也对中小企业开放。

4.日本:ARIB 2020 和未来专项

ARIB 2020 和未来专项成立于 2013 年 9 月,目的是研究面向 2020 和未来的陆地移动通信技术,也是成立于 2006 年的先进无线通信研究委员会(ADWICS)的子委员会。这个组织的目标是研究系统概念、基本功能和移动通信的分布式架构。预期输出包括白皮书,以及向 ITU 及其他 5G 组织提交的文件。2014 年,该项目发布了第一个白皮书,描述了 5G 的愿景:"面向2020 和未来的移动通信系统"。

5.其他 5G 倡议

其他 5G 倡议相对于上述项目在规模和影响力方面较小,包括北美 4G(4G Americas)项目、Surrey 大学创新中心、纽约大学无线研究中心等。

任务小结

本任务主要学习 5G 移动通信的发展历程,并了解 5G 移动通信相关行业倡导,为后续 5G移动通信技术的展开做好铺垫。

任务二　了解国际标准化活动

任务描述

本任务简要介绍 5G 在 ITU-R、3GPP 和 IEEE 的标准化工作。

任务目标

识记:ITU、3GPP 和 IEEE 的标准化工作。

任务实施

一、ITU-R

2012 年 ITU 无线通信部分(ITU-R)在 5D 工作组(WP5D)的领导下启动了"面向 2020 和未来 IMT"项目,提出 5G 移动通信空中接口的要求。WP5D 制订了工作计划、时间表、流程和交付内容。需要强调的是 WP5D 暂时使用"IMT-2020"这一术语代表 5G。根据时间表的要求,需要在 2020 年完成"IMT-2020 技术规范"。至 2015 年 9 月,已经完成下列三个报告:

①未来陆地 IMT 系统的技术趋势:这个报告介绍了 2015—2020 年陆地 IMT 系统的技术趋势,包括一系列可能被用于未来系统设计的技术。

②超越 2020 的 IMT 建议和愿景:这个报告描述了 2020 年和未来的长期愿景,并对未来IMT 的开发提出了框架建议和总体目标。

③高于 6 GHz 的 IMT 可行性分析:这个报告提供 IMT 在高于 6 GHz 频段部署的可行性。该报告被 WRC 2015 参照,将新增的 400 MHz 频谱分配给 IMT 使用。

二、3GPP

3GPP 已经确认了 5G 标准化时间表,现阶段计划延续到 2020 年。5G 无线网络主要需求的研究项目和范围于 2015 年 12 月开始,2016 年 3 月开始相应的 5G 新的无线接入标准。此外,3GPP 在 LTE 和 GSM 引入了海量机器类通信的有关需求,即增强覆盖、低功耗和低成本终端。在 LTE 系统中,机器类通信被称为 LTE-M 和 NB-IoT,在 GSM 系统中被称为增强覆盖的 GSM 物联网(EC-GSM-IoT)。

三、IEEE

在电气电子工程师学会(IEEE)中,主要负责局域网和城域网的是 IEEE 802 标准委员会。特别是负责无线个人区域网络的 IEEE 802.15 项目(WPAN)和负责无线局域网(WLAN)的 IEEE 802.11 项目。IEEE 802.11 技术在最初设计时使用频段在 2.4 GHz。后来 IEEE 802.11 开发了吉比特标准,IEEE 802.11ac 可以部署在更高的频段,例如 5 GHz 频段,以及 IEEE 802.11ad 可以部署在 60 GHz 毫米波频段。这些系统的商用部署始于 2013 年 IEEE 802.11p 是针对车辆应用的技术,今后会获得在车联网 V2V 通信领域的广泛应用。在物联网领域 IEEE 也表现活跃。IEEE 802.11ah 支持在 1 GHz 以下频段部署覆盖增强的 Wi-Fi。IEEE 802.15.4 标准在低速个人通信网络(LR-WPAN)较为领先。这一标准被 ZigBee 联盟进一步拓展为专用网格连接技术,并被国际自动化协会(ISA)采纳,用于协同和同步操作,即 ISA 100.11a 规范。预计 5G 系统会联合使用由 IEEE 制定的空中接口。这些接口和 5G 之间接口的设计需要十分仔细,包括身份管理、移动性、安全性和业务。

任务小结

本任务主要学习与 5G 移动通信相关的标准化工作,为后续 5G 移动通信技术的展开做好铺垫。

任务三　学习 5G 系统概述

任务描述

本任务主要介绍 5G 网络的基础概念、各类性能指标、关键能力、应用、用例、业务类型及特点等,为后面 5G 无线网的学习打下基础。

任务目标

- 识记:熟悉 5G 系统的概念。
- 掌握:5G 主要性能指标、关键能力、业务类型及特点。

任务实施

一、5G 系统的概念

1.5G 简介

因为系统要求十分广泛,过去几代技术采用的通用型方法并不适用于 5G,因此,这里提出的 5G 概念概括了主要的应用特性和要求,并把技术元素混合到图 1.3.1 所示的四个赋能工具支持的三个 5G 通信服务中。单个用例可以被理解为"基本功能"的"线性组合"。每个通用服务包括特定服务的功能,主要的赋能工具包括支持多于一个通用服务的共同功能。

(1)三个一般服务

①极限移动宽带(xMBB),提供极高的数据速率和低时延通信,以及极端的覆盖能力。xMBB 提供覆盖范围内一致的用户体验,当用户数增加时性能将会适当下降。xMBB 还支持可靠通信服务,例如国家安全和公共安全服务(NSPS)。

②海量机器类通信(mMTC),为数以百亿计的网络设备提供无线连接。相对于数据速率,随着连接设备数增加,连接的可扩展性、高效小数据量发送以及广阔区域和深度覆盖被置于优先位置。

③超可靠机器类通信(uMTC),提供超可靠低时延通信连接的网络服务。要求包括极高的可用性、极低的时延和可靠性。例如,V2X 通信和工业制造应用。可靠性和低时延优先于对数据速率的要求。

一般的 5G 服务不需要采用相同的空中接口。选择的形式取决于设计和 5G 服务的组合。基于 OFDM 的灵活的空中接口更适合 xMBB 服务,而新的空中接口,例如 FBMC 和 UF-OFDM 则更适合 uMTC 服务,这些服务需要快速的同步。

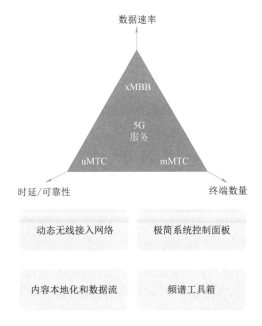

图 1.3.1　5G 系统三个一般服务和四个赋能工具

（2）四个主要的赋能工具

①动态无线接入网络（DyRAN）提供无线接入网络（RAN），从而适应用户需求和 5G 业务组合的时空变化。DyRAN 同时协同其他元素，如：

- 超密集网络。
- 移动网络（游牧节点和移动中继节点）。
- 天线波束。
- 作为临时接入节点的终端设备。
- 作为接入和回传使用的 D2D 通信链接。

②极简的系统控制面（LSCP），提供新的极简控制信令，确保时延和可靠性，支持频谱的灵活性，允许数据面和控制面分离，支持大量多种具有不同能力的终端，并确保高能效性能。

③内容本地化和数据流，允许实时和缓冲内容的分流、汇聚和分发。这些操作的本地化降低了时延和回传的负载，同时提供汇聚功能，如传感器信息的本地汇聚。

④频谱工具箱，提供一套解决方案，允许 5G 一般服务可以在不同的管理框架、频谱使用/共享条件下在不同频段部署。

在服务和赋能工具之间存在重叠部分，根据最终设计决定，有些功能或许既属于服务，也是赋能工具。然而，系统设计的期望是实现尽可能多的公共功能，而不会引起不可接受的性能下降，同时最小化系统设计复杂度。LTE 演进在 5G 将起到重要作用，尤其是在提供广域覆盖方面。LTE 演进可以被视为另一个 5G 通信服务。5G 系统可以被工作定义为一个可以提供一般服务的公共网络，同时灵活支持不同的服务组合。当用户的需求改变时，运营商应当能够改变相应的服务。频谱的使用不应当为某类服务固化，当不需要占用的时候应当可以重耕。

为了支持这一 5G 系统概念，架构需要足够的灵活性来强化系统的不同特征，如覆盖、容量和时延。

2. 极限移动宽带

一般 5G 服务是当前移动宽带业务的延伸，提供多用途的通信服务，来支持需要高速率、低时延的新应用，同时能够实现覆盖范围内一致的用户体验，如图 1.3.2 所示。极限移动宽带（xMBB）需要满足远远超越 2020 年用例的数据流量和速率，即达到每用户 Gbit/s 量级的速率，满足增强现实和虚拟现实，或者超高清视频的要求。除了高数据速率，低时延也是必要的，例如与云计算结合的感知互联网应用。为了获得较高的用户数据速率，系统的峰值速率必须提高，同时往往伴随着网络密度增加。同等重要的是，在任何地方都可以获得适中的数据速率。极限移动宽带网络表现为在期望的覆盖区域内，任何地方都可以获得 50～100 Mbit/s 的可靠速率。在密集人群区域，当用户数增长时，极限移动宽带网络速率将会适度下降，时延也会有所上升。

在基础设施受灾损坏的条件下（如自然灾害），xMBB 的极限覆盖能力和 DyRAN（动态无线接入网络）允许 NSPS（国家安全与公共安全服务）作为 xMBB 的一种模式建立可靠的通信连接。极限移动宽带网络同样需要在移动条件下展现顽健性（顽健性是指系统受到驱动或干扰时也不易变化，仍趋向恢复和保持原有形态的特性），并且确保提供无缝的高要求应用服务，其 QoE（Quality of Experience，体验质量）要求和静止用户的 QoE 相当，如汽车和高速列车场景。

更高峰值速率　　　　　　　大面积速率提升

图 1.3.2　极限移动宽带（xMBB）提供更高的峰值速率和大面积速率提升

实现极限移动宽带网络的一些重要方案包括引入新的频谱、新的频谱接入方式，增加网络密度，提高频谱利用率（包括本地流量），以及高移动用户的顽健性。因此需要一个新的适合密集部署的空中接口接入新频段。极限移动宽带网络空中接口可以采用与无线接入、D2D、无线回传相同的接口。

（1）引入新频谱和新的频谱接入方式

为了满足流量要求，需要获得更多的频谱和更为灵活有效的频谱利用技术，连续的频谱更受青睐，因为这样可以降低实现难度，避免载波聚合。

厘米波（cmW）和毫米波（mmW）对于 xMBB 和 5G 都很重要。解决方案需要适应具体的频率范围和实际部署策略。例如，对高频段，波束赋形是必要的技术，用来克服由于路径损耗大导致的接收信号强度的下降，因此厘米波适合采用多天线技术达到覆盖要求。

xMBB 需要支持在传统频段灵活的频谱使用，在厘米波和毫米波采用授权接入、分享授权接入（LSA）和辅助授权接入（LAA）。为了实现一致的用户体验，需要多连接技术。该技术通过紧密集成 6 GHz 以上新的空中接口和现有不同系统如 LTE 系统来实现。

（2）密集部署新的全中接口

xMBB 需要考虑密度不断增加的超密集网络（UDN）部署。网络密度增加的结果是单站的激活用户数下降，因此 UDN 不会工作在高负荷的状态。基于协同 OFDM 的新的空中接口，可以实现灵活的频谱利用和短距离通信，这个接口不仅优化了传统蜂窝系统，也优化了 D2D 和无线回传应用，可以协调地工作在 3～100 GHz，以及厘米波和毫米波频段，最终在 UDN 网络中实现频谱利用的优化。

（3）频谱效率和高级天线系统

最有希望提升频谱利用率的技术是高级多天线系统，如大规模多人多出（MIMO）和多点协同（CoMP）技术。在 xMBB 系统中多天线技术既可以通过提升频谱效率在给定区域实现极高的数据速率，也可以提升极限覆盖，以及在密集人群中实现中等速率要求。对于 xMBB，OFDM（正交频分多址）是受青睐的解决方案，因为这一方案已经很好地验证了 MIMO 技术，并且简化了反向互操作。在 xMBB 中，使用附加滤波器技术对频谱效率提升作用有限。附加滤波器在混合业务的场景中有明显优势。

（4）用户数

在初始阶段为了支持高的用户数，xMBB 可以先占用分配给 mMTC 的物理资源。在初始阶段之后，调度器再进行公平调度。当连接数很大时，采用 DyRAN、D2D 通信和本地化流量技术也可以提升 QoE。

（5）用户移动性

干扰识别和抑制技术、移动管理和预测技术、切换优化和内容觉察技术都可以提升 xMBB 性能。

（6）主要赋能工具的链接

DyRAN 在 UDN（超密集组网）网络里提供短距离通信，通过提高信号干扰噪声比（SINR）来提升速率和容量。网络密度增加会产生新的三维和多层的干扰环境，需要加以处理。在 xMBB 中利用 D2D 通信实现本地设备和周围设施的信息交换，以及本地化的内容和数据流可以提升系统性能。

频谱工具箱允许 xMBB 工作在传统频谱、厘米波和毫米波频段。

3. 海量机器通信

海量机器通信（mMTC）为大量低成本、低能耗的设备提供了有效连接方式。mMTC 包括众多不同的用例，包括大范围部署的、海量的、广泛地理分布的终端（如传感器和传动装置），这些终端可以用于监视和执行区域覆盖测量，也包括本地的连接用例，例如智慧家庭，或者居住区室内的电子设备，或者个人网络。相对于 xMBB 业务，这些用例的共性是数据流量小，零星地产生数据。由于频繁的电池充电和更换对于大量的终端设备是不现实的，事实上，终端设备一旦被部署，将会保持在最低发送状态，最小化终端开机时间。特别是将高能耗部分部署在基础设施一侧，和今天的网络相比，增加了不对称性，这个趋势是与 xMBB 背道而驰的。

mMTC 必须足够通用，才能支持新的未知用例，而不应当限制在今天可以想象的范围。为了管理高度异构的 mMTC 设备，5G 提供了三种不同的 mMTC 方案：直接网络接入（MTC-D）、聚合节点接入（MTC-A）和短距离 D2D（端到端）接入，如图 1.3.3 所示。理想情况下，相同的空中接口可以用于所有三种接入类型来降低终端成本。大多数终端将采用 MTC-D 接入方式。mMTC 的主要挑战是大量的终端、覆盖延伸、协议效率和廉价低能的终端。

（c）mMTC终端（MTC-M）的短距离D2D接入

（a）直接网络接入（MTC-D）　　　　（b）通过聚合节点接入（MTC-A）

图 1.3.3 海量机器类通信和三种接入方式

对于面向连接的 mMTC 流量,DyRAN、内容本地化和数据流支持通过将内容存储在网络中,来降低传输数据量,从而延长电池的续航能力。中继技术也可以提升 DyRAN 覆盖。与 xMBB 相反,mMTC 会受益于更紧密集成的控制面和用户面,这也将影响 LSCP 设计。

4. 超可靠机器类通信

超可靠机器类通信(uMTC)为要求严格的应用提供超可靠和低时延通信,其中两个典型应用是道路安全与高效交通和工业制造(见图 1.3.4),二者都对低时延和高可靠性有严格要求。在道路安全与高效交通应用中,在交通参与者之间的信息交换,使用车辆与车辆通信(V2V)、车辆与行人通信(V2P)以及车辆和基础设施(V2I)通信进行。道路安全与高效交通应用的通信统称车辆与其他通信(V2X),包括 V2V、V2P 和 V2I。

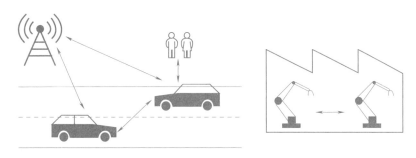

图 1.3.4 超可靠机器类通信在道路安全与高效交通和工业制造的应用

V2X 通信包括周期性信息和事件驱动信息。周期性信息发送用来规避险情。参与的车辆可以周期性地(如每隔 10 ms)向一定范围内(如 100 m)的接收器广播自己的位置、速度和移动轨迹。事件驱动信息在监测到异常和/或危险的时候发送,如检测到逆行车辆或者交通事故时。尽管两种信息都要求高可靠性,但是往往事件驱动信息要求更高的可靠性,即在邻近区域要求极高可靠性和几乎零时延。

常见的工业制造应用:静止设备(包括旋转和移动的部件,大多是室内部署)、附属于其他设备的监视传感器和生产流程控制环路的传动装置。

①自动运输机器人(包括室内和室外)。类似于 V2X(车对外界的信息交换)应用,但是自动运输机器人速度较低,而且环境并非公共环境。

②附属于其他设备的监视传感器。这一类传感器的输出不属于生产流程控制。在工业制造应用中,对于目标发现和通信建立的要求或许不如 V2X 严格,但是可靠性要求仍然很高。因此,很多用于 V2X 的技术也可以用于工业制造。监视传感器可以采用类似 mMTC 的方案,但是较高的可靠性会减少电池续航能力。uMTC 的挑战是快速建立通信连接、低时延和可靠通信、高系统可用性以及高移动性。

在 DyRAN 中,uMTC 可以通过干扰识别和干扰抑制获得性能提升。在 V2X 应用中,干扰环境快速变化。而在工业制造应用场景中,干扰通常不是高斯分布的。与获得更多的干扰信息的重要性一样,上下文信息和移动预测在 V2X 通信中起着重要的作用。本地化的内容和数据流对于降低时延和提升可靠性十分重要。交通状态信息是本地信息,对于其他应用(如辅助驾驶和远程驾驶），或许需要将应用服务器从数据中心移到道路边缘来降低时延，这与云计算的总体趋势相反，也会影响 5G 架构设计。通信快速建立和低时延会影响 LSCP（极简的系统控制面）。多运营商 D2D 操作包括了频谱工具箱的频谱接入。

5. 动态无线接入网络

为了满足多样化需求，5G 无线接入网络（RAN）包括不同的 RAN 赋能工具或者元素。传统的宏蜂窝网络需要提供广域覆盖，超密集网络和游牧节点提升本地容量。在较高频段，波束赋形可以用于广域覆盖和 SINR 提升。D2D 通信既适用于接入，也适用于回传。尽管如此，每种技术各自都无法适应随着时间和位置变化的容量、覆盖、时延需求的变化。

动态无线接入（DyRAN）以动态的方式集成了所有元素，成为多无线接入技术环境，如图 1.3.5 所示，图中包括 UDN 节点、移动节点、天线波速和回传；阴影代表激活状态，反之代表未激活。DyRAN 也会在时间和空间上快速适应 5G 一般服务的组合的变化。

不同的技术元素作用于提升覆盖区域内的 SINR 这一基本技术要求。例如，大规模 MIMO 波束赋形和 UDN 可以用于提升某一区域的平均 SINR，而具体的技术选择将基于技术和非技术考量。在密集城市环境，UDN 方案可能更获青睐，而在郊区和农村，大规模 MIMO 的方案更适合。尽管功能是通用的，其实现方式未必相同。DyRAN 与系统架构紧密关联，并且根据网络节点的服务能力和计算能力支持不同的网络功能分布。

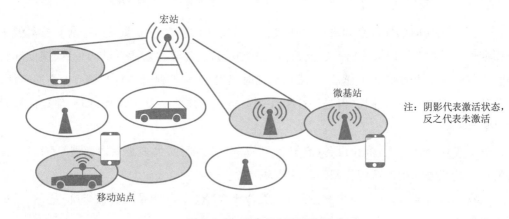

图 1.3.5　动态 RAN 示意图

（1）超密集网络

网络密度增加，可以直接提升网络容量。网络密度可以通过 Small Cell 的部署成为 UDN 超密集网络。UDN 可以部署在室内也可以部署在室外，可以使站间距降低到若干米。UDN 的目标用户速率是 10 Gbit/s，被解读为高（本地）容量和高速率。考虑到能耗效率的要求，只有在厘米波和毫米波具有很大的连续频谱时才是现实可行的。

UDN 应当既能独立部署，也可以作为容量提升"孤岛"和网络覆盖层（如 LTE）紧密协同。当独立部署时，UDN 网络需要实现完整的移动网络功能，包括系统接入、移动管理等。当 UDN 和网络覆盖层紧密协作部署时，UDN 和覆盖网络层可以进行网络功能分工。例如，重叠网络的控制面可以作为 UDN 和覆盖网络的共同控制面。二者的用户面则可以不同。第三方部署的 UDN(如室内场景)可以将其具备的覆盖和容量提供给多个运营商,也就是和多个覆盖网络紧密结合,甚至支持用户自行部署的 UDN 接入节点。大量的 UDN 节点不需要传统的网络规划,自组织能力也超越今天的自组织网络。创新的技术是必要的,例如干扰抑制。UDN 网络也可以为其他不同的接入技术提供回传。根据接入节点的能力,接入技术可以是 Wi-Fi、ZigBee 等。可以预见这种应用将被用于 mMTC 操作,设备通过不同的空中接口接入 UDN 节点。

(2)移动网络

移动网络包括移动节点和/或移动中继节点。

①移动节点是一种新的网络节点,它具有的车辆通信能力,可以使车辆作为临时接入节点,同时服务于车内和车外的用户。移动节点增加了网络密度,并且满足了数据流量随着时间和空间的变化。移动节点集成于 UDN 之中,在不可预测的时间和地点提供临时性的接入服务。任何的解决方案都必须能够处理这种动态变化的要求。

②移动中继节点指无线接入节点为车辆内用户提供通信能力,特别是在高速移动的场景。典型的移动中继节点可以是火车、公共汽车或者有轨电车,也可以是小轿车。移动中继节点可以克服金属化的车窗带来的穿透损耗。

(3)天线波束

波束赋形,即塑造多个天线波束,可以在一定区域内提升 SINR,也可以应用于大规模 MIMO 或者 CoMP(多点协同合作)。尽管天线站址是固定在一个位置,天线波束的方向在指向和空间上却是动态变化的,它所覆盖的区域可以被认为是虚拟小区。虚拟小区比游牧节点更容易控制。

(4)无线终端设备作为临时网络节点

高端无线设备,例如智能手机和平板电脑和平价的 UDN 节点的能力相当。一个具备 D2D 能力的设备可以充当临时的网络节点,例如用于覆盖延伸。在这种模式下,终端设备可能承担某些网络管理的角色,例如在 D2D 组合之间进行资源管理,或者作为 mMTC 的网管。允许用户设备作为 RAN 的临时接入节点,还需要解决征信的问题。

(5)设备到设备通信

灵活的 D2D 通信是 DyRAN 的重要元素,它可以用于接入,也可以用于将用户面负载分流到 D2D 连接,或者充当回传。当一个终端被发现后,依据不同的标准(如容量要求和干扰水平)选择最适合的模式。D2D 也被用于无线回传。

(6)激活和共闭节点

当候选接入节点数增加,某个节点空闲的概率也会增加。为了降低整体网络能耗和干扰,DyRAN 通过激活/关闭节点机制来选择某一个(节点、天线波束、D2D 连接和/或终端)在特定的时间和地点被激活,来满足覆盖和容量的要求。那些没有用户接入的节点和波束将被关闭。激活和关闭节点也会影响网络功能在 DyRAN 网络内实现的区域。这可能引起网络功能的动态实时变化。

（7）干扰识别和抑制

干扰环境将变得更加动态变化。干扰不仅来源于终端和激活/关闭节点，天线波束也会影响干扰环境。因此，在 DyRAN 中动态干扰和无线资源管理是必要的功能。

（8）移动性管理

在 DyRAN 中，移动性管理适用于终端和 MTC 设备以及接入节点。例如，游牧节点不能接入时，尽管用户自身是静止的，但终端用户可能面临切换的决定。类似地，无线回传到移动节点的链接也需要保护，以避免突然通信中断。智能移动管理技术是必要的，以确保 DyRAN 网络中的无缝连接。

（9）无线回传

组成 DyRAN 的节点不完全连接到有线回传，例如移动节点永远不会连接到有线回传，游牧节点也很少连接有线回传，而 UDN 节点大多具有有线回传。因此，获得 DyRAN 的增益，必须实现无线回传。无线回传链接可以利用 D2D 通信节点组成的网络拓扑结构，实现全网网络容量和可靠性显著提升。对于移动和游牧节点，预测天线技术、大规模 MIMO 和 CoMP 技术可以提升无线回传的顽健性和流量。中继技术、网络编码和干扰感知路由技术也可以提升速率。回传节点通常被认为是静止的。但是，回传到移动节点（如公共汽车和火车）的回传链路具有接入链路的特性，如图 1.3.6 所示。因此，接入、回传和 D2D 连接倾向于选用相同的空中接口。

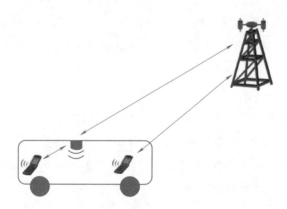

图 1.3.6　移动节点中无线接入和回传的相似性

图 1.3.6 中，左边的终端连接到车载无线回传节点，右边的终端连接到宏基站。

6. 极简的系统控制面

5G 系统的控制信令必须重新设计来容纳三个典型 5G 服务要求，实现必要的频谱灵活性和能耗性能。极简的系统控制面（LSCP）的作用如下：

- 提供公共系统接入。
- 提供特定业务信令。
- 支持控制面（C 面）和用户面（U 面）分离。
- 不同频谱和不同站间距离资源集成（特别是对于 xMBB 业务）。
- 确保能耗性能。

最后,LSCP 必须具有足够的灵活性,容纳任何未知的新业务。

（1）公共先接入

初始 5G 系统接入通过广播的方式进行,第一个信令对于所有服务是相同的,如图 1.3.7 所示。不断发送的广播信令应当在满足系统检测要求的条件下,降到最低程度。通过 LSCP 的公共系统接入发送,既要集成一般 5G 业务,也要允许选择原有技术接入。

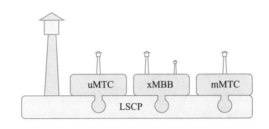

图 1.3.7　LSCP 接入广播信令和特定服务信令示意图

（2）特定业务信令

新增的特定业务信令,仅用于某用户/终端设备需要使用该业务发送数据的时候,而且需要避免特定业务参考信号在空白域发送的情况。为了支持极高数据速率,xMBB 需要特定业务信令来获得精确的信道状态信息,提高频谱利用率。特定业务的实现取决于 xMBB 的频段。mMTC 对终端电池的使用需要优化,例如引入休眠模式、最简化移动性信令和测量过程。uMTC 需要确保低时延和高可靠性,并且这里的"简化信令"应当考虑影响发送给定数据包的全部时延预算。对于关键 uMTC 应用,信令设计应当确保在各种条件下的快速连接恢复能力。

（3）控制和用户面分离

5G 典型业务可以采用不同的控制面和用户面分离技术。对于 xMBB,控制面和用户面的分离,应当允许在不同的频率发送,例如控制面（C 面）在覆盖好的较低的频段发送,而用户面（U 面）在较高的频率高速发送。在网络控制的 D2D 负载分流场景,用户面（U 面）在 D2D 链接上传送。对于 mMTC,集成 C 面和 U 面的方案较好。从信令开销、能耗性能和覆盖的因素来看,目前 LTE 的方案还不够完善。潜在的 uMTC 双连接意味着更多的 C 面和 U 面的组合。

（4）支持不同频段

为了实现 xMBB,5G 系统需要集成覆盖范围大小不同的节点,它们工作在不同的频段,例如宏蜂窝工作在 6 GHz 以下,而固定站点和/或移动站点采用厘米波和/或毫米波。LSCP 提供在不同的频段无缝操作的机制。

（5）能耗性能

能耗性能可以通过采用分离独立的信令方案来达到覆盖和容量的要求。覆盖信令通过上述公共系统接入实现。容量信令必须比当前的方案更具适应性,因为不同的业务在不同的时间和地点使用。这可以通过特定业务信令来实现。分离的 C 面和 U 面最小化"不断"发送的信令,支持用户面的非连续发送和接收,这样可以提升系统能耗性能。激活和关闭网络站点也可以提高能量性能。

7. 本地内容和数据流

降低时延是 5G 面对的重要挑战之一。端到端通信中最大的时延来自核心网和互联网的部分。数据流量分流、聚合、缓存和本地路由可以加以利用来达到时延的要求。通过把应用服务器向无线边缘移动也能够降低时延并提升可靠性。增长的数据流量不仅给无线接入带来挑战，也给回传和传输网络带来挑战。而有些信息只在本地使用，例如流量安全信息和邻近区域广告。通过识别这些内容并把它们保留在无线边缘，可以最小化传输网络的压力。本地内容和数据流具有降低时延和传输网络分流的功能。

（1）反过渡使用技术

过渡使用是指在相邻区域内，两个终端之间交互数据流量被路由到网络中心的位置，又反向回到网络边缘的过程。反过渡使用技术允许流量在网络中尽早"回路"，从而降低时延和传输负载。除了识别数据流量流向附近节点的技术的挑战，还存在管制和法律的问题，因为网络中发送的数据需要进行必要的检查和分析。

（2）终端到终端分洗

反过渡使用技术之一是将数据分流到 D2D 通信链接，如图 1.3.8 所示。U 面直接在 D2D 连接发送，C 面由网络保持（如确保干扰协同、鉴权和安全性等功能）。因为用户面流量完全没有进入网络，所以 D2D 通信实现了本地流量最大化。终端发现方法可以在有覆盖和没有覆盖的条件下，用来识别适用于 D2D 分流的配对。

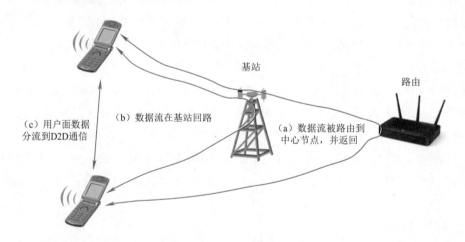

图 1.3.8　避免过度使用的内容本地化和数据流示意

在 V2X 应用中，为了减少时延，信息不用经过发现过程就被广播出去。在 mMTC 中，集中器作为本地网关，允许在一个局部区域内的传感器之间进行通信，而不需要接入核心网网关。对于 MTC，本地化的数据流允许低功耗接入网络。mMTC 操作的必要信息也可以在本地存储。

（3）服务器和内容部署在无线网络边缘

为了满足某些对时延敏感的业务的要求，如自动车辆控制，有必要将应用服务器移动到无线接入网络边缘，使关键运算靠近用户。这和 C-RAN 集中化是相反的策略，同时影响到系统架构。将应用服务器布置到无线边缘，不仅需要终端移动性管理，也需要无线边缘服务器上运行的相关应用的移动性管理。内容的分发和缓存也可以放置在(包括接入节点的)无线边缘。当终端内存保存有需要的内容时,也可以作为代理,将内容存储于终端设备,允许在时间域变换通信的时间(预先下载需要的内容),但是电子版权管理的问题需要加以探讨。

8. 频谱工具箱

5G 典型业务需要在可用频谱上支持大量需求各异的用例,例如频谱带宽、信号带宽和鉴权机制。此外,5G 业务的组合也会变化,因此需要在以小时计算的周期内进行频谱再分配。而且,除了能够接入不同的频谱,5G 频谱的使用需要非常灵活,具备在不同频段不同授权模式使用的能力。频谱工具箱提供了满足这些要求的工具。下面主要介绍 5G 三个典型应用(xMBB、mMTC 和 uMTC)的频谱需求,同时对频谱工具箱做简要介绍。

(1)xMBB 所需频谱

xMBB 要满足流量增长和数据速率增长需求,以及可靠适中的速率要求,因此需要新增的频谱,尤其是 6 GHz 以上较宽的连续频段。在厘米波频段,希望获得几百兆赫兹的连续频段,而毫米波频段希望获得超过 1 GHz 的可用频段。为了满足适中速率的要求,低频段是不可或缺的。因此,xMBB 需要低频段满足覆盖要求和高频段满足容量要求,以及回传解决方案中的混合频谱搭配方案。

专有的频谱用于接入,来保证覆盖和 QoS。同时配合使用其他授权方式来提升频谱可用性和容量,例如 LAA、LSA 或者非授权接入(如 Wi-Fi 分流)。在无线回传中,相同的频率资源可以用于接入和回传。同时,需要足够的频谱资源来满足高速率接入和回传需求。

(2)mMTC 所需频谱

mMTC 需要良好的覆盖和穿透能力,对带宽的要求相对较低。从覆盖和传播的角度来说,6 GHz 以下的频谱较为适合,而低于 1 GHz 的频谱则是必要的。这一部分的频谱是充足的,因为 mMTC 需要的频谱较少,1 ~ 2 MHz 被认为是足够使用的。但是,为了满足未来 mMTC 的需要,应当能够分配给 mMTC 更多的频谱。因此,不应当采取固定的频谱分配。传感器是简单的装置,几乎不会在部署后的漫长生命周期内进行升级。因此,需要稳定的(频谱)管理框架,专有授权频谱是理想选择。其他授权方式应当基于特别应用的要求和是否期望国际协同等因素灵活采用。

(3)uMTC 所需频谱

uMTC 需要高可靠件和低时延。为了实现低时延,提高信号带宽可以缩短传输时间。频率分集技术可以增加可靠性。专有的频谱或者极高的频谱接入权限是可靠性的必要条件。对于 V2X 通信,即智能交通系统(ITS),存在可用的统一的频段。

(4)频谱工具箱的特点

频谱工具箱提供了可以灵活使用的频谱资源,从而提升了频谱利用效率。因此,它是运行多种业务和实现频谱灵活使用的空中接口的基础赋能工具。

频谱工具箱提供的功能如下:

①赋予系统在广阔的频谱工作的能力,包括高频谱和低频谱。同时考虑了基于应用的不同频谱适用性。

②通过应用不同的独享或者组合机制,提供了不同的频谱分享方式。

③为了支持高数据速率,提供了能够实现灵活频谱使用的空中接口所需要的小带宽和大带宽的操作能力。

④对于不同的服务采用不同的规则,例如,某一频谱仅用于特定的服务。

频谱工具箱的功能被分为三个方面:管理机构框架、频谱使用和赋能工具。

5G 系统必须支持上述描述的所有授权模式和频谱使用/共享场景。可以定义一组需要添加到当今蜂窝系统的典型技术能力组合中的使能器或"工具",如图 1.3.9 所示。这些工具要么直接与特定频率范围内的频谱共享操作有关,要么提供频率捷变和共存/共享友好的无线接口设计。在特定情况下,特定技术可能不必支持所有情形,因此仅需实施一部分技术工具。

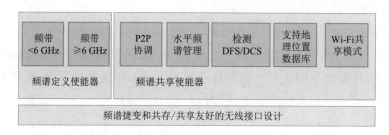

图 1.3.9 频谱使能工具

除了支持频谱共享(以应对在频谱监管的发展)的工具外,5G 还有另一个新颖之处,那就是扩展到更高的频率范围。显然,由于在较高频率上无线传播条件显著不同,系统设计和网络构建方法必须改变。因此,预期会出现接入 6 GHz 以上频率的专用频率工具。

图 1.3.10 显示了支持频谱共享所需的不同工具,以及它们如何与上述场景相关联。在一些共享场景中,只需要一个使能工具,但对于其他场景,则需要一组工具。注意:一些工具和关系是可选的(将它们连接到相应场景的虚线表示),这意味着它们不是严格要求的,但是有帮助或需要的,或者是由于设计而选择的。

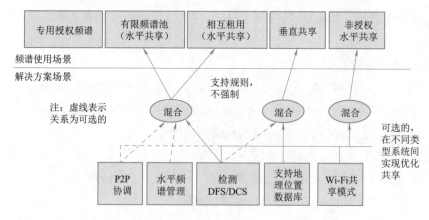

图 1.3.10 技术使能工具

要完全填充 5G 蜂窝系统的频谱工具箱,还需要一些创新的新技术。

Wi-Fi 共享模式由于频谱的非授权性质而具有特殊性。最终,移动运营商(MNO)不具有对频谱接入的控制,并且需要给其他用户留传输机会。Wi-Fi 的 CSMA/CA(载波侦听多路访问/冲突避免协议)本身就是一种原型频谱共享技术,解决了这些问题。在提到 LTE 的帧结构时已经研究了载波侦听 RTS/CTS(请求发送允许发送)技术。LTE 在未授权频段中以授权辅助接入(LAA)的形式进行标准化。系统的前身也将由 LTE 非授权(LTE-U)论坛定义,该论坛是由运营商 VeriZon 牵头的行业机构。在更广泛的非授权频带中已经发现了在选择载波并在其上分配功率等方面的基本问题。如果考虑由使用不同介质接入协议的不同标准化机构设计的技术,这些问题通常仍未解决。如果多个 LTE-U 网络部署在相同的物理空间中,则需要不同 MNO 的设备之间有一定程度的合作。

检测和动态频率选择(DFS)/动态信道选择(DCS)是用于频谱管理的通用工具。在认知无线背景下开发的认知频谱感测技术适用于多运营商共享场景。在动态共享中,重要的是识别载波上的总干扰电平及区分干扰源。来自其他 MNO 网络的干扰电平的信息可以用作水平共享管理器(HSM)和 P2P 协调协议的输入数据。

对于动态垂直共享,地理位置数据库(GLDB)支持是必不可少的。GLDB 用来存储可提供频谱资源或现有业务使用频谱的地理位置的信息。如果不影响现有业务对频谱的使用,可以在其他位置使用频谱。为此,需要估算对现有业务造成的干扰。GLDB 技术用于在 TV 白色空间中保护现有业务,类似的解决方案适用于二级水平共享接入和 LSA 存储库。需要创建无线环境的详图作为动态 LSA(分享授权接入)协商的基础。创建 GLDB 的状态时考虑了用户密度和基于地形的传播。GLDB 技术在车对车(V2V)通信中提供超可靠通信,显示出它在该领域的巨大前景。通过访问 GLDB,给定区域中的车辆知道可靠的 V2V 有可用的频谱。当 MNO 与 GLDB 协商以接入垂直共享频谱时,可以使用簇方法来识别对于频谱有类似要求以及与 LSA 现有业务有类似干扰关系的小区组。

MNO 之间的频谱共享可以以分布式或集中式方式实现。在分布式模式中,MNO 通过在感测技术之上采用对等(P2P)协调协议来决定使用的频谱。当在特定载波上运行时(这个载波可以由多个 MNO 使用),可以按与 Wi-Fi 共享模式类似的方式使用物理/MAC 层协调协议。高层 P2P 协调协议将尝试为 MNO 选择合适的载波。基于交换完整信道状态信息(CSI)的合作在时域和频域中得到解决,而且空间共享。运营商效用与 MNO 特定的 RAN 优化目标相关,并且 MNO 可能不愿意与竞争者分享效用或信道状态信息。在已经开发的需要有限信息交换的方法中,要向其他 MNO 指示某些干扰源的标识或者某些位置的信道相对优先级等信息。此外,作为对这种信息的反应,会达成标准化的协议。这种类型的频谱管理特别适合多运营商 D2D 场景,其中有多个 MNO 服务的设备直接通信,并且 MNO 需要同意频谱资源用于此目的。

移动运营商之间的集中式频谱共享解决方案需要水平频谱管理器(HSM)。HSM 由外部方操作,如频谱代理或监管机构。在一些情况下,MNO 网络的一些部分(如它们的 UDN)可以在地理上分离,这些网络之间不需要协调。为此,需要动态频率选择(DFS)或 GLDB 功能来评估运营商间的分离,并且可以使用 HSM 来判断是否需要协调。动态频率选择通常被定义为检测能够抢占二级频谱使用的一级用户的能量或波形签名。如果需要协调频谱访问,则集中式频谱共享解决方案总是与移动运营商制定的频谱价值评估相关。

使用高级空中接口实现灵活频谱的各种技术可能与 5G 接入相关。RF 共存是灵活频谱使用的一个重要方面。如果在窄带宽中存在大量分段的频谱,这样除 OFDM 之外还可以利用多载波波形,这可限制带外发射。许多 DFS 技术和动态 P2P 协调协议将受益于 MNO 网络之间的无线帧同步。这可以基于监听来自所有活动基站的传输,以分布式方式通过空中有效完成。

在高载波频率下工作的网络的频谱管理需要一些特定的工具。MNO 网络中的实体可以估计网络中的视线(LOS)连接的分数。可以根据这个分数选择载波频率。较高载波频率用于网络中具有较高 LOS 概率的部分。

二、5G 的主要性能指标

5G 用例的主要性能指标(KPI)如下。

①可用性:指在一定地理区域内,用户或者通信链路能够满足体验质量(QoE)的百分比。

②连接密度:指在特定地区和特定的时间段内,单位面积可以同时激活的终端或者用户数。

③成本:一般来自基础设施、最终用户和频谱授权三方面。一个简单的模型通过基于运营商的总体拥有成本和基础设施节点的个数、终端的个数以及频谱的带宽来估算成本。

④能量消耗:在城市环境中通常指每比特消耗的能量,在郊区和农村地区通常指每单位面积覆盖需要的功率。

⑤用户体验速率:单位时间用户获得的(去除控制信令)MAC 层的数据速率。

⑥时延:是数据在空中接口 MAC 层的参数。有两个相关的时延定义:单程时延(OTT)和往返时延(RTT)。单程时延是数据包从发送端到接收端的时间。往返时延是发送端从数据包发送,到接收到从接收端返回的接收确认信息的时间。

⑦可靠性:指在一定时间内从发送端到接收端成功发送数据的概率。

⑧安全性:通信中的安全性非常难以量化。

⑨流量密度:指在考量区域内所有设备在预定时间内交换的数据量除以区域面积和预设时间长度。

表 1.3.1 归纳了主要的挑战性需求和每个用例的特点。

表 1.3.1　主要的挑战性需求和每个用例的特点

用　例	要　求	期　望　值
自动车辆控制	时延	5 ms
	可用性	99.999%
	99.999%	可靠性
应急通信	可用性	99.9% 受害者发现比例
	能耗效率	电池续航一周
工厂自动化	时延	低至 1 ms
	可靠性	丢包率低至 10^{-9}

续表

用　例	要　求	期　望　值
高速列车	流量密度	下行 100 Gbit/(s·km²) 上行 50 Gbit/(s·km²)
	用户体验速率	下行 50 Mbit/s,上行 25 Mbit/s
	移动性	500 km/h
	时延	10 ms
	用户体验速率	30 Mbit/s
大型室外活动	流量密度	900 Gbit/(s·km²)
	连接密度	4 用户/m²
广阔区域分布海量设备	可靠性	故障率小于 1%
	连接密度	10^6 个/km²
	可用性	99.9% 覆盖
	能耗效率	电池续航 10 年
	用户体验速率	15 Mbit/s
媒体点播	时延	5 s(应用开始)200 ms(链路中断后)
	连接密度	4 000 终端/km²
	流量密度	60 Gbit/(s·km²)
	可用性	95% 覆盖
远程手术和诊断	时延	低至 1 ms
	可靠性	99.999%
购物中心	用户体验速率	下行 300 Mbit/s,上行 60 Mbit/s
	可用性	一般应用至少 95%,安全相关应用至少 99%
	可靠性	一般应用至少 95%,安全相关应用至少 99%
智慧城市	用户体验速率	下行 300 Mbit/s,上行 60 Mbit/s
	流量密度	700 Gbit/(s·km²)
	连接密度	20 万终端/km²
体育场馆	用户体验速率	0.3 ~ 20 Mbit/s
	流量密度	0.1 ~ 10 Mbit/(s·m²)
智能网络远程保护	时延	8 ms
	可靠性	99.999%
交通拥堵	流量密度	480 Gbit/(s·km²)
	用户体验速率	下行 100 Mbit/s,上行 20 Mbit/s
	可用性	95%
虚拟和增强现实	用户体验速率	4 ~ 28 Gbit/s
	时延	RTT 10 ms

三、5G 的关键能力

5G 需要具备比 4G 更高的性能,支持 0.1 ~ 1 Gbit/s 的用户体验速率,每平方千米一百万的连接数密度,毫秒级的端到端时延,每平方千米数 10 Tbit/s 的流量密度,每小时 500 km 以上的移动性和数 10 Gbit/s 的峰值速率。其中,用户体验速率、连接数密度和时延为 5G 最基本的三个性能指标。同时,5G 还需要大幅提高网络部署和运营的效率。

性能需求和效率需求共同定义了 5G 的关键能力,犹如一株绽放的鲜花。红花绿叶,相辅相成,花瓣代表了 5G 的六大性能指标,体现了 5G 满足未来多样化业务与场景需求的能力,其中花瓣顶点代表了相应指标的最大值;绿叶代表了三个效率指标,是实现 5G 可持续发展的基本保障,如图 1.3.11 所示。

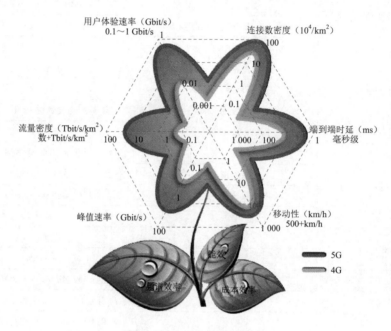

图 1.3.11 5G 的关键能力

5G 的能力主要是由移动互联网 + 物联网激发的。满足这些关键能力通常有三条途径:提高系统的频谱效率、提高系统的带宽和增加站址密度。

1. 提高系统的频谱效率

移动通信人一直致力于提高系统的频谱效率。在 2G 时代,获利于模拟到数字的技术革命,频谱效率相对于模拟通信提升了近 10 倍。但是随着数字技术的不断发展,频谱效率的提升难度越来越大,LTE 的频谱效率相对于 HSPA + 提升的就已经非常少了。想要进一步提升频谱效率,可以从物理层手段、MIMO 技术、干扰控制技术三方面入手。

(1)物理层手段

多址技术(GMSK/CDMA/OFDMA)、调制技术(QPSK/16QAM/64QAM)、编码技术(卷积码/Turbo 码)、数据压缩技术(话音图像压缩/分组头压缩)、双工技术(时分/频分)等均已接近香农极限,物理层可挖掘的空间不大。目前,学术界在物理层的各个方面都有一定的突破,包括非正交传输、Fillered OFDM、Polar Codes、全双工等。然而,需要承认的是,这些技术所带来的复杂度和功耗是巨大的,增益却不是那么可观。

（2）MIMO 技术

MIMO 技术将传统的时/频/码三维扩展为时/频/码/空四维。新增的纬度为频谱效率的提升带来了广大的可能。目前已经广泛使用的 MIMO 为 2×2 MIMO，并且可以 2 位用户进行 MU-MIMO，未来 MIMO 技术的演进方向是向着更多的层数、更多的用户数发展，最终形成网状的 MIMO，也就是海量的多天线多用户 MIMO。但是，MIMO 受限于天线能力和芯片处理能力，成本太高，同时，随着天线数的增加，空间相关性提高，性能也会随之下降。

（3）干扰控制技术

干扰控制的原理是通过信息交互，多基站协同工作，降低干扰。但是，随着干扰控制要求的增加，需要交换的信息增多，开销会增大。同时，干扰控制的性能还受限于交互延时。这也是目前比较难以解决的问题。

2. 提高系统的带宽

频谱资源是非常紧张的战略资源，根据目前的频谱情况，提高系统带宽有两种思路：充分利用现有频谱，提高现有频谱的使用率；使用更高的频谱，研究使用的可能性和方案。

通过监测发现，目前已经获得授权的无线频谱资源使用率非常低，平均使用率为 15% ～ 85%，有些频谱只在部分区域使用，有些频谱只在部分时间使用，有些频谱甚至未被使用。如何更加合理地使用已经授权的"频谱空洞"成为学者思考的问题，而这些已经授权的频谱所占用的频谱资源多为低频段，有非常好的传播特性，产业成熟度高，设备实现容易，充分使用此类频谱会带来可观的经济效益。沿着这个思路，目前有两大技术成为热点：频谱重耕和智能频谱利用。

（1）频谱重耕

频谱重耕是指一些频谱由于某些原因可以被释放出来，重新开发使用此类频谱的技术。目前主流的重耕频谱为白频谱和 2G 频谱。

随着数字化的发展，电视已经全面从模拟转换成数字，数字化所需要的带宽降低，部分频谱空闲。此段频谱集中在 470 ～ 790 MHz，非常适合无线通信。

随着新技术的发展演进，目前 2G 占用 900 MHz 和 1 800 MHz 频率，如果将用户从 2G 迁移到 4G 或者更新的通信制式上来，则 2G 频谱可以被重耕。

频谱重耕是非常简单可靠的方案，但最大的难点在于政策风险，因此，此方案需要各方的不断推进和共同努力。

（2）智能频谱利用（认知无线电）

对于频谱利用率低，但并不能完全释放的频谱，可以采取智能频谱使用方案，多个系统时分、空分等复用频谱，而不是一个系统独占频谱。对于后来加入的系统，需要具有智能频谱识别功能，当发现频谱空闲时，启动系统；当预测到频谱要被使用时，关闭系统，以保证原有系统的可靠工作。

认知无线电技术最大的问题在于安全性和可靠性。后加入系统对原系统的监测很可能失败，会造成安全隐患。此外，监测设备的复杂度也需要考虑。

使用更高的频谱。目前，移动通信频段主要集中在 3 GHz 以下，想要获取更多更大带宽的频谱资源，需要开发更高的频谱。目前，学者研究的重点频谱为 6 ～ 15 GHz、60 GHz 等。

3.增加站址密度

使用小站可以有效提高系统的传输速率,进而提高系统容量。

此外,未来容量需求更多发生在室内场景,因此密集部署的立体分层网络和各种灵活的组网形式将成为未来的趋势。其主要技术包括异构网和D2D通信。

(1)异构网

传统的网络结构均为相同无线传输制式,统一基站类型的同构网络。网络结构的优点在于拓扑结构规则能提供相同的覆盖和相似的服务。但是,随着用户的数量不断增加,以及带宽需求的增加,同构网络也会面临瓶颈,不能满足高容量和高覆盖的要求。这就要求网络向立体分层的异构网络转变。

异构网络由不同类型、不同大小的小区构成。其宏蜂窝覆盖小区中可以放置如微蜂窝、皮蜂窝、飞蜂窝等低功率的节点。此外,异构网的传输制式和频段使用也可以是差异化的。目前,异构网络已经具备一定的产业基础。在现网中,也已经出现了一些简单的异构网络部署,实测效果比同构网络有显著的改善。

当然,相对复杂的异构网络拓扑也存在一些缺点。在网络部署越来越密集的情况下,小区之间的干扰会制约系统容量的增长。因此,如何进行干扰消除、快速发现小区、协调密集小区之间的协作、基于终端的不同能力提升移动性增强方案,都是异构网络研究需要解决的重点问题。

下一代无线网络将是无线个域网(如Bluetooth)、无线局域网(如Wi-Fi)、无线城域网(如WiMax)、公众移动网络(2G、3G、4G)等多种接入网共存的异构无线网络。

(2)D2D通信

传统的网络形态,通信双方的信息交互需要经过各自的基站设备,通过核心网络进行互联互通,但是在海量用户和海量的数据需求下,基站设备和核心网络的压力过大。为了降低网络压力,提出D2D通信,通信双方无须通过网络,而是直接进行信息沟通,或者是通过中继设备(包括其他用户、小站等)进行信息沟通。

D2D通信距离短、信道条件较好、速率快、时延短、功耗低。D2D通信的中继设备非常丰富,分布均匀,覆盖好,通信可选路径多,网络连接更灵活,网络可靠性强。

同样,D2D通信仍存在一些需要业界继续思考和探索的问题。需要考虑怎样进行合法的监听,以确保信息安全;怎样保证用户的信息安全,隐私不被侵犯,并激励用户把自己的终端用作中继终端。由于涉及海量数据中继和传输,用户终端的电池电量消耗也势必增加,如何控制也是一个值得研究的问题。

四、5G的应用

5G移动通信技术的应用趋势主要体现在以下三方面。

1.万物互联

从4G开始,智能家居行业已经兴起,但只是处于初级阶段的智能生活,4G不足以支撑"万物互联",距离真正"万物互联"还有很大的距离;而5G极大的流量能为"万物互联"提供必要条件。

未来数年,物联网的快速发展与5G的商用有着密不可分的关系。由于目前网络条件的限制,很多物联网的应用需求并不能得到有效满足,这其中主要包括两大场景:一是大规模联网连接,规模较大,每终端产生的流量较低,设备成本和功耗水平也相对较低;二是关键任务的物联网连接,要求网络高可靠、高可用、高带宽以及低延时。致力于提供更高速率、更短时延、更大规模、更低功耗的 5G,将能够有效满足物联网的特殊应用需求,从而实现自动化交通运输领域的物联网新应用,加快物联网的落地和普及。事实上,在 5G 技术研发阶段,物联网的特殊需求也被各组织重点考虑。

2. 生活云端化

如果 5G 时代到来,4K 视频甚至是 5K 视频将能够流畅、实时播放;云技术将会更好地被利用,生活、工作、娱乐将都有"云"的身影;另外,极高的网络速率也意味着硬盘将被云盘取缔;随之而来的是可以将大文件上传到云端。

5G 移动内容的云端化有两个趋势:从传统中心云到边缘云(移动边缘计算),再到移动设备云。由于智能终端率和应用的普及,移动数据业务需求越来越大,内容越来越多。为了加快网络访问速度,基于对用户的感知,按智能推送内容,提升用户体验。因此,开放实时的无线网络信息,为移动用户提供个性化、上下文相关的体验。在移动社交网络中,通常流行内容会得到在短距离范围内大量移动用户的共同关注。同时,由于技术的进步,移动设备成为可以提供剩余能力(计算、存储和上下文等)的"资源",可以是云的一部分,即形成云化的虚拟资源,从而构成移动设备云。

3. 智能交互

无论无人驾驶汽车间的数据交换,还是人工智能的交互,都需要运用 5G 技术庞大的数据吞吐量及效率。由于只有 1 ms 的延迟时间,在 5G 环境下,虚拟现实增强现实、无人驾驶汽车、远程医疗等需要时间精准、网速超快的技术成为可能。而 VR 直播、虚拟现实游戏、智慧城市等应用都需要 5G 网络来支撑。这些也将改变未来的生活。不仅手机和计算机能联网,家电、门锁、监控摄像机、汽车、可穿戴设备,甚至宠物项圈能够连接上网络。设想几个场景:宠物项圈联网后,若宠物走失,找到它轻而易举;冰箱联网后,可适时提醒主人今天缺牛奶了;建筑物、桥梁和道路联网后,可实时监测建筑物质量;企业和政府能实时监控交通拥堵、污染等级及停车需求,从而将有关信息实时传送至民众的智能手机;病人生命体征数据可以被记录和监控,让医生更好地了解生活习惯与健康状况的因果关系。

五、5G 应用案例及场景简介

1. 自动车辆控制技术

自动车辆控制技术用于车辆自动驾驶。这个新趋势对社会有着潜在的多样化的影响。例如辅助司机驾驶,可以通过避免碰撞,带来更为安全的交通出行,同时降低司机驾驶压力,进而能够在车辆行进中进行办公等生产性活动。自动驾驶不仅包括车辆和基础设施的通信,还包括车辆和车辆、车辆和人,以及车辆和路边传感器的通信。这些通信连接需要承载极低时延和高可靠性的车辆控制指令,而这些指令对于安全行驶极为重要。尽管这些指令通常不需要大带宽,但是当车辆之间需要交换视频信息时,较高的传输速率仍然是必要的,如自动驾驶车队的控制,需要快速交换周围环境的动态信息。此外,当支持高速车辆的移动性时,无人参与的控制必须具备完全覆盖条件。

2．应急通信

在紧急情况下可靠的通信网络对于救援非常重要，而且即使在灾难中局部网络损毁，这一要求也不能放松。在某些情况下，临时的救援通信节点可以用来辅助受损的网络。用户终端也许能够承担中继功能，帮助其他终端接入仍然具有通信能力的网络节点。这时通常最为重要的是定位幸存者，并把他们带回安全区域。在应急通信中，高可用性和高节电效率是主要要求。高可用性可以确保幸存者的高发现率。可靠的数据连接确保在幸存者被发现之后救援阶段的联系。在整个搜救过程中，希望把幸存者终端设备的电池能耗降到最低，延长幸存者终端设备待机的时间。

3．工厂自动化

工厂自动化由生产线上的设备组成。这些设备通过足够可靠、低时延的通信系统和控制单元进行通信，满足确保人身安全的有关应用和需求。事实上，众多工业制造应用需要很低的时延和高可靠性。尽管这一类通信需要发送的数据很少，而且移动性并非主要问题，但上述严格的时延和可靠性要求仍然超出了现有无线通信系统的能力。这也是目前工业制造类通信系统仍采用有线通信系统的原因。有线通信在很多的情况下是非常昂贵的解决方案（如操作远程位置的机器），因此对5G低时延、高可靠性的需求是十分清楚的。

4．高速列车

乘客在高速行进的列车上时，仍然希望能够像在家里一样使用网络，例如观看高清视频、玩游戏，或者远程接入办公云和虚拟现实的会议。高速列车上通信最重要的两个指标是用户速率和端到端时延。较好的指标可以确保乘客获得令人满意的各项服务。

5．大型室外活动

一些大型室外活动会在一定时间内吸引大量临时访客，如体育赛事、展览、音乐会、节日聚会、焰火大会等。来访者通常希望拍摄高清图片和视频，并实时分享给家人和朋友。因为大量的人聚集在有限的区域，从而产生巨大的流量压力。而与此对应的网络能力远远不够，因为通常用户的密度远远低于活动期间的用户密度。这一场景的主要挑战是向每个用户提供满足视频数据传输的均匀速率，同时支撑高连接密度和大流量的要求。此外，服务中断的概率要降到最低限度，从而确保良好的用户体验。

6．广阔地理区域分布的海量设备

从分布在广阔区域的设备采集信息的系统，可以利用所采集的信息通过不同方式来提升用户体验。这样的系统可以跟踪相关数据，根据接收到的和收集到的数据作出决定并执行某些任务，如监视、监管重要设备，辅助信息分享等。从大量位置采集信息的方式之一是通过传感器和传动装置。但要将这样的系统变为可行方案，则需要面对很大挑战。由于此类设备数量巨大，因此设备需要低成本和长电池续航能力。而且，系统需要能够处理在海量的位置和不同的时间产生的少量数据和干扰。

7．媒体点播

媒体点播就是个人用户在任何时间和地点享受音乐和视频等媒体内容。用户可能在不同的地方，例如市区环境和家里，选择观看最新的在线电影。在家里人们通常在大电视屏上观看电影，而视频内容可能是通过无线设备转发到电视屏上。例如，通过智能手机或者无线路由器。

这类应用的挑战出现在当某一区域内出现大量用户要观看不同的媒体内容时,例如,在一片密集居住区,夜间人们在家里选择观看不同的电影。这时需要非常高的系统数据速率来提供良好的用户体验。此类媒体点播流量主要是下行数据,上行主要是信令。这里媒体播放起始的绝对时延并不重要。绝对时延是指从媒体内容的点播要求发出到用户开始获得内容的时延。尽管人们希望时延能够降低,但是几秒的时延是可以接受的。但是当媒体开始播放后,用户很容易对画面卡顿感到厌烦。因此,在卡顿之后能够在短时间内恢复播放速度十分重要。为大量用户提供高可用性服务的能力也是十分必要的。

8. 远程手术和诊断

对病人的诊断和手术有可能在远程实现。有些情况下,也许 1 s 的时间就可以决定人的生与死。在这种情况下,移动通信技术只有达到最高级别的可靠连接,才能够获得信赖。例如,当医生给远程的病人做手术时,系统需要即时响应才能挽救病人的生命。并且,远程医疗可以给位于边远地区的病人提供及时、低成本的健康服务。这一重要的应用需要很低的端到端时延和超可靠的通信,因为医生需要即时了解病人的情况(如查看高清图片、访问病人病例等),同时在手术过程中需要得到准确的触感和触觉互动(又称触觉反馈)。尽管大多情况下病人处于静止状态,但是在某些情况下(如救护车上),有些远程医疗服务的严格要求在高移动条件下需要降低。

9. 购物中心

在大型购物中心,大量的消费者寻求不同的个性化服务。移动宽带接入可以使消费者获得传统的通信服务以外其他应用服务,如室内导购和产品信息。监视和其他安全系统也可以通过网络基础设施加以协同,如火警和安全保卫。这些服务包括传统的无线网络和协同无线传感器。购物中心场景的挑战是在用户需要连接时确保网络可用性,以及对敏感信息(如财务信息)的保护。这里的安全链路通常不需要高速率和低时延,但是需要高可用性和可靠性,并且能够有效抵御非法入侵。网络层面为了实现这些功能,同样需要高可用性和可靠性,特别是与安全相关的应用。此外,实际用户速率仍然是良好用户体验的关键。

10. 智慧城市

从城市居民的角度来看,生活的很多方面将变得更为智能,如智能家庭、智能办公、智能建筑、智能交通。所有这些将智能城市变为现实。今天的连接主要是人与人的连接,但未来的连接会显著延展到人与周围环境的连接。这些连接在人们移动过程中会动态变化,例如在家、办公楼、购物中心、火车站、汽车站以及其他地方。智能连接可以提供个性化的服务,也可以实现基于位置和内容的服务。在智能服务中,连接在诸多因素中起到更为重要的作用。为了容纳前所未有的广泛服务,无线通信系统的要求也趋于多样化。例如,"智慧办公"的云计算服务需要高速率、低时延;大量的小终端、可穿戴设备和传动装置通常需要很小的数据量和适中的时延需求。发送的信息可以是产品信息、购物中心的电子支付信息、智能家庭/智能建筑的温度光照控制信息等。除了差异巨大的要求之外,同时支持海量活跃连接,以及在人口密集城区提供高数据传输速率同样具有挑战。而且,这些要求会随着相应的室内、室外人群密集变化而动态变化。例如,在车站当火车或者公共汽车到达或者出发时,在十字路口随着红绿灯的变化时,在会议室有没有会议正在进行时,这些要求有很大不同。

11.体育场

体育场总会聚集大量人群。他们希望能够在人群密集区域完成沟通和视频内容分享。在活动期间这些通信会产生大量的流量,而其峰值流量关联性极强,如发生在活动的间歇或者结束时。在其他时间流量则相对较低。

用户体验和观众的期望值紧密相关。在网络层面,由于人们在同一时间接入网络,因此单位面积的数据流量是主要挑战。

12.智能网络的远程保护

智能网络(这里泛指相关市政电力、自来水和天然气的生产、传输和使用的网络)必须能够快速地响应供给或者使用的变化,避免大规模系统故障。例如,停电事故可能是由能源传输系统故障引起,而这些故障可能是由于不可预测的事件造成的,如暴风雨中被吹倒的树木。这种情况下要避免停电,则需要具备必要的反应能力,并采取相应措施。监视和控制系统,以及无线通信解决方案对远程保护发挥着重要的作用。及时、高可靠的重要信息交换是保证迅速响应的关键因素。

因此,远程保护应用需要低时延和高可靠性。在智能电网中,当检测到故障后,报警信息必须得到低时延、高可靠的发送和转发,并采取必要的行动来阻止供电系统故障扩散。尽管多数情况下数据量很小,而且几乎没有移动性要求,但是必须满足严格的时延和可靠性要求。未来的无线通信系统将能够满足这些严格要求,在广大区域内以可以接受的成本提供服务。这些基础设施非常重要,通常必须满足高安全性和高集成标准。

13.交通拥堵

当交通拥堵时,很多乘客希望观看移动视频内容。突然上升的流量需求给网络带来挑战,特别是当道路区域网络覆盖不佳的时候,优化过程中也往往无法考虑这样的场景。从用户的角度来看,这时高速率和高可用性尤为重要。

14.虚拟和增强现实

虚拟现实技术使身处异地的用户之间可以进行犹如面对面的互动。在虚拟现实的影像里,处在不同位置的人们可以见面,或者在很多的应用和活动中互动,如会议、会见、游戏和音乐演奏。这个技术也可以使处在不同地点的具有特定能力的人一起完成复杂的任务。虚拟现实技术是重现现实,而增强现实是通过增加用户周围环境的信息来丰富现实。增强现实可以使人们根据个人喜好获得个性化的附加信息。

虚拟现实和增强现实需要很高的传输速率和低时延。为了获得虚拟现实的感觉,同时每个人又都会影响虚拟现实的影像,因此所有用户之间都需要不断交换数据。为了获得进一步的高级用户体验,大量的信息数据需要在传感器/用户的终端和云平台之间双向传输。周围环境的大量信息需要提供给云计算平台,从而选择适合的内容信息,这些需要即时提供给用户。另外,当"真实"现实和增强现实之间的时延超过若干毫秒时,人们就会产生"晕屏"的感觉。为了保证高清的质量,多向、高速、低时延的数据流是必不可少的。

15.其他用例

上述多个5G用例已获得了5G主要的可预期服务。作为补充,这里列举另外两个例子。当车辆被连接起来之后,智能物流可以帮助汽车和卡车降低油耗,减少拥塞。这样的智能物流可以和智能城市的智能交通控制结合,从而进一步放大可以获得的好处。另一个新兴趋势是使用无人驾驶飞行器(UAV)向边远地区交付包裹。利用远程控制技术,工业应用和机器设备可以实现远程操作和管理。这样可以实现单(或者多)地远程操作,从而提升生产力,并降低成本。这里说的工业应用需要严格的安全性和隐私保护。

六、5G 业务类型及特点

对于移动互联网用户,未来 5G 的目标是达到类似光纤速度的用户体验。而对于互联网,5G 应用应该支持多种应用,如交通、医疗、农业、金融、建筑、电网、环境保护等。其特点都是海量接入。5G 在移动互联网和物联网上的一些主要应用如图 1.3.12 所示。

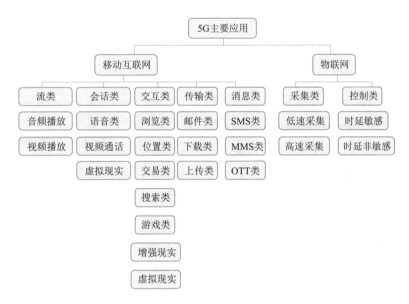

图 1.3.12　5G 在移动互联网和物联网上的一些主要应用

数据流业务的特点是高速率,延时可以为 50 ~ 100 ms,交互业务的延时为 5 ~ 10 ms。现实增强和在线游戏需要高清视频和几十毫秒的时延。2020 年,云与终端的无线互联网速率已达光纤级别。

在物联网中,有关数据采集的服务包括低速率业务,如读表;还有高速率应用,如视频监控。读表业务的特点是海量连接、低成本终端、低功耗和小数据包。而视频监控不仅要求高速率,部署密度也会很高。控制类的服务有时延敏感和时延非敏感的。前者有车联网;后者包括家居生活中的各种应用。

5G 的需求列举以下几大应用场景:密集居住区、办公室、商场、体育馆、大型露天集会、地铁系统、火车站、高速公路和高速铁路。对于每种应用场景,又有不同的业务类型组合,可以是业务的一种或几种,在各个应用场景中的比例随用户比例而各异。

1. 媒体类业务

媒体类业务包括用户熟知的视频类业务以及 10 年来逐渐兴起的虚拟现实、增强现实等。在 5G 环境下,这些业务在移动性、用户体验、性能提升等方面将有新的发展。

2. 大视频业务

据贝尔实验室咨询部门报告,2012 年,全球移动设备的在线视频观看时长占全球在线视频观看总时长的 22.9%;2014 年,该比例上升至 40.1%;2020 年,33% 的流量将由 5G/4G 等无线网络承载,4K 超清业务需要 50 Mbit/s 的稳定带宽,4G 网络已无法满足。

5G 技术的应用将带来移动视频点播/直播、视频通话、视频会议和视频监控领域的飞速发展和用户体验质的飞跃。

移动高清视频的普及,将由标清时代走向高清、超高清;高清、超高清游戏将普及,云与端的融合架构成为常态;视频会议在 5G 时代任何位置的移动终端均可以轻松实现且体验更佳,实时视频会议会让用户身临其境。高清视频监控将突破有线网络无法到达或者布线成本过高的限制,轻松部署在任意地点,成本更低,5G 时代的无线视频监控将成为有线监控的重要补充而广泛使用。

3. 虚拟现实业务

虚拟现实技术利用计算机或其他智能计算设备模拟产生一个三维空间的虚拟世界,提供用户关于视觉、听觉、触觉等感官的模拟,使用户同身临其境一般。近年来,随着芯片、网络、传感、计算机图形学等技术的发展,虚拟现实技术取得了长足的进步,虚拟现实技术已成功应用于游戏、影视、直播、教育、工业仿真、医疗等领域。

随着 5G 的发展、万物互联时代的到来,多数机构预测虚拟现实很可能成为下一代互联网时代的流量入口,承载流量整合、软件分发、信息共享等。近年来,一大批初创公司、IT 巨头和通信厂商等涌入虚拟现实领域。

主流虚拟现实设备分为连 PC 式头盔和插手机式头盔两类。连 PC 式头盔是目前的主流方向,主机完成运算和图像渲染,通过 HDMI 线缆进行数据传输,主要面向具有深度游戏体验需求的中高端用户,通常需要配置可以感知用户视觉、听觉、触觉、运动信息的传感设备,为了保证用户具有较强的存在感,需要对画面进行精细绘制,头盔与主机间需要传输大量数据,受限于现有无线网络传输速率和传输时延,通常采用 HDMI 线缆连接,极大地限制了用户的使用范围,影响用户体验。5G 较高的数据传输速率、低时延和较大的通信容量,将使用户摆脱线缆约束,尽情享受虚拟现实游戏带来的快乐。

插手机式头盔定位为入门级虚拟现实产品。智能手机感知用户头部位姿信息、负责高质量视频渲染,功耗大,很难长时间使用,同时受制于智能手机的计算能力较弱、视频质量不高、有很强的颗粒感并且有一定的时延,体验不佳。在 5G 环境下,该类型的应用采用云端配合的架构,头盔仅负责获取用户头部位姿信息和显示视频,计算能力要求较高的视频渲染放在云端进行,通过无线网络将渲染好的视频帧传递给头盔进行显示,用户可获得长时间的高质量视频观影体验。

4. 增强现实业务

增强现实技术是在虚拟现实基础上发展起来的一项技术,借助计算机图形技术和可视化技术将虚拟对象准确叠加在物理世界中,呈现给用户感知效果更丰富的新环境。通信技术的发展、移动智能终端处理能力的增强、移动传感器设备的性能提升为在智能终端上增强现实业务的普及提供了基础,为分层次打造个性化的信息服务提供了必要的支撑条件,也将极大地促进移动互联网在教育、游戏、促销和购物、社交网络、商业统计、旅游等业务的创新。目前,增强现实还处于市场启动期。

一个典型的增强现实业务处理流程如图 1.3.13 所示。用户开启增强现实应用,通过摄像头采集图像,对图像进行压缩,通过无线网络将其上传到服务端进行图像识别,然后依据识别结果获取虚拟信息,通过无线网络将其传递给智能终端侧,由跟踪注册模块获取虚拟信息叠加位置,并由渲染模块最终将虚拟信息与真实场景进行融合渲染,展示给用户。较好的用户体验对实时性提出了很高的要求,在 5G 环境下,可以很好地解决查询图像和虚拟信息传输带来的网络传输时延长的问题,可以将跟踪模块和渲染模块转移到服务端/云端,无线网最终将渲染好的图像传递给智能终端。同步解决了增强现实应用导致的手机耗电问题。

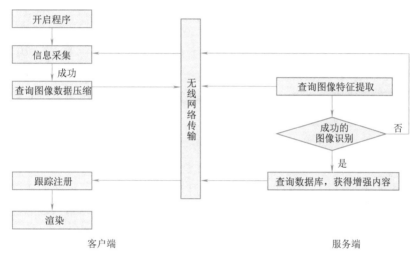

图 1.3.13　增强现实业务处理流程

5. 物联网业务应用

5G 将渗透物联网等领域,与工业设施、医疗器械、医疗仪器、交通工具等进行深度融合,全面实行万物互联,有效满足工业、医疗、交通等垂直行业的信息化服务需求。

任务小结

本任务主要学习 5G 系统,介绍了 5G 应用场景、性能指标、关键能力,并描述了现实中各种 5G 应用案例,为后续内容的展开打下基础。

※ 思考与练习

一、填空题

1. 第二代移动通信系统主要包括,处于 2G 统治地位的欧洲＿＿＿＿＿＿,以及北美＿＿＿＿＿＿。

2. ITU 的组织结构主要分为＿＿＿＿＿＿、无线电通信部门(ITU-R)和电信发展部门(ITU-D)。

3. 全球范围内有很多5G的论坛和研究项目组。2011年第一个_____开展了5G研究，不久_____、_____、_____等三国开始了各自的研究活动。

4. 5G网络是_____，其峰值理论传输速率可达_____，比4G网络的传输速率快数百倍。

5. 目前，5G几个主流的应用场景，包括_____、_____、_____三个通信服务类型。

二、选择题

1. 5G的理论速率可达到(　　)。

　A. 50 Mbit/s　　　　　　B. 100 Mbit/s　　　　　　C. 500 Mbit/s　　　　　　D. 1 Gbit/s

2. 1G手机有多种制式，如(　　)，但是基本上使用频分复用方式只能进行语音通信，收讯效果不稳定，且保密性不足，无线带宽利用不充分。以下(　　)不属于1G手机。

　A. NMT　　　　　　B. PHS　　　　　　C. AMPS　　　　　　D. TACS

3. 基站带宽为80 MHz时，UE信道带宽不可能为(　　)。

　A. 120 MHz　　　　B. 40 MHz　　　　C. 20 MHz　　　　D. 50 MHz

4. 5G控制信道eMBB场景编码方案是(　　)。

　A. Polar码　　　　B. LPDC码　　　　C. Turbo码　　　　D. TBCC代码

5. 5G从3GPP(　　)版本开始的。

　A. Rel 13　　　　B. Rel 14　　　　C. Rel 15　　　　D. Rel 16

三、判断题

1. (　　)移动通信是沟通移动用户与固定点用户之间或移动用户之间的通信方式。

2. (　　)GSM是由美国提出的第二代移动通信标准，CDMA移动通信技术是由欧洲提出的第二代移动通信系统标准。

3. (　　)目前国内持国际电联确定的三个无线接口标准，分别是中国联通运营的CDMA2000，中国电信运营的WCDMA和中国移动运营的TD-SCDMA。

4. (　　)当移动台在运动中进行通信时，接收信号的频率会发生变化，称为多普勒效应。

5. (　　)通信网是一种使用交换设备、传输设备将地理上分散用户终端设备互连起来实现通信和信息交换的系统。

四、简答题

1. 简述移动通信发展史。

2. 第三代移动通信系统包含哪些制式？

3. 简述第五代移动通信网络。

4. 简述5G包括的内容。

5. 简述5G通信的三个一般服务和四个主要赋能工具。

项目二
学习5G无线网架构

任务 介绍5G无线网架构

任务描述

本任务主要介绍5G网络架构,内容包括RAN架构基础、RAN物理架构及类型、5G灵活性和功能架构、5G系统设计和4G/5G整体网络架构演变。

任务目标

- 熟悉RAN架构、RAN类型及物理架构。
- 了解5G灵活性和功能架构。
- 熟悉5G系统设计和4G/5G整体网络架构演变。

任务实施

一、RAN架构基础

移动网络架构的设计目标是定义网元(如基站、交换机、路由器、终端),以及网元之间的互操作,并确保系统操作一致性。讨论基本系统架构的考量,并简单介绍目前相关研究活动。实现系统目标的网络架构可以从不同的角度进行思考,例如将技术元素集成为一个完整系统的角度、合理的多厂商互操作的角度,或者兼顾成本和性能的物理网络设计的角度。

由于5G系统必须满足多种需求,一些需求之间是互相矛盾的,为了实现未来网络的灵活性,诸如网络功能虚拟化(NFV)和软件定义网络(SDN)等赋能工具将得到应用,特别是在核心网的应用。使用这些技术需要重新考虑传统的网络架构设计。

网络架构设计的首要目标是将技术元素集成为完整系统,并且使它们可以合理地互协同操作。在这一部分,如何获得关于系统架构的共识变得十分重要,即如何使多厂商设计的技术元素能够相互通信,并实现有关功能。在现有的标准化工作中,这种共识通过逻辑架构的技术规范来实现,包括逻辑网络单元(NE)、接口和相关的协议。标准化的接口在协议的辅助下,实现

NE 之间的通信,协议包括过程、信息格式、触发和逻辑网络单元的行为。

LTE 接入网称为演进型 UTRAN(Evolved UTRAN,E-UTRAN),相比传统的 UTRAN 架构,E-UTRAN 采用更扁平化的网络结构。

E-UTRAN 去除了 RNC 网络节点,目的是简化网络架构和降低延时,RNC 功能被分散到了演进型 Node B(Evolved Node B,eNode B)和服务网关(Serving GateWay,S-GW)中。E-UT-RAN 结构中包含了若干 eNode B,eNode B 之间底层采用 IP 传输,在逻辑上通过 X2 接口互相连接,即网格(Mesh)型网络结构,这样的设计主要用于支持 UE 在整个网络内的移动性,保证用户的无缝切换。每个 eNode B 通过 S1 接口连接到演进分组核心(Evolved Packet Core,EPC)网络的移动管理实体(Mobility Management Entity,MME),即通过 S1-MME 接口和 MME 相连,通过 S1-U 和 S-GW 连接,S1-MME 和 S1-U 可以被分别看作 S1 接口的控制平面和用户平面。

如图 2.1.1 所示,3GPP 定义的第四代无线接入技术 E-UTRAN 架构由网络单元无线基站(eNB)和终端设备(用户设备 UE)组成。eNB 之间的连接通过 X2 接口,UE 和 eNB 之间的连接通过 Uu 空中接口。4G 系统采用了扁平化架构,因此 eNB 通过 S1 接口直接连接到核心网(EPC)。

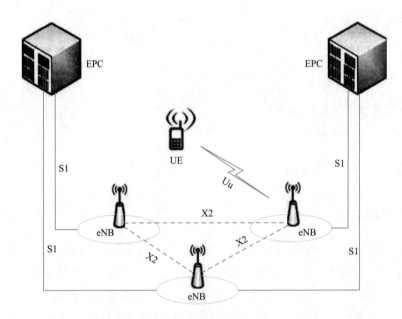

图 2.1.1 E-UTRAN 架构

每个网络单元(NE)包括一组网络功能(NF)并基于一组输入数据来完成操作。网络功能生成一组输出数据,这些数据用于与其他网络单元通信。每个网络功能必须映射到网络单元。对技术元素进行功能分拆,并把网络功能分配到网络单元中的过程,由功能架构来描述,如图 2.1.2 所示。实践中,技术元素的具体实现或许需要将网络功能分置在逻辑架构的不同位置。

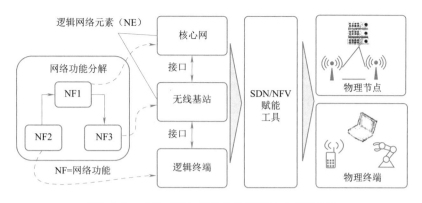

图 2.1.2　功能、逻辑、编排和物理架构之间的关系

信道测量只能在终端或者基站的空中接口直接进行,而基于信道测量的资源分配可以在基站完成。

网络功能对不同接口的时延和带宽提出要求。这意味着在一个具体的部署中,需要对如何组织网元结构具有通盘考虑。物理架构描述了网络单元或者网络功能在网络拓扑结构的位置,它的设计对网络性能和网络成本有重大影响。一些网络功能出于经济原因倾向于集中放置,比如利用运算资源的统计复用。尽管如此,由于功能性或者接口的要求(如时延和带宽的要求),一些功能需要运行于接近空中接口的位置,或者相互靠近,这就需要分布式部署。这种情况下性能和成本都会受到影响。

传统的将 NF 分配到 NE、将 NE 分配到物理节点的方式,对于每个特定的部署都是定制的。差异化的最终用户需求、服务和用例要求 5G 系统架构更为灵活。新型的架构赋能技术,例如NFV 和 SDN,致力于提升网络灵活性。SDN/NFV 已经应用于 4G 网络,主要是核心网功能。5G网络的架构从开始就会考虑采用这些技术。这里需要强调的是未来的网络更聚焦于网络功能,而不是网络单元。

标准化组织制定的技术规范起着关键的作用,确保来自于世界范围内不同厂商的设备能够互操作。尽管传统网络单元 NE、协议和接口由技术规范约定,实现的过程中网络和终端设备厂商仍然有相当的自由度。

第一个自由度是如何将网络单元映射到物理网络。例如,尽管 E-UTRAN 本质上是分布式逻辑架构,网络设备厂商仍然能够设计一个集中化的解决方案,如将物理控制设备放置在一个集中的接入地点,执行 eNB 的部分功能,其他功能在接近无线单元的地方执行。从这个角度看,网络厂商将标准的网络单元分开部署在多个物理节点,来实现集中化部署架构。另一个方向是同一个供货商拥在同一物理节点,合并网络单元的自由度,如市场上的有些核心网节点中,厂商提供集成的分组数据网网关(P-GW)和业务网关(S-GW)。

第二个自由度是各厂商采用的硬件和软件平台架构的自由度。到目前为止,3GPP 还没有定义任何的特定软件或者硬件架构,或者定义任何面向网络单元的平台。

第三个自由度是厂商如何实现不同网络功能的决策逻辑(Decision Logic)。

例如,3GPP规范了空中接口的信息交换协议。在众多规范中,这就规定了无线基站(eNB)传递调度信息、终端设备(UE)解读这些信息,以及UE如何反应的方式。尽管如此,eNB仍然具有如何使用信息进行资源分配的自由。

二、RAN 物理架构及类型

1. RAN 概述

通过图2.1.3,可以对接入网有一个初步的概念。

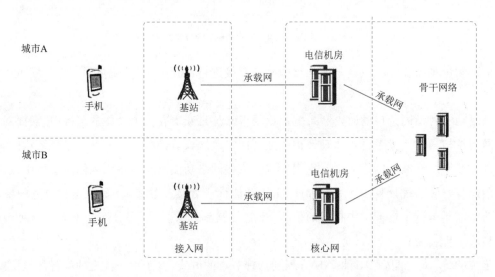

图 2.1.3   接入网

在无线通信里,接入网一般指无线接入网,即通常所说的RAN(Radio Access Network)。

大家耳熟能详的基站(Base Station),就是属于无线接入网(RAN)一个基站,通常包括BBU(主要负责信号调制)、RRU(主要负责射频处理)、馈线(连接RRU和天线)、天线(主要负责线缆上导行波和空气中空间波之间的转换),如图2.1.4所示。

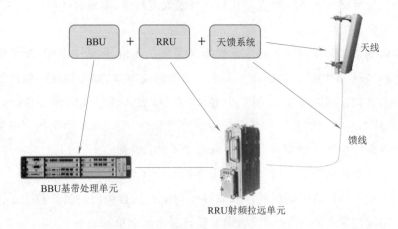

图 2.1.4   基站系统

在 1G 和 2G 时代,BBU、RRU 和供电单元等设备是放在一个柜子里的。到了 3G 时代,提出了分布式基站,也就是将 BBU 和 RRU 分离,RRU 甚至可以挂在天线下边,不必与 BBU 放在同一个机柜里。这就是所谓的 D-RAN 架构,即 Distributed RAN(分布式无线接入网),如图 2.1.5 所示。

随后出现 RRU 拉远和 BBU 集中化,由多个 BBU 组成的基带池来控制多个分布式的 RRU。BBU 池就像一个位于中心的大脑,控制着分布的四肢(RRU),这就是 C-RAN 架构,即 Centralized RAN(集中化无线接入),如图 2.1.6 所示。其还是采取 BBU 和 RRU 分离的方案,但是 RRU 无限接近天线,这样大大减少了通过馈线(天线与 RRU 的连接)的衰减;同时 BBU 迁移并集中于 CO(中心机房),形成 BBU 基带池;而 CO 与 RRU 通过前传网络来连接。这样非常有利于小区间协同工作。

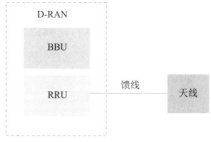

图 2.1.5　D-RAN 略图

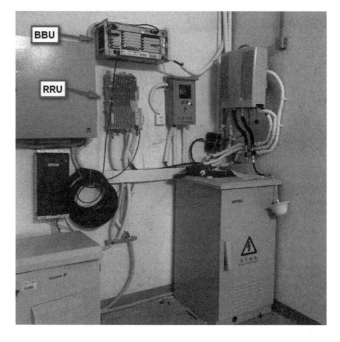

图 2.1.6　C-RAN　BBU&RRU 室内机房设备安装图

2. C-RAN 架构

在 C-RAN 架构中,每个基站处均不再有设备间。取而代之的是,这些设备都集中到了附近的某处(总局或数据中心),此处还装有针对某个特定区域的多个基站的设备。故此,C-RAN 中的 C 意为集中化。采用该方式的五大理由:

(1)改善环境

随着移动用户群的日益庞大,需要更多的基站塔来提供日益提升的连接速度,移动通信网络释放的温室气体也显著递增。

如果所有现存及未来的基站都(奇迹般地)演进成 C-RAN 的模式,并利用现有总局中已有的空调设备,2020 年的空气中减少了 59 Mt 的 CO_2。

将所有现存基站均改换成 C-RAN 显然不可行,但可以考虑将新基站设计成 C-RAN 模式,以改善环境。

另外,多数移动运营商都会主动地定期对每个基站进行维护,称之为"上门服务",重点在设备间内的设备。有了 C-RAN,未来运营商就不再需要每个月驾车前往成千上万的基站了,汽车的排放量自然会大大减少。

（2）下载速度更快

为了实现用户要求的连接速度的大幅提升移动网络运营商需要部署更多的容量,尤其是更多基站。

随着部署的基站越来越多,这些基站的信号开始互相干扰,尤其在两个基站之间的交界地带。对用户而言,进行下载时,这种干扰反映出来,就成为数据下载速度的降低甚至是数据缓冲。

移动网络运营商对此干扰问题有个解决方法,名为 CoMP 多点协作。CoMP 已经证明可以在基站边界处提升网络性能高达 100%。但是,CoMP 在传统的网络架构下效果并不好甚至不可行,原因是它需要多个站点的处理设备非常近距离的互相协作。

达成该协作的最佳途径就是将多个站点的基带设备置于同一处。这恰恰正是 C-RAN 的所长。

（3）减少视觉影响

有了 C-RAN,无须宽阔的地方来安置设备间,即可以在网络中添加新的射频发射器。不再有设备间本身已经是视觉上的一种改善,更进一步,C-RAN 的技术让业界可以用创新的办法来降低,甚至消除射频设备的视觉影响。

（4）降低基站处的噪声

部分楼顶上安装了移动天线,此类环境中的移动处理设备可能装置在屋顶的阁楼,配置有噪声很大的风扇及其他空调设备。运营商需要进行设备维护时,同样会产生噪声,C-RAN 可以帮助减轻甚至消除所有这些噪声。

（5）缩减移动运营商及用户的成本

移动运营商面临一项艰巨的挑战:他们需要以(大大)超过营收增长的速度来提升其网络容量,否则就可能损失客户。C-RAN 为运营商带来的网络运营上的开支节省体现在以下几个方面:降低功耗、降低维护成本、降低站址租赁费用。

同时,C-RAN 还可以通过以下几种手段来帮助运营商降低网络建设投资:

①移动处理设备的使用率更加高效。平均来讲,基站处基带设备的利用率只有 30%,原因是需要有足够的处理能力来处理服务区域的峰值负载。若是有了 C-RAN,就可以将这些基带设备放在基带池中,因此只需要处理平均的负载量的足够能力即可。

②减去了设备间。

③降低了空调及电源的使用。

总的来讲,试验中,改为 C-RAN 架构以后,发现 CAPEX(新建基站)可节省 30%,而 OPEX

（运营中）则可以节省 53%。

C-RAN 至少可以让运营商在维持较低运营成本的同时，为用户提供所需要的移动带宽。

C-RAN 比传统接入网的优势如图 2.1.7 所示。

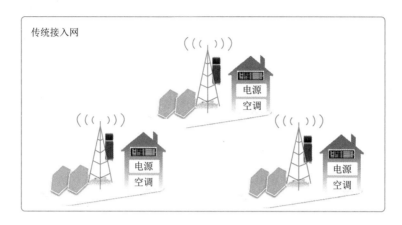

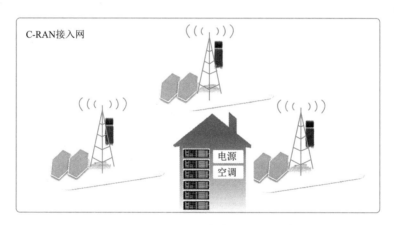

图 2.1.7　C-RAN 比传统接入网的优势

C-RAN 是一项十分重要的新技术，在每个移动运营商探索 5G 的未来时，都应该充分关注。C-RAN 能够提升网络容量、降低网络成本，并将网络对环境的影响减至最低。

5G 是一个泛技术时代，多业务系统、多接入技术、多层次覆盖融合成为 5G 的重要特征。如何在"异构网络"中向用户提供更好的业务体验和用户感知是运营商面临的一大挑战。未来的无线接入网应满足以下要求：

①大容量且无所不在的覆盖。容量提升是移动通信网永远的追求。随着用户数、终端类型、大宽带业务的迅猛发展，大容量且无所不在的无线接入网是 5G 的首要任务。

②更高速率、更低时延、更高频谱效率。视频流量约占移动总流量的 51%，未来将进一步提高占比。

③开放平台，易于部署和运维，支持多标准和平滑升级。

④网络融合。从移动网络的发展历程来看，未来的 5G 网络很难做到一种技术、架构全覆盖，M-RAT（Multiple Radio Access Technology，多无线接入技术）会在将来很长一段时间内并存，

多种技术融合、多种架构融合是必然趋势。

⑤低能耗。未来的 5G 接入网必须是一种前瞻性的、可持续性的架构，而基站能耗占通信系统总能耗的 65%，所以在设计网络架构时低能耗的绿色通信是一个必须考虑的问题。

能够很好地满足以上要求的集中式无线接入网络已经受到越来越多的关注。集中式接入网架构是将射频、基带、计算等资源进行"池化"，供网络进行统计复用并接受统一的资源管控，打破了传统通信系统中不同的基站间、网络间软硬件资源不能共享的瓶颈，从而为真正实现异构网络融合、技术融合奠定了基础。

未来的 5G 可能会采用 CRAN（云无线网架构，中国移动于 2009 年在业界提出，结合大规模云计算平台进行集中实时信号处理）接入网架构，它比 CRAN 结构多了一层含义："云"化，虚拟化。所以，CRAN 是对传统无线接入网的一次革命。CRAN 的目标是从长期角度出发，为运营商提供一个低成本、高性能的绿色网络架构，让用户享受到高 QoS（Quality of Service，服务质量）的各种终端业务。

CRAN 是基于集中化处理（Centralized Processing）、协作式无线电（Collabora Radio）和实时云计算架构（Real Time Cloud Infrastructure）的绿色无线接入网架构（Clean System）。基本思想是通过充分利用低成本高速光传输网络，直接在远端天线和集中化的中心节点间传送无线信号，以构建覆盖上百个基站服务区域，甚至上百平方千米的无线接入系统。

CRAN 的网络架构基于分布式基站类型，分布式基站由 BBU（Base Band Unit，基带单元）与 RRU（Remote Radio Unit，射频拉远单元）组成。RRU 只负责数字/模拟变换后的射频收发功能，BBU 则集中了所有的数字基带处理功能。RRU 不属于任何一个 BBU，BBU 形成的虚拟基带池，模糊化了小区的概念。每个 RRU 上发送或接收的信号的处理都可以在 BBU 基带池内一个虚拟的基带处理单元内完成，而这个虚拟基带的处理能力是由实时最优的利用，可以有效地解决"潮汐效应"带来的资源浪费问题。同时，CRAN 架构适用于采用协同技术，能够减少干扰、降低功耗、提升频谱效率，同时便于实现动态使用的智能化组网，基站处理有利于降低成本，便于维护，减少运营支出。

集中式架构的 CRAN 有很多优势，但是完全的集中式控制不能自适应信道环境和用户行为等的动态变化，不利于获得无线链路自适应性能增益。这是因为在实际无线通信系统下，无线网络的完全集中式的网络架构和组网方式不足以实现理想的实时计算。而且无线网络环境动态时变，用户行为属性复杂多变，基站负载情况随时间变化，都会使无线接入网中的相对静止的计算端不能够实时适配动态多变的无线接入端，从而导致集中式处理不能实现资源的全局最优利用。而且，还会增加回程链路开销，从而恶化无线接入网络的性能。因此，一种基于 CRAN 的演进型无线接入网架构 eC-RAN 应运而生。eC-RAN 主要包含三大部分：RRU 部署、本地云平台和后台云服务器，其网络架构如图 2.1.8 所示。

3. RRU 部署

通过布置大规模的 RRU 可以实现蜂窝网络的无缝覆盖，因此 RRU 部署一直是未来集中式无线接入网的研究重点。考虑到实际无线接入网中业务密度的不同，RRU 部署可以采用 eRRU（enhanced Remote Radio Unit，增强的远端射频单元）。eRRU 在普通 RRU 的基础上增加了部分无线信号的处理能力。在某些网络状况变化快、业务需求量大、用户行为属性复杂和覆盖需求大的区域,预先部署一定数量的潜在 eRRU,再部署一定数量 RRU。因为其具有适应网络状态的特性,因此称为智能适配的 RRU 部署方案,其网络架构如图 2.1.9 所示。

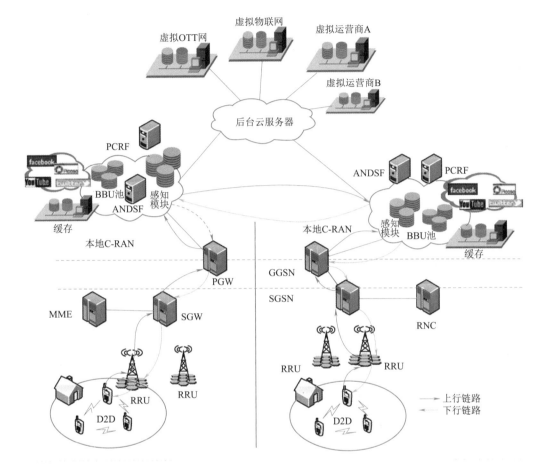

图 2.1.8 基于 CRAN 的演进型无线接入网架构

在普通区域,可以均匀部署 RRU。在业务密集区域中部署的 RRU 不与本地云平台的基带池直接相连,而是通过光回程链路与该区域的 eRRU 进行互联,并且通过该区域内的潜在 eRRU 接入本地云平台的基带池。当业务量需求低、网络负载少和覆盖需求小,并且网络性能满足要求的时候,部署潜在的 eRRU 的区域,不需要增加 eRRU 的无线信号处理能力。此时,该区域内所有 RRU 的无线信号处理和资源都由本地云平台集中管控;当业务量需求增加、网络负载增多和覆盖需求变大或网络性能恶化时,触发无线网络架构的自适应增强。潜在的 eRRU 在本地云平台的控制下,增加部分无线信号处理能力,控制该区域内与其相连的 RRU 的无线信号处理,但是相应的无线资源管理仍然集中在本地云平台。同时,如果 eRRU 到虚拟基带池的光纤回程链路上的容量超过门限值,就会触发无线信号压缩处理以适应有限的光回程链路带宽要求。

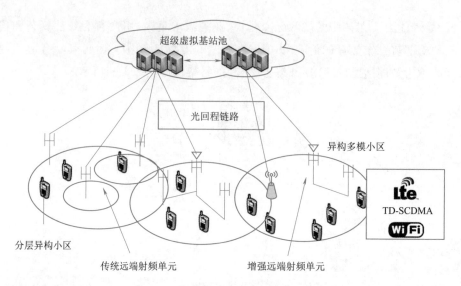

图 2.1.9　智能适配的 RRU 部署方案

4. 本地云平台

本地云平台是 RRU 和后台云服务器之间的网络单元,它们之间通过光纤相互连接。本地云平台负责管理调度由一定数量的 RRU 组成的"小区簇(Cell Cluster)",如用户移动性管理、异构网络融合、热点缓存内容分发等。这可以进一步降低 C-RAN 网络架构和调度过程的复杂度。此外,本地云平台也要负责与其他相邻本地云平台之间的信息交互。该平台主要包含以下功能实体。

(1)感知模块

未来的网络是一个融合的网络,环境复杂多变。存储用户和网络的情景信息是很有必要的。"情景感知"是通过获取接入方式、用户位置、优先级、应用类型等信息,从而准确判断用户需求,同时根据用户行为偏好分配网络资源,提高用户满意度,自适应网络资源,使网络趋向智能化。

物联网作为未来移动通信发展的主要驱动力之一,为 5G 提供了广阔的前景。面向未来,移动医疗、车联网、智能家居、工业控制、环境监控等将会推动物联网应用爆发式增长,数以千亿的设备将接入网络,实现真正的"万物互联"。如何在资源受限的情况下实现同时监测和传输如此密集的网络节点,同时尽可能地减少庞大的数据监控带来的信令开销是一个很大的挑战。情景感知通过共享信息而不是直接通信使其成为可能。

此外,未来的 5G 网络中,自定义的个性化服务是提升用户感知的一个重要组成部分。根据用户的反馈不断调整,感知模块可以通过本地存储的用户数据进行分析,提取用户偏好,向用户定时推荐最新的网络信息,并且根据用户的反馈不断调整,使感知模块的数据更加精确。

(2)缓存模块

把互联网资源放在距离移动用户更近的网络边缘,使得同时减少网络流量和改善用户体验质量成为可能。移动多媒体流量的很大部分是一些流行内容(如流行音乐、视频)的重复下载,因此,可以使用新兴的缓存和交付技术,即把流行的内容存储在中间服务器。这样一来,更容易满足有相同内容需求的用户,而不再从远程服务器重复地传输,因此可以明显减少冗余流量,缓解核心网的压力。在本方案中,本地平台可以通过对感知模块存储的数据进行分拆,预测流行度来提高存储内容的命中率。相邻的本地云平台可以存储不同的内容,它们之间可以实现共享和交换缓存。

通过大量数据统计可以发现视频流量的冗余度高达 58%,通过部署缓存服务器可以大大提高网络性能,用户获得分发内容所需的时延更小。杭州数据中心的测试结果表明,通过部署缓存可以减少 52% 的成本费用。

当然,有些内容不需要存储多份,而且缓存也不是存储得越多越好。要在存储缓存代价和效益之间进行权衡。缓存策略对整体缓存性能至关重要,缓存模块需要注意以下两点:

- 新内容不断到来,流行度和用户需求不断改变,要及时做出合适的缓存选择。
- 服务连续性,如切换时如何从源 RRU 到目标 RRU(甚至跨本地云平台)之间传输内容。移动感知和预提取技术在接入网策略中很有必要。

在未来 5G 接入网技术中,D2D 是一项新兴的关键技术。这会进一步促进缓存策略的改变,用户可以从相邻终端获取缓存内容。此时,缓存效率会更高,可以大大减少网络间流量,降低运营成本。

(3)多网络控制和融合实体

5G 不是由单一种技术就能实现的,而是一个泛技术时代、多业务系统、多接入技术、多层次覆盖。多网络融合作为 5G 关键的研究点,已经是业界共识。网络融合可以增加运营高对多个网络的运维能力和管控能力,最终提升用户体验和网络性能。在本地云平台中增加网络融合控制实体来管理和协调各个网络,可以达到网络融合效果,从而达到整体最优。图 2.1.10 所示为一种集中式的多网络融合控制实体框架。

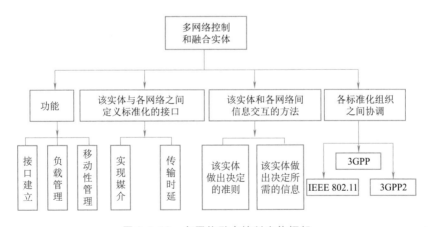

图 2.1.10 多网络融合控制实体框架

5. 后台云服务器

后台云服务器其实是一个庞大的服务器数据中心,将这些服务器划分为不同的专用虚报网,负责特定的业务,如虚拟物联网、虚拟 OTT(Over The Top)网、虚拟运营商 A 网、虚拟运营商 B 网等。对服务器进行划分的目的是更好地利用业务特性,开发不同的管理系统,从而更好地满足业务需求。例如,在未来 5G 网络中,物联网是一个很重要的业务网,有些应用对时延的要求特别高。因此,虚拟物联网下对应的服务器管理和处理所属本地云平台的数据时,管理系统对时延和差错率的敏感度就会比较高,系统中所有算法的出发点都是为了降低时延,而能耗、频谱利用率的权重会有所降低。而在虚拟运营商专用网中,传统的语音和短信业务对这些要求则没有那么严格,可以适当提高能耗、频谱效率的性能要求。通过高配置、高处理能力的后台云服务器的计算和管理,在未来 5G 接入网中,系统性能会大大提高,为用户提供更好的服务。

三、基于 H-CRAN 的无线网络架构

(1) H-CRAN 的概念

自 1G 移动通信系统使用以来,传统蜂窝移动通信系统接入网架构寿命已超过 40 年,最初设计的目的是实现基站服务区域重叠尽可能少地无缝覆盖,因此提出简单高效的六边形蜂窝组网架构,但规则蜂窝组网在简化网络设计的同时,也阻碍了网络性能的进一步提升。为了实现 5G 的性能目标要求,需要从组网架构上进行改进,打破传统规则蜂窝组网架构,提出新型 5G 和后 5G 的无线接入网架构和先进的信号处理技术。

密集分层异构网络(Heterogeneous Network,HetNet)在后 4G 时代已经被提出,通过增加异构的小功率节点(Low Power Node,LPN)实现热点地区的海量业务吸收,理论上网络谱效率和单位面积的 LPN 节点密度成正比。由于 LPN 随机布置,且和 HPN(High Power Node,高功率节点)重叠覆盖同一服务区域,因此,HetNet 打破了传统规则蜂窝组网架构,但其性能严重受限于相邻 LPN 间以及 LPN-HPN 间的干扰,相关的跨层次间干扰和同层干扰控制一直是学术界和产业界的热点和难点。多点协作(Coordinated Muti-Point,CoMP)传输和接收技术是抑制干扰的先进技术之一,但其性能紧密依赖于回程链路的传输容量,在非理想回程场景下,实际 HetNet 的 CoMP 性能增益只有约 20%。为了大幅度提升实际网络的组网谱效率、降低能量消耗,一种有效方法是结合大规模云计算平台进行集中实时信号处理,初步实现云计算和无线接入网络的融合。中国移动于 2009 年在业界提出了云无线接入网络(Cloud Radio Access Network,CRAN)的解决方案。C-RAN 把传统的基站分离为离用户更近的无线远端射频单元(Remote Radio Unit,RRU)和集中在一起的基带处理单元(Base Band proessing Unit,BBU)。多个 BBU 集中在一起,由云计算平台进行实时大规模信号处理,从而实现 BBU 池。C-RAN 的主要技术挑战在于 BBU 池和 RRU 需要单独建立,重新组建一个小接入网,和目前已有的 HPN 无法兼容;更加困难的是,无法高效提供实时语音业务以及在密集 RRU 布署下管理控制信令下放,且消耗大量的用于业务承载的有限无线资源等。

多点协作传输和接收(Coordinated Muti-Point Transmission/Reception)是指地理位置上分离的多个传输点,协同参与为一个终端的数据传输或者联合接收一个终端发送的数据,如图 2.1.11 所示。

借鉴 HetNet 中通过 HPN 实现控制和业务平面以及 C-RAN 中 RRU 高效支撑局部业务的特征,联合 HetNet 和 C-RAN 各自优点,充分利用大规模实时云计算处理能力,提出了异构云无线接入网(Heterogeneous Cloud Radio Access Nework,H-CRAN)作为 5G 无线接入网络的解决方案。

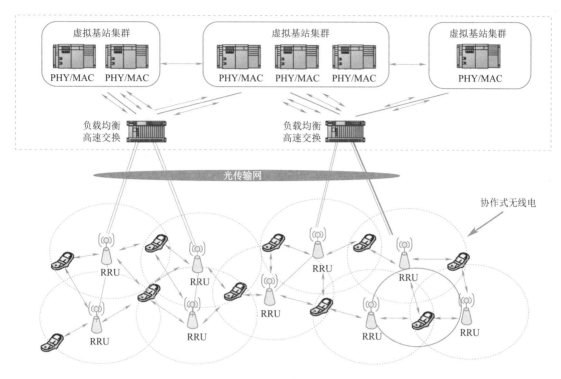

图 2.1.11　多点协作传输

（2）H-CRAN 系统架构和组成

H-CRAN 中数量众多的低能耗 RRU 相互合作，并在集中式 BBU 池中实现大规模协作信号处理。RRU 作为前端射频单元，具有天线模块，主要的基带信号处理和上层空中接口协议功能都在 BBU 池中实现。传统 C-RAN 的 BBU 池集合了集中式存储、集中式信号处理和资源管理调度以及集中式控制等功能，使得 C-RAN 的控制管理功能复杂，大规模无缝 C-RAN 组网难度大且不现实，无法和已有的 3G 和 4G 等蜂窝网络兼容，且支撑突发小数据业务的能力并不突出，对实时语音业务也不能很好地支持。与 C-RAN 不同，H-CRAN 中的 BBU 池和已有的 HPN 相连，可以充分利用 3G 和 4G 等蜂窝网络的宏基站实现无缝覆盖以及控制和业务平面功能分离。HPN 用于全网的控制信息分发，把集中控制云功能模块从 BBU 池剥离出来。此外，BBU 池和 HPN 之间的数据和控制接口 S1 和 X2，其继承现有的 3GPP 标准协议。在 H-CRAN 中，RRH 间的干扰由 BBU 池进行大规模协作信号处理来抑制，而 RRU 和 HPN 间的干扰可以通过 HetNet 中 CoMP 进行分布式协调来减少。

需要说明的是，传统的 C-RAN 的主要性能瓶颈之一在于回程（Frontthaul）链路的容量需求受限，而所提的 H-CRAN 由于 HPN 的参与，避免了控制信令的传输开销，让部分用户接入 HPN 也减少业务传输速率的开销，从而有效缓解了回程链路的容量需求，实现了 RRU 对用户的透明性，这里不需要为 RRU 分配小区识别号，简化了网络设计和规划等。所有的控制信令和系统广播信息都由 HPN 发送给用户设备（User Equipment，UE），可以使 RRU 根据用户业务需求自适应地进行休眠，从而有效地节约能量消耗，实现以用户为中心的绿色节能通信。需要说明的是，一些突发流量或即时消息业务可以由 HPN 来支撑，以确保业务能够无缝覆盖，RRU 只用于满足热点区域海量数据业务的高速传输需求。对于 RRU 和 UE 之间的无线传输来说,可以采用不同的空中接口技术,如 IEEE 802.11ac/ad、毫米波甚至可见光等。

为了提高 H-CRAN 的网络能量效率性能,RRU 的开关与业务量自适应匹配。当业务负载较低时,一些 RRU 在 BBU 池的集中自优化处理下进入睡眠模式;当业务负载较高时,可以自适应激活睡眠的 RRU。此外,根据 UE 承载业务和传输性能等要求,一个或者多个 RRU 自适应为其服务,如果 UE 业务量较少,那么同一个 RRU 的单资源可以为多个 UE 共享使用。

利用所提的 H-CRAN,除了能显著提高网络的谱效率和能量效率性能,还能大幅度改善移动性能。由于在不同 RRU 间移动只涉及资源调度的变化,不离开 HPN 覆盖范围就不需要进行切换,所以可以显著地减少 HPN 系统中常用的不必要切换,降低切换失败率、乒乓切换率和掉话率。

(3)H-CRAN 的关键技术

为了发挥 H-CRAN 的性能优势,需要充分挖掘基于大规模云计算处理的优势,对传统的物理层、媒体接入控制层和网络层进行增强。对物理层而言,基于云计算的 CoMP(CC-CoMP)技术作为 4G 系统中 CoMP 技术的增强,主要用来实现同层 RRU 间以及跨层 RRU 和 HPN 间的干扰抑制。大规模协作多天线(Large Scale Collaboration More Antennas,LS-CMA)技术通过在 HPN 中布置大规模的集中式天线阵列来获得天线分集和复用增益。通过基于云计算的协作无线资源管理(CC-CRRM)技术,实现资源的虚拟化和用户的高效资源调度,同时实现 HPN 和 RRU 间的干扰协调和移动性管理增强等。另外,通过基于云计算的网络自组织(CC-SON)技术,实现自配置、自优化和自治愈,提高 H-CRAN 的智能组网能力,同时降低网络规划和维护方面的成本等。

①基于云计算的大规模多点协作。和 C-RAN 一样,H-CRAN 充分利用 BBU 池,对来自 RRU 的无线信号进行大规模协作处理,抑制 RRU 间的干扰,称为同层 CC-CoMP。另外,为了抑制 RRU 和 HPN 间的干扰,使用跨层 CC-CoMP 技术。由于 RRU 和 BBU 池间的回程链路容量受限,所以需要使用信号压缩处理技术,这使得在 BBU 池中的无线信号是压缩有损信号,同层 CC-CoMP 性能相应有一定的损失。此外,对于每个用户而言。对同层 CC-CoMP 性能的影响主要来自有限的几个相邻 RRU,所以,在 BBU 池可以采用稀疏预编码处理,在性能降低几乎可以忽略的前提下能够显著降低同层 CC-CoMP 计算复杂度,从而便于进行实时云计算处理。跨层 CC-CoMP 受限于 BBU 池和 HPN 间的回程链路容量和信息交互的实时性,由于理想的信道状态(Channel State Information,CSI)难以获得,跨层 CC-CoMP 性能和 HetNet 中的 CoMP 性能类似。

②大规模集中式多天线协作处理。LS-CMA 也称大规模多输入多输出(Massive MIMO)天线,在 HPN 处集中式地配备数百甚至上千根天线,用于改善 HPN 传输容量和覆盖范围。根据大数定律,当天线数量足够多时,无线信道传播可以硬化,使得传输容量随着天线数量增加呈线性增加。已有实际网络测试结果表明,在 HPN 处部署 100 根天线,与传统的单天线配置相比,容量将至少获得 10 倍的提升,同时能量效率性能将得到 100 倍数量级的提高。

需要说明的是,如果 H-CRAN 侧重挖掘 LS-CMA 的性能增益,让更多用户接入 HPN 获得业务传输,会牺牲掉 CC-CoMP 的性能增益,极端情况下所有用户都由 HPN 提供服务,则 H-CRAN 就退化为传统的蜂窝无线网络;但如果让较少的用户接入 HPN,又会降低 LS-CMA 的性能;如果让所有业务都由 RRU 提供,则会使 H-CRAN 退化为 C-RAN。因此,权衡 LS-CMA 和 CC-CoMP 间的性能增益,才能使 H-CRAN 的网络性能增益最大。

③基于云计算的协作无线资源管理。相较于 C-RAN 系统,H-CRAN 系统增加了 HPN 实体,使得用户接入、资源分配。功率分配、负载均衡等更加灵活,也更加复杂。可以使用 HetNet 的小区范围收缩技术平衡 RRU 和 HPN 间的负载,同时让用户尽量接入 RRU。此外,为了减少 RRU 和 HPN 间的干扰,在负载轻的时候,可以为这两个实体配置正交的频谱资源。当负载变重时,只需分配部分频谱资源用于 RRU 和 HPN 的共享,以提供基本的无缝覆盖业务,而其他不需要共享的频谱资源专门用于 RRU 间的高速业务传输。频谱资源的配置分配的优化,需要联合功率分配和用户接入以及优化目标进行联合设计。

为了在 H-CRAN 系统中支撑不同时延的多媒体分组数据业务,H-CRAN 需要实现时延感知的 CC-CRRM。传统无线资源管理主要侧重各用户的 CSI,进行无线资源和用户 CSI 的自适应匹配,同时兼顾优化用户的公平性和小区资源配置等。CC-CRRM 将自适应每个用户的分组业务排队状态信息(Queue Status Information,QSI)和 CSI,进行资源分配和无线信号处理,实现跨层资源协同优化。

④基于云计算的网络自组织。和 HetNet 及 C-RAN 类似,由于在局部区域聚集了大量随机布置的接入节点,使得 H-CRAN 的网络规划、优化非常复杂,依靠传统的人工网络规划优化变得不太现实,亟须采用网络自组织(SON)技术提高 H-CRAN 智能组网性能。SON 技术能够在组网的过程中最小化人工干预,减少运维成本。鉴于 H-CRAN 中各 RRU 的无线资源管理、移动性管理及射频等相关参数都需要配置和优化,且拓扑结构会随着 RRU 的自适应开/关而动态变化,所以 SON 是确保 H-CRAN 智能组网的关键。充分利用 H-CRAN 的 BBU 基带池集中程度高、大规模管理架构,基于云计算的 SON(CC-SON)将基于集中式架构,联合云计算服务器中的海量网络运维数据,进行大数据挖掘,智能化完成 H-CRAN 各 RRU 的自配置、自优化和自治愈功能。需要说明的是,由于 BBU 池和 HPN 间有接口,因此可以通过集中式架构完成 HPN 的自组织功能,而不需要使用混合式的 SON 架构。

(4)H-CRAN 未来技术挑战

H-CRAN 作为对 HetNet 和 C-RAN 的增强演进,虽然已经提出了清晰的系统架构和关键技术,但仍有技术挑战亟须解决,才能推进其成熟和未来应用。

①理论组网性能分析。和 HetNet 及 C-RAN 的理论组网性能研究类似,H-CRAN 的理论组网性能需要刻画 RRU 的随机分布,挖掘回程链路容量受限对大规模集中信号处理性能的影响。RRU 的随机分布将通过泊松点(PPP)分布进行表征,利用随机几何,推导单用户的覆盖成功率、小区的平均频谱效率和能量效率等,利用推导的性能限闭式解,描述影响性能限的关键因素,以指导无线资源分配和网络配置等。此外,从用户角度出发,研究以用户为中心的动态 RRU 选择和集合设置,在减少回程链路开销和实时计算复杂度的同时,减少性能损失。

②回程链路受限的性能优化。在 RRU 和 BBU 之间非理想的回程链路受限会使 H-CRAN 的整体频谱效率和能量效率恶化。为了减少回程链路的业务传输带宽要求,一般需要对来自 RRU 的无线符号进行压缩处理。如何减少压缩处理后的影响,是未来亟须突破的关键问题。一种可行方法是打破传统的完全集中式架构,充分利用分布式存储和分布式信号处理功能,让部分业务传输发生在本地,而不需要上传到 BBU 池,从而有利地降低回程链路的开销。另外一种可行方法是通过 HPN 的分流,但这是以牺牲 BBU 池的大规模协作增益为代价的。

③H-CRAN未来标准化工作。H-CRAN的标准化工作应该在未来5G标准框架下,实现C-RAN和HetNet的平滑演进。在3GPP的R12中已经对高阶调制、几乎空白帧、小区自动开/关、SON、节能、非理想回程的CoMP等技术进行标准化工作。作为这些技术的增强演进,有望在R13和R14中对H-CRAN的网络架构、系统组成、RRU智能开/关策略、CC-CoMP、LS-CMA、CC-CRRM和CC-SON等进行标准化定义。

四、5G灵活性和功能架构

在传统的网络中,如何将NF(网络功能)和NE(网络单元)分拆到物理节点是针对特定的部署进行的。SDN和NFV技术使新的网络架构成为可能,允许以新的方式部署移动网络。除了空中接口,近来5G研究突出了基于NF定义和功能之间接口的逻辑架构,而不是基于NE定义和节点之间接口的架构。这一方案的优势如下:

- 参考传输网络的能力和制约因素,灵活优化地布置NF。
- 避免冗余,仅采用必要的NF。
- NF可以通过特殊实现方式进行优化。

但是,这一方案需要定义大量的接口,从而实现多厂商互操作。因此,根据功能使用的情况,运营商必须能够灵活地定义和配置自己的接口。对运营商潜在的挑战是系统的复杂性,其中有大量的接口需要管理。因此,5G的架构设计需要平衡复杂性和灵活性。

下面主要介绍NE功能分拆的准则、功能分拆的例子和优化移动网络运营的案例。需要指出的是,这里分析不仅支持从节点间到功能间接口的变化,也适用于潜在RAN功能分拆的节点间功能接口。

1. 功能分拆准则

在逻辑架构设计时,"功能分拆"允许将网络功能映射到协议层,同时将这些协议层分配到不同的网络单元中。

在5G中有不同的功能分拆的可能性。其主要是由下面的两个因素决定的。

①把网络功能按照相对于无线帧需要同步和不需要同步加以区分。基于这一原则,接口可以分为严格时间限制和松散时间限制。

②回传(BH)和前传技术给接口带来时延和带宽的限制。

对于功能分拆,下列因素应当特别认真考虑。

- 集中化的优点:从架构来看,考虑集中部署是否优于分布部署(见表2.1.1)。

表2.1.1 集中式和分布式架构的评估

部署方式	期望的优点	要 求	物 理 限 制
完全集中式	云计算和虚拟化赋能工具,简化协作算法,优化路由	时延 < 100 μs,容量 = 20 倍(相对分布式)	有限适用的回传技术
部分集中式	集中式和分布式共存	时延 < 1 ms(HARQ 受限);< 10 ms(帧结构受限) 容量 ≈ 1 ~ 5 倍(相对分布式)	需要众多标准化的接口
完全分布式	简化分布式处理	节点间需要同步	必须有节点间连接

- 计算需求及多样性:一些功能或许需要集中化提供的强大运算能力,同时在这些区域提供不同需求类型的应用。

- 链路级物理限制:特别是在中心单元池和远端单元之间连接上的时延和带宽要求。

- 面向空中接口,网络功能之间的同步和时延依赖性:运行于 OSI 模型上层的网络功能被认为是非同步的。因此,如果两个网络功能之一需要来自另一个功能的关键时间信息,二者就不应当被分拆。

2. 功能分拆选项

如前所述,5G 的特点是可以将网络功能灵活地布置于网络拓扑结构的任意位置。这种灵活性引入两个可选方式,即集中化 RAN(C-RAN)和分布式 RAN(D-RAN)。

传统意义上,C-RAN 主要是集中化基带处理资源(基带池)。在 NFV 的帮助下,将工业化标准的大量服务器硬件用于基带信号处理,C-RAN 可以被延伸到云计算无线接入网络(Cloud-RAN),其中网络功能采用虚拟化的方式部署。对于原有以 D-RAN 为主的物理架构,C-RAN 和 Cloud-RAN 架构体现了结构改变。

到目前为止,只有完全集中化的 RAN 架构得到部署,这就需要通过无线接入点和基带池之间的前传来传输数字化的信号(I/Q 采样,每个天线端口一路数据流),如通过 CPRI 接口或者 ORI 接口。5G 网络的灵活性概念引申为一般意义上的功能分拆。图 2.1.12 显示了 4 种不同的无线接入点和集中处理器之间的功能分拆的选择方案。图中分界线的位置标明了不同网络层位于中心位置(分界线之上)还是位于本地位置(分界线之下)。

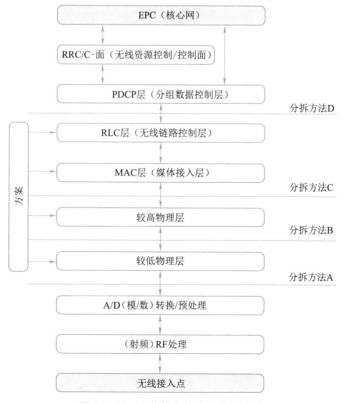

图 2.1.12　4 种基本的功能分拆方式

分拆方法 A:较低物理层分拆。类似于现有的基于 CPRI/ORI 接口的功能分拆。最高集中化增益需要付出昂贵的前传代价。

分拆方法 B:较高物理层分拆。类似于前一种分拆方式,但仅对基于用户的网络功能进行集中化,而小区特定的功能实施远程管理。例如,前向纠错(FEC)编码/解码或许是集中的。这种分拆的处理能力和前传要求随着用户数、占用资源和数据速率改变。在前传链路可能获得集合(MUX)增益,而集中增益略有损失。

分拆方法 C:MAC 层集中化。关键时间集中化处理不是必需的,而且集中化增益较小。这就意味着调度和链路自适应(LA)必须区别为关键时间部分(本地操作)和非关键时间部分(集中操作)。

分拆方法 D:分组数据融合协议(PDCP)集中化。类似于现有的 3GPP LTE 的双连接机制。不需要和空中接口帧同步的功能通常是集中化和虚拟化中要求最少的。这些功能通常位于PDCP 和 RRC 协议层。前面提到位于低层的功能必须和空中接口帧同步,例如,分拆方式 A 和B 中的部分功能。这对它们之间的接口提出很高的要求,使集中化和虚拟化极具挑战。

此外,这里没有明确阐述的是,核心网功能是集中化和虚拟化的最大获益者。

实际的功能分拆高度依赖物理部署和特定的应用。而且,功能分拆可以按照控制面和用户面来进行不同的分拆。3 种模型如下:

①直接流程:来自核心网的分组数据进入中心实体,再由中心实体发送到远程单元。这个方式经过集中化的较高层和分布式的较低层来实现。

②前向－后向流程:来自核心网的分组数据直接发到远程单元,远程单元决定哪些数据必须由中心单元处理。之后,中心单元网络功能完成所需的处理,并把分组数据再次发到远程单元。这个选择由分布式管理的某些较高层网络功能实现。

③控制/用户面分拆:上述两个模型可以进一步分拆为仅负责控制面处理的中心单元和仅负责用户面处理的远程单元。

3.特定应用的功能优化

5G 网络将会为无线网络运营的优化提供更多的自由度,例如,针对特定的目的,可能部署专用软件,其中只包括部分协议栈。表 2.1.2 列举了一些无线网络功能构成的影响因素。

表 2.1.2　功能构成的影响因素

因　素	影　响	举　例
结构特性	干扰情况、衰落、部署限制	高层建筑、街道或者步行区域
用户特征	多连接需求、D2D 可用性、切换可能性	移动性、用户密度
部署类型	本地分流、合作增益、动态 RAN	体育场、热点地、机场、移动/游牧节点
服务组成	本地分流、时延、可靠性、载波调制	mMTC、MBB
RA 技术	回传连接、协作需求	大规模 MIMO、CoMP、跨小区干扰协调
回传技术	集中化选项、协调机会	光线、毫米波、带内

基于场景可以优化的功能存在于所有 RAN 协议层。在物理层,编码起着重要的作用,例

如,适用于 mMTC 的分组编码和适用于 xMBB 的 Turbo 编码,对于资源受限的硬判决解码,载波调制(例如关键时延业务采用单载波,高速率业务采用多载波),或者根据具体场景采用不同信道预测算法。

在 MAC 层,除了其他的方面,Hybrid ARQ(混合自动重传)可以根据时延的要求,进行不同的优化。移动性功能高度依赖实际用户移动速度。调度器的实现必须考虑用户密度、移动性和 QoS 要求。随机接入协作也可以针对 MTC 进行优化。

网络功能可以依据实际的部署方式和业务组成进行优化。本地分流功能取决于是否提供本地业务,即本地化的业务,例如因特网的流量可能由无线接入节点来处理。多小区合作和协作依赖网络的密度、结构特征和用户特点,诸如干扰分布和用户的双连接功能取决于采用某个多 RAT 协作功能。

例如,在大规模 MIMO 和小基站超密集网络(UDN)广域部属的场景。由于 UDN 和大规模 MIMO 波束可以使用于较高频段,而小基站和窄波束无法确保移动条件下的高速率,因此 M-RAT 连接可以实现控制面分极。

集中化的程度严重依赖可预期的回传网络。

例如,具有光纤连接的宏蜂窝可以更多地集中化部署。出于经济原因考虑,UDN 节点需要自带无线回传模块。但是由于带宽受限,仅有较少的网络功能可以集中化部署。

网络功能的使用依赖场景和部署的 RAN 技术。

例如,对于 UDN 网络,小区间干扰协作或者多小区联合处理是必要的。大规模 MIMO 需要导频协作算法。UDN 通常部署在步行街环境,移动性低,相较于大范围的铁路环境,这一场景允许不同干扰消除方法。利用大规模 MIMO 实现回传,则不需要移动性管理。在体育场场景,内容是在本地提供,因此核心网功能、信息和电信业务也应当是在本地提供。类似地,在热点地区服务可以由本地提供,这就需要本地核心网功能。

以上每个例子,都可以采用针对特定的用例专有的软件进行优化。

4. 集成 LTE 和新的空中接口来满足 5G 需求

将新的空中接口和原有系统集成,一直是移动网络引入新一代技术过程中的重要组成部分。直到引入 4G 阶段,这一工作的主要目标都是实现全网无缝移动管理。实现在特定区域平滑引入新一代技术新业务的同时,保证原有业务的平稳运行,例如,UTRAN 支持的语音业务,在 LTE 引入初期通过 CSFB(电路域回落)实现语音业务回落。在不同的 3GPP 系统之间,集成一般是通过不同系统核心网节点之间的接口实现,例如,S11 接口(在 MME 和业务网关之间)、S4 接口(在业务网关和 SGSN 之间)。

向 5G 演进的过程中,新空中接口和 LTE 的紧密集成(相对于现有系统之间的集成),从第一时间起就是 5G RAN 架构必不可少的组成部分。这里的紧密集成是指在具体的接入协议之上,采用多接入共享的协议层。

这里紧密集成的要求来自于 5G(高达 10 Gbit/s)的速率要求。同时和低时延要求一起推动了在较高的 6 GHz 之上的频段设计新空中接口。在这些频段,传播特性更具有挑战性,覆盖呈点状覆盖。

与 5G 研究活动同步进行的是,3GPP 不断地增加 LTE 的功能,很可能当 5G 推向市场的时候,LTE 具有的能力已经可以满足很多 5G 要求,例如和 MTC 及 MBB 相关的要求。那时 LTE 也将广泛部署,并运行在传播特性更好的频段,这使得 LTE 和新空中接口的集成更具吸引力。

这些多种接入方式的紧密集成方案,之前已经有所研究,其中 GSM、UTRAN 和 WLAN 共有的基于 RRM 的架构被引入到基于业务的接入选择。在 Ambient Networks 项目中,对不同的紧密集成架构进行了讨论,提出了一个依赖多个无线资源管理的架构和一般链接分层方案。

近来更多的紧密集成的架构得到验证,其中同时考虑了 LTE 协议架构,以及新的空中接口的重要因素。至少在 LTE 的 PDCP 和 RRC 层应该和新的空中接口共享,来支持 5G 需求。这导致协议架构更倾向于 LTE Release 12 中支持双连接的架构。LTE 和新的空中接口紧密协作的不同协议架构如图 2.1.13 所示。

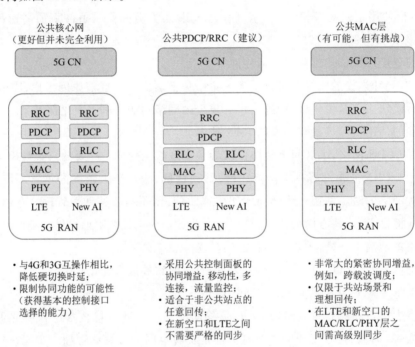

图 2.1.13 LTE 和新的空中接口紧密协作的不同协议架构

(1)相互连接的多个核心网和公用核心网

这种情况下,每种 RAT 拥有各自的 RAN 协议栈和各自的核心网,两个核心网之间由节点间接口连接。目前解决方案集成 UTRAN(3G)和 E-UTRAN(4G)。控制面的协作通过移动管理设备(MME)和 S-GW 之间的接口完成。当 5G 和 LTE 集成时,应该不会采用这种方案,因为这样做很难达到无缝的移动性管理和透明连接。

这种情况下,每个 RAT 拥有各自的 RAN 协议栈,而共享核心网。新的 5G 网络功能可以用于 LTE,也可以用于新空中接口。这样可以潜在地减少硬切换的时延,并实现更加无缝的移动性。但是,潜在的多 RAT 协作的功能或许无法实现。

（2）公共的物理层（PHY）

LTE 物理层是基于 OFDM 的。物理层通过传输信道向 MAC 层提供服务，并将传输信道映射到物理信道。基于 OFDM 的发送方式很可能会在新空中接口中得到保留，但是仍然会和 LTE 有很大的不同。例如，OFDM 参数配置，即载波的间隔、信号的长度、保护间隔和循环前缀长度。因此，引入共同的物理层也许非常困难。而且，这一架构对部署也提出了限制条件，因为非共站多 RAT 场景几乎不可能工作，这是由于在 LTE 和新空中接口间需要高级别的同步。

（3）公共媒体接入层（MAC）

LTE MAC 层以逻辑信道的形式向 RLC 层提供服务，它将逻辑信道映射到传输信道。主要的功能是上行和下行调度、调度信息报告、Hybrid-ARQ 反馈和重传、合成/分拆载波聚合。原则上，在 MAC 层对 LTE 和新空中接口的集成可以带来协作增益，实现跨空中接口，跨载波调度。

实现公共 MAC 层的挑战来自于 LTE 和新空中接口时域和频域结构的不同。在公共 MAC 层和下方的包括 LTE 和新空中接口的物理层需要高级别的同步。而且，对于不同的基于 OFDM 的发送方式也需要合适的参数配置。高级别同步的实现程度同样会制约共址 RAT 的 MAC 层可以实现的集成程度。

（4）公共 RLC（无线链路控制层）

LTE 的 RLC 层向 PDCP 层提供服务。它的主要功能是实现用户面和控制面的分段和连接、重传处理、重复检测，并按顺序提交给更高层。由于 PHY、MAC 和 RLC 层需要同步，RLC 集成变得具有挑战。例如，为了实现分段/重组，RLC 需要了解调度的决定，即下一个 TTI 的资源块，这些信息需要由 PHY 及时提供。

除非多个空中接口拥有公共的调度器，否则联合的分段和重组难以进行。与之前描述的公共 MAC 层类似，公共 RLC 也仅限于共址部署的 LTE 和新空中接口。

（5）公共 PDCP（分组数据控制层）/无线资源控制（RRC）

LTE 的 PDCP 层同时用于控制面和用户面。主要的控制面功能包括加密/解密和完整性保护。对于用户面，主要功能是加密/解密、报头压缩/解压、按序交付、重复检测和重传。与 PHY、MAC 和 RLC 层的功能相比，PDCP 功能对于下层的同步没有严格的要求，如同步。因此，对于 LTE 和新空中接口特定的 PHY、MAC 和 RLC 层的功能设计，应该不会对公共的 PDCP 层带来影响。而且，这样的集成可以在共址和非共址的场景使用，使其更具有面向未来的一般性特征。

RRC 层在 LTE 中负责控制面功能。包括接入层和非接入层的系统信息广播、寻呼、连接处理、临时 ID 分配、配置较低层协议、QoS 管理、接入网安全管理、移动性管理、测量报告和配置。RRC 功能不需要较低层的同步，从而有可能对多个空中接口采用公共的控制面实现协作增益。正如公共 PDCP 层，支持共址和非共址部署。

5. 多 RAT 协作功能

得益于前面提到的公共 PDPC/RRC 协议架构的紧密集成，网络可以实现不同的 RAT 协作功能，如图 2.1.14 所示。

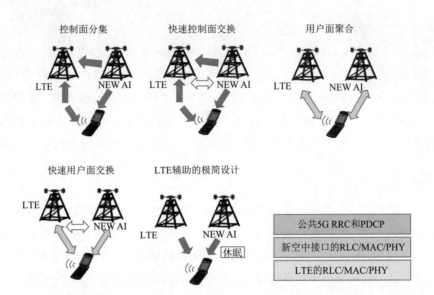

图 2.1.14 不同的 RAT 协作功能

（1）控制面分集

LTE 和新空中接口的公共控制面允许具有双射频终端,在单个控制点拥有对两个空中接口专有信令的连接。在 LTE Release 12 中,为了提升移动的顽健性,开发了一个类似的双连接概念。在这个功能中,不需要明确的信令来变换连接,接收机需要具备接收任意连接上任意信息的能力,包括在两个空中接口上的相同信息。这或许是这一功能的主要优点,即在传播困难的场景中,满足某些重要的超可靠通信需求。另外,公共控制面功能也是赋能用户面集成的功能。

（2）快速控制面交换

基于公共控制面的功能,使得终端能够通过任意一个空中接口连接到一个控制点,并且不需要密集的连接信令,就可以快速从一个链接变换到另一个链接(无须核心网信令、上下文传输等)。其可靠性不如采用控制面分集高,因此进一步提高可靠性还需要其他信令支持。

（3）用户面聚合

用户面聚合的一个变化形式称为流聚合,它允许在多个空中接口聚合单一数据流。另一个变化形式称为流路由,这个功能是指一个给定的用户数据流被映射到单一空中接口。这样来自同一个 UE 的每一个流可以被映射到不同的空中接口。这个功能的优点是提升速率,形成资源池和支持无缝移动性。当空中接口的时延和速率不同时,流聚合的变化形式可能带来的好处十分有限。

（4）快速用户面交换

不同于用户面聚合,终端的用户面在任一时间仅使用一个空中接口,但是提供了在多个空中接口之间快速变换机制。这就要求具有一个稳健的控制面。快速用户面切换提供了资源池、无缝移动,并提升可靠性。

（5）LTE 辅助的极简设计

这个功能依赖于公共控制面,基本的原理是利用 LTE 来发送所有的控制信息,这样可以简化 5G 设计。为了达到后向兼容的目的,这一点非常重要。例如系统信息,发送给处于休眠模式的终端的信息可以通过 LTE 发送,这样做主要的好处是减少了 5G 总体网络能源消耗和"休眠"干扰。尽管发送的能量仅仅是从一个发射机转移到另一个发射机,但是发射机的电路处于关闭状态可以节省大量能源。

五、5G 系统设计和 4G-5G 整体网络架构演变

1.5G 系统设计

5G 网络逻辑视图由三个功能平面构成:接入平面、控制平面和转发平面,如图 2.1.15 所示。

①接入平面:引入多站点协作、多连接机制和多制式融合技术,构建更灵活的接入网拓扑。

②控制平面:基于可重构的集中的网络控制功能,提供按需的接入、移动性和会话管理,支持精细化资源管控和全面能力开放。

③转发平面:具备分布式的数据转发和处理功能,提供更动态的锚点设置,以及更丰富的业务链处理能力。

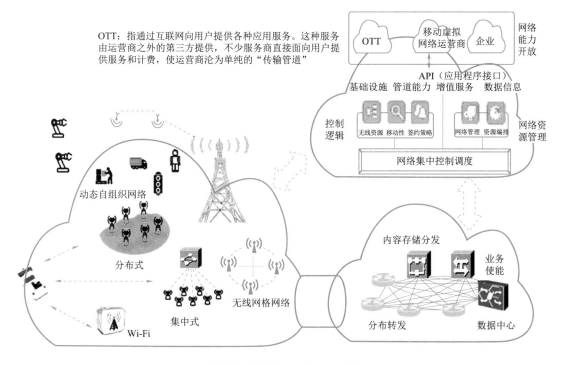

图 2.1.15　5G 网络逻辑视图

在整体逻辑架构基础上,5G 网络采用模块化功能设计模式,并通过"功能组件"的组合,构建满足不同应用场景需求的专用逻辑网络。5G 网络以控制功能为核心,以网络接入和转发功能为基础资源,向上提供管理编排和网络开放的服务,形成了管理编排层、网络控制层、网络资源层的三层网络功能视图,如图 2.1.16 所示。

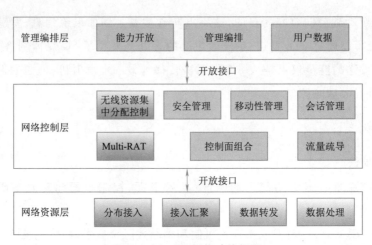

图 2.1.16　5G 网络功能视图

2.5G 组网设计

SDN/NFV 技术融合将提升 5G 组网的能力:SDN 技术实现虚拟机间的逻辑连接,构建承载信令和数据流的通路,最终实现接入网和核心网功能单元动态连接,配置端到端的业务链,实现灵活组网。NFV 技术则实现底层物理资源到虚拟化资源的映射,构造虚拟机(VM),加载网络逻辑功能(VNF);虚拟化系统实现对虚拟化基础设施平台的统一管理和资源的动态重配置。5G 网络平台视图如图 2.1.17 所示。

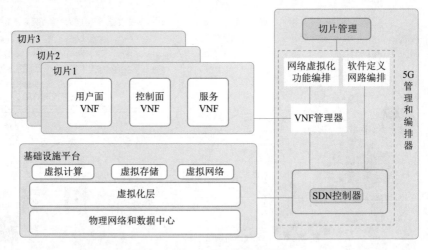

图 2.1.17　5G 网络平台视图

一般来说,5G 组网功能元素可分为四个层次,如图 2.1.18 所示。

中心级:以控制、管理和调度职能为核心,例如,虚拟化功能编排、广域数据中心互连和 BOSS 系统等,可按需部署于全国节点,实现网络总体的监控和维护。

汇聚级:主要包括控制面网络功能,例如移动性管理、会话管理、用户数据和策略等。可按需部署于省级网络。

区域级:主要功能包括数据面网关功能,重点承载业务数据流,可部署于地市级网络。移动边缘计算功能、业务链功能和部分控制面网络功能也可以下沉到这一级。

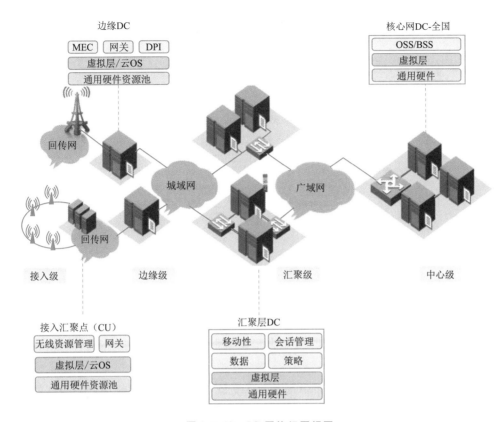

图 2.1.18　5G 网络组网视图

接入级:包含无线接入网的 CU 和 DU 功能。CU 可部署在回传网络的接入层或者汇聚层;DU 部署在用户近端。CU 和 DU 间通过增强的低时延传输网络实现多点协作化功能,支持分离或一体化站点的灵活组网。

借助于模块化的功能设计和高效的 NFV/SDN 平台。在 5G 组网实现中,上述组网功能元素部署位置无须与实际地理位置严格绑定,而是可以根据每个运营商的网络规划、业务需求、流量优化、用户体验和传输成本等因素综合考虑,对不同层级的功能加以灵活整合,实现多数据中心和跨地理区域的功能部署。

3.5G 网络代表性服务能力

与 4G 时期相比,5G 网络服务具备更贴近用户需求、定制化能力进一步提升、网络与业务深度融合以及服务更友好等特征,其中代表性的网络服务能力包括网络切片和移动边缘计算。

(1)网络切片

网络切片是网络功能虚拟化(NFV)应用于 5G 阶段的关键特征。一个网络切片将构成一个端到端的逻辑网络,按切片需求方的需求灵活地提供一种或多种网络服务,如图 2.1.19 所示。网络切片架构主要包括切片管理和切片选择两项功能。

切片管理功能:有机串联商务运营、虚拟化资源平台和网管系统,为不同切片需求方(如垂直行业用户、虚拟运营商和企业用户等)提供安全隔离、高度自控的专用逻辑网络。其包括三个阶段:商务设计阶段、实例编排阶段、运行管理阶段。

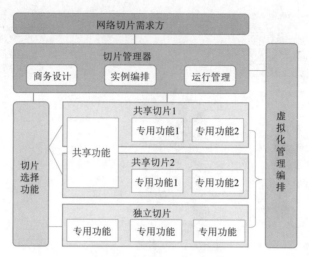

图 2.1.19　5G 网络切片结构

切片选择功能：实现用户终端与网络切片间的接入映射。切片选择功能综合业务签约和功能特性等多种因素，为用户终端提供合适的切片接入选择。用户终端可以分别接入不同切片，也可以同时接入多个切片。用户同时接入多切片的场景形成两种切片架构变体：独立架构体、共享架构体。

（2）移动边缘计算

移动边缘计算（Mobile Edge Computing，MEC）改变了 4G 系统中网络与业务分离的状态，将业务平台下沉到网络边缘，为移动用户就近提供业务计算和数据缓存能力，实现网络从接入管道向信息化服务使能平台的关键跨越，是 5G 的代表性能力。MEC 核心功能主要包括服务和内容、业务链控制、网络辅助功能，如图 2.1.20 所示。

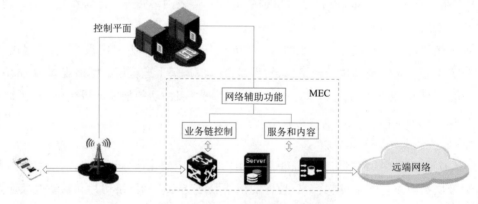

图 2.1.20　5G 网络 MEC 结构

移动边缘计算功能部署方式非常灵活，既可以选择集中部署，与用户面设备耦合，提供增强型网关功能，也可以分布式部署在不同位置，通过集中调度实现服务能力。

🔧 任务小结

本任务主要从两方面学习 5G 无线网架构。一是从 RAN 架构基础入手，介绍 RAN 结构的演进及优势；二是从 5G 的灵活性和功能架构入手，介绍 5G 网络架构的系统设计。

※思考与练习

一、填空题

1. RAN 的中文含义是_____。

2. 一般来说,5G 组网功能元素可分为四个层次:_____、_____、_____、_____。

3. 5G 是一个泛技术时代,_____、_____、_____成为 5G 的重要特征。

4. C-RAN 为运营商带来的网络运营上的开支节省体现在以下几个方面:_____、_____、_____。

5. 传统的 C-RAN 的主要性能瓶颈之一在于_____的容量需求受限。

二、选择题

1. 目前 5G 网络部署方式为(   )。

    A. option2   B. option3   C. option4   D. option5

2. C-RAN 为运营商带来的网络运营上的开支节省体现在多个方面,以下最准确的是(   )。

    A. 降低功耗   B. 降低维护成本   C. 降低站址租赁费用 D. 以上均是

3. 所谓信道编码,也称差错控制编码,就是在发送端对原数据添加(   )。

    A. 加密消息   B. 编码消息   C. 调制消息   D. 冗余信息

4. C-RAN 本地云平台包括多个功能实体,以下不属于本地云平台的是(   )。

    A. 感知模块   B. 存储模块

    C. 缓存模块   D. 多网络控制和融合实体

5. 在自由空间中由于没有阻挡,电波传播只有(   ),不存在其他现象。

    A. 直射   B. 反射   C. 折射   D. 衍射

三、判断题

1. (   )5G 的需求列举以下几大应用场景:密集居住区、办公室、商场、体育馆、大型露天集会、地铁系统、火车站、高速公路和高速铁路。

2. (   )在整体逻辑架构基础上,5G 网络采用模块化功能设计模式,并通过"功能组件"的组合,构建满足不同应用场景需求的专用逻辑网络。

3. (   )移动通信系统选择所用频段时要综合考虑覆盖效果和容量。

4. (   )NFV 技术实现虚拟机间的逻辑连接,构建承载信令和数据流的通路,最终实现接入网和核心网功能单元动态连接,配置端到端的业务链,实现灵活组网。

5. (   )快衰落产生的原因有以下几种:多径效应、多普勒效应、路径损耗等。

四、简答题

1. 5G 网络的逻辑视图分为哪几个平面?

2. 近来 5G 研究突出了基于 NF 定义和功能之间接口的逻辑架构,而不是基于 NE 定义和节点之间接口的架构,这一方案的优势是什么?

3. 什么是慢衰落与快衰落?

4. 为了提高 H-CRAN 的网络能量效率性能,如何实现 RRU 的开关与业务量自适应匹配?

5. 简述 H-CRAN 关键技术。

项目三 学习5G的无线网络规划部署

任务一 了解小基站

📺 任务描述

随着我国5G技术的发展,小基站在5G基站中的占比越来越大,本任务主要介绍小基站的概念,使读者了解其与宏站的差异及应用。

📝 任务目标

* 掌握小基站的概念。

📋 任务实施

一、小基站概述

小基站(Small Cell)特指小型一体化基站,目前为区别于宏基站的基站类型的统称,根据其支持拥护和覆盖范围分为 Microcell、Picocell、Enterprise Femtocell 以及 Residential Femtocell。4G时代之前,小基站主要用于补盲区,应用场景比较狭窄。但是,在高频率高带宽的4G时代,小基站因其可以提高整体系统容量的本质,成为4G时代的重要网络组成部分。小基站可以根据其应用时的所在位置划分为三种不同类型:满足家庭应用的家用型基站、满足小型或零售企业应用的企业级/室内基站、满足公共场所应用的室外基站。小基站可以提高家庭、办公室以及公共场所中的用户网络体验,减少客户流失并且帮助运营商赢得市场份额。

小基站的优点:集成度高、适应性强、建设快速、维护便利。

小基站的应用场景:

运营商:实现小区死角覆盖和家庭覆盖。

油田:覆盖用户少的地区。

隧道:在隧道内部,可以灵活定制覆盖区域。

物联网:实现传感器到控制设备的覆盖。

交通:利用 4G 的带宽优势,实现高清晰的监控。

小基站的结构:

硬件:基带板、射频板。

软件:协议栈、物理层。

专网市场特殊化定制需求:

各行业虽然已经看到了自身的业务带来的变革,并且正在积极尝试使用 4G 技术来为自己的业务带来巨大的附加价值,但是专网市场上,各行业的具体需求差别很大,因此,差异化的定制成为专网行业市场的一个极大的需求点。

小基站与宏基站的主要区别如下:

①安装环境:5G 宏基站需要标准化铁塔、抱杆、机房,主要由运营商向铁塔公司租用;5G 小基站不需机房,不需占用点,可以灵活抱杆安装或挂墙安装。

②配电:5G 宏基站需要配备专用 UPS 或开关电源供直流电;5G 小基站一般使用民用交流电。

③传输:5G 宏基站由光缆或者微波接入核心网;5G 小基站支持自组织 IP 网接入核心网,支持流量的本地卸载,可以大大减轻传输与核心网负担,减少扩容压力。

④安装部署:5G 宏基站需要专业的通信施工单位按照国家标准进行安装、开通;5G 小基站在极端情况下可以由用户自行安装、开通。

⑤建设成本:5G 宏基站单扇区成本为五万元左右,机房配套成本为数十万元或更高;5G 小基站单扇区成本数千元,几乎无配套成本,总体造价低于传统 DAS,可充分利用现有传输资源、站址资源、供电,支持快速实现网络部署。

⑥设备功率:5G 宏基站多为 64 通道 × 200 W;5G 小基站主要为 4 通道 × 1 W 或 4 通道 × 125 mW。

⑦设备模式:5G 宏基站的基带、射频、天线高度集成,单扇区总质量为 50 kg 左右;5G 小基站的基带、射频、天线同样高度集成,但单扇区总质量最低仅为 0.5 kg。

⑧网络规划与优化:5G 宏基站需要设计院规划选址,也需要专业优化队伍进行网络优化;5G 小基站可由用户自行决定部署位置,支持自动开站、自动优化,能有效降低运维成本。

由此可见,小基站相比于宏基站,对于配套的要求没有那么高,非常适用于现在运营商建站物业协调难的困局,且不需要专业的施工单位,可以为运营商节省施工费用,同时在网络规划与网络优化层面,能够帮助运营商降低运维成本,也能够针对业务需求实现真正意义的灵活部署,而在物资采购价格方面,小基站相比宏基站更有优势。

然而,要推进小基站部署其实并不容易。尽管小基站在 4G 时代已经问世,但运营商并不热衷于使用,主要有以下几点原因:一是小基站功率低覆盖范围小,在面覆盖层面相比宏基站单位面积造价并不低;二是运营商在设备选用上有一定黏性;三是小基站对 KPI 指标的改善并不直观;四是主要设备厂商在我国通信行业中拥有较高的市场占有率,其他厂商的小基站产品市场份额偏小,而设备厂商也更愿意引导运营商采购利润更高的宏基站设备。

小基站更靠近用户、更靠近业务的特点,让它相比于其他基站形式,天然适合作为 MEC 的入口。是采用宏基站架构的小基站,例如华为的 Lampsite 或者中兴的 Qcell,通过控制中心单元下辖的 pRRU 数量与位置,可以通过将 MEC 部署在 CU 端,有针对性地控制 MEC 覆盖范围,覆盖范围内端到端的流量转发、业务处理与运算,都不需要经过核心网,业务实现可以缩减到毫秒级。这样的部署方式非常适合场景封闭的业务,例如机场、高铁站、商业购物中心的 AR/VR 业务、直播/点播业务等。当然,MEC 也可以部署在宏基站上,但宏基站覆盖范围大,如果范围内的业务差异性大,MEC 的优势就不能得到很好体现。但由于在现有宏基站的 CU 侧部署 MEC 往往只需要开通软件功能,边际成本很低,所以预计在 2021 年基本实现 5G 网络全覆盖以前,运营商仍主要通过部署宏基站的方式来进行 5G 网络建设。

不过在 MWC 2019 世界移动大会上,5G 白盒化基站受到业界高度关注,运营商纷纷在展会上发布了自己在白盒化基站探索上所取得的成果。中国电信联合 Intel、H3C 等企业首次展示完整的基于开放无线接入网概念的 5G 白盒化室内小基站原型机,中国移动也联合联想、Intel 等企业共同展示了业界首个 4G/5G 双模云化白盒小基站方案。此外,4G 时代 80% 流量产生在室内,而 5G 时代的室内流量比重与室内网络质量相对于 4G 时代则会进一步加强,宏基站为主的室外网络部署策略将会越来越不能支撑业务的开展,小基站的规模化部署及小基站上部署 MEC 将成为大势所趋。

针对 4G 网络复杂的网络拓扑结构与繁杂的网元类型,5G 标准对 5G 的网络架构明确提出了开放化与扁平化的要求,这也为小基站部署 MEC 打下了基础。小基站一般采用白盒化制造工艺,配置开放的网络架构,能够较容易地与 5G 时代云化的 CU 和核心网实现对接,为 MEC 的部署创造了条件,适合 MEC 的灵活快速部署。

二、产业链均衡发展有助于小基站的部署

众所周知,运营商无线通信主设备基本上由几大主要设备厂商(如华为、中兴、爱立信、诺基亚等)所提供,技术壁垒高,体系化要求强。宏基站里的 BBU(Building Base band Unit,基带处理单元)加 RRU(Radio Remote Unit,射频拉远单元)的组网模式包含了从芯片、算法、协议栈实现、操作系统等多方面技术,并融合集成了多种核心元器件,需要长期技术积累才可能实现,研发成本高昂,中小企业很难涉足。

小基站的普及会对现有的主设备市场带来强有力的冲击,给市场重新带来活力。研发能力较强的小基站设备厂商既可以在获得授权情况下在模组化的 BBU 上对协议和算法进行二次开发,对协议与算法进行改进并构建电路,也可以对模组化的射频单元进行额外的配置与调试,例如寻求天线的独立设计。即便是研发能力偏弱的小基站设备厂商,也仍然可以将自己的研发重心放在小基站外观改进、总装集成等个性化创新上。

除此之外,伴随着小基站产业链逐步成熟,可能还会出现出类似于当前宽带网络一样的开放的市场格局,出现一批综合集成能力强的 ODM(Original Design Manufacturer,原始设计制造商)与 OEM(Original Equipment Manufacturer,原始委托生产商),以贴牌生产的方式为用户或工程总承包企业或上游集成商提供设备;以及产生新的产业链分支,例如面向小基站网络开放平

台特点的专业的设备维护与二次开发公司;以及出现可以对核心网进行二次开发的公司,依托网元的云化,提供面向用户的端到端的专有网络定制服务等。

由此可见,5G 时代的小基站白盒化将给更多的厂商带来进入市场的机会,移动接入市场份额将会重新洗牌,推动产业链均衡发展。

三、小基站的应用及解决问题

小基站作为传统宏蜂窝的补充技术,通过互联网作为回传接入电信运营商核心网,为用户提供更好的无线语音及宽带数据业务,以其小型化、智能化、安装方便、部署快速、成本低廉和组网灵活的优势成为电信运营商的新宠,成为改善室内覆盖信号的重要手段之一。

1. 小基站破解室内覆盖难题

随着移动用户数的迅猛增加,用户对于网络信号和带宽的要求越来越高,这给运营商带来诸多挑战。

首先是深度覆盖困难,客户投诉业务体验差;弱信号场景主要分布在行政生活区、高档住宅小区、密集老城区等区域,通过传统覆盖方式难以改善覆盖效果;已经建设室分系统的区域,仍存在多起投诉。

其次是建站选址困难,物业协调建网成本高;面临传统设备安装位置受限、敷设传输困难、天面资源紧张等难题。

最后是传统室分天线入户难,导致传统室分话务吸收能力低,运营商投资效益比低;大部分信源功率浪费在馈线传输和分配网络上,使得信源功率利用率低,运维成本高;无源器件无法监控,导致故障难以定位,加大了代维的投入成本。

小基站的出现和广泛部署能够有效解决以上难题。小基站采用低发射功率的无线接入点,通过互联网接入网络作为回程,用于灵活地改善室内外的无线信号覆盖和增加网络容量,分流宏网络的负载,其价值主要体现在以下几方面:

①采用扁平化架构,应对微信、QQ 等 OTT 业务带来的冲击。信令处理主要由基站完成,网元间交互较少,中心节点仅作汇聚转发,信令处理被分布在整个网络的所有节点上,处理效率是传统基站的数倍。

②回传网的架构灵活,减少 CAPEX(运营商固定资产)投入。IuH 基于 IP 的回传使得其可适应各种传输方式,包括 DSL/PON/PTN 在内的多种技术的回传;可利用用户的宽带接入,减少网络设备的扩容和相应基站链路的投资。

③具备自组织 SON 功能,实现即插即用。小基站能自动侦听各邻近小区的信息从而自动规划、配置本小区的频率/扰码、邻区、功率等参数,并根据终端的测量报告进行持续的参数优化;网维人员可通过预设静态参数(系统网关地址、LAC、CI 等)实现即插即用,免除了大量设备调测、网络优化工作,降低运维成本,便于市场营销。

④提高服务质量,增加用户黏性。由于改善了室内信号的覆盖质量,可以为用户提供更加优质的业务体验,从而能够增加用户黏性和吸引他网用户转网。

⑤减少 OPEX(运营成本)投入。因为设备放置在用户家中,所以可以节省机房、电源、空调

和电路维护等运行成本。

2.适应不同室内场景的需求

小基站可利用宽带实现入户深度覆盖,解决传统网络建设深度覆盖不足的问题,具有低成本优势,可实现快速建网。

目前小基站的产品大致分为企业级和家庭级,不同厂家设备有不同的功率等级,但发射功率都很低(20 mW、100 mW 和 500 mW 等)。企业级设备功率相对而言更大,主要应用在对覆盖面积及容量有一定需求的场景,如中小型企业、咖啡厅等;家庭级设备则主要应用在家庭住宅及单点补盲场景,对覆盖面积、容量要求相对较低。

针对小基站现有的产品形态,其主要适用于表 3.1.1 中的应用场景。

表 3.1.1 小基站的应用场景

典型应用场景	覆盖面积、人流量	运营商面临的难题	解决方案	应用价值
离散小型热点:营业厅、咖啡厅、网吧、小超市等	覆盖面≤2 000 m², 覆盖人数≤200 人	1.覆盖率 2.每用户下载速率低 3.宏网负荷量 4.物业协调难 5.建设成本高	对于覆盖面积和容量有一定需求的离散站点,可用企业级小基站解决	建设成本低,投入产出比高;无须专用的传输、机房等配套设施
离散型家庭覆盖	覆盖面积≤150 m², 覆盖人数≤20 人	1.覆盖差 2.每用户下载速率低 3.宏网负荷量 4.建设成本高	对于覆盖面积和容量需求都不大的离散站点,可用家庭级小基站解决	利用现有的宽带实现入户覆盖,解决深度覆盖问题;能实现被长期投诉却无法改善的站点覆盖,快速响应用户需求
区域覆盖:城中村、住宅区、商业街道、校园等	覆盖面≥2 000 m², 覆盖人数≥200 人	1.覆盖率 2.每用户下载速率低 3.宏网负荷量 4.物业协调难 5.建设成本高	对于成片的弱覆盖且有一定容量需求的区域,可用企业级小基站＋分布式天线系统(DAS)解决	回传方便,物业协调简单,能实现区域深度覆盖

小基站具有低成本、快速建网等优势,但是它的接入基于 IP 网络,其 QoS 难以保证,抖动、时延、丢包等较为普遍,并且忙时这些情况非常容易恶化,严重时甚至直接影响到用户的业务体验。宏基站网络通过专门的传输网络来解决 IP 通信的不稳定性问题,而小基站在回传方面是弱项,必须通过结合各种应用场景来选择接入方式,以满足用户对于通信质量的要求。

在家庭应用场景中,小基站采用的回传接入策略是:利用用户自有的 ISP 提供商提供的宽带(ADSL 或 FTTx)作为回传。

这种模式可能会出现一些问题。若用户使用的是非自有运营商的宽带,跨运营商的数据传输可能会受运营商间互联端口的带宽、拥塞等因素限制,甚至出现互联端口不在本地导致数据"绕远"的情况,最终导致传输的时延、抖动、丢包等指标无法保证业务的 QoS 要求,从而影响业务质量。

这些问题可以通过第三方路由的方式得以解决。例如,部署在南昌电信的小基站的数据传输至部署在南昌移动的系统网关,其路由路径为"南昌电信→北京电信→北京移动→南昌移动",可通过部署一个第三方路由设备,就地将电信回传网的数据在本地路由至移动网,从而解决路由过长、节点过多的问题。

当小基站设备与用户的路由器或交换机等扩展设备级联时,小基站接在扩展设备的后端,可能出现当宽带业务和 2G、3G 业务并发时影响到 2G、3G 业务使用的情况。

解决这一问题的方案是:建议将小基站接在扩展设备的上一级,利用小基站的智能限速功能,保证 2G、3G 业务在多种业务承载时的业务质量,优先保障时延敏感业务以改善用户体验。

在公共热点区域场景中,小基站的回传接入方式是:将小基站的回传业务收拢到热点区域附近,并利用电信运营商现有的回传网络。

这种模式也可能存在一些问题。针对中低速移动区域的应用场景,如商业街、市政道路等,由于考虑到小基站与宏基站网络之间的互操作有一定的时间要求,而信令的处理需要通过 IP 回传到核心网再返回小基站,会带来一定的时间延迟,若时延超过相应的时间要求,则会对用户业务造成一定的影响。

因此,建议 IP 回传接入最好选择电信运营商自有的 IP 传输专网,以保证时延来完成与宏网的互操作。

任务小结

本任务主要介绍 5G 小基站的概念。

任务二　了解小基站的发展演进与分类

任务描述

建设小基站是大势所趋,本任务将介绍小基站的发展研究与分类,以及小基站的结构和特征。

任务目标

(1)识记:小基站的分类。

(2)掌握:5G 基站的结构和特征。

任务实施

一、小基站的概念

小基站是低功率的无线接入节点,是一种全新的网络架构体系,工作在授权的、非授权的频谱,可以覆盖 10～200 m 的范围。小基站融合了 femtocell(飞蜂窝)、picocell(皮蜂窝)、microcell(微蜂窝)和分布式无线技术,如 RRH。小基站都是由运营商进行管理的。

小基站的基本形式是 femtocell。femtocell 最初设计为提供室内覆盖。现在 femtocell 的概念已经大大扩充,包括 metrocell、metro femtocell、热点接入 femtocell、企业级 femtocell、超级 femtocell。Small cell 更加频繁地被分析师使用,来描述 femtocell 不同形态。

小基站可以用于室内和室外。移动运营商使用小基站来扩展覆盖范围和提升网络容量。在繁忙地区,移动运营商可以分流 80% 的流量。AABI 同时认为运营商可以通过小基站发掘新的利润增长点。当注册用户进入 femtozone,网络就可以得知位置信息。在获得允许的情况下,这些位置信息可以马上更新到社交网络。

3GPP(The 3rd Generation Partnership Project)目前已经成为全球最重要的移动通信标准化组织之一。3GPP 制定的 LTE(Long Term Evolution)已经成为目前全球主流的宽带无线移动通信标准。随着 LTE 的全球化部署,LTE 标准化工作也不断加快。从 2012 年 9 月开始,LTE 标准演进已经进入 R12 阶段。相比之前的版本,R12 版本面临的主要任务是应对未来全球无线数据业务的爆炸式增长。而小基站成为应对这一挑战的最主要的方式。

二、小基站技术发展趋势、亮点及挑战

小基站在 LTE 标准化过程中占据了重要地位,是 R12 版本中最重要的标准化方向。随着智能终端的大量应用,无线数据业务将有近 1 000 倍的增长。面对这一巨大挑战,各公司基本明确了应对这一挑战的几个基本维度:频谱效率提升、频谱扩展、密集部署及数据分流。考虑到无线数据业务发生的均衡性,即大部分业务将发生在热点及室内小基站无疑将成为应对无线数据业务增长的最主要方式。3GPP 内部经讨论达成高度共识,在 R12 针对小基站进行全面增强。

1. 小基站技术发展趋势

①TDD 成为小基站最重要的候选技术。小基站主要关注 TDD 技术的原因主要有两点:第一,TDD 是同步系统,使用连续带宽时,多个载波间无须保护频带;第二,同步系统更有利于基站间干扰管理。这两点使得 TDD 系统与 FDD 系统相比,在连续的大带宽、密集部署上有更强的技术优势。根据目前全球频谱分配情况及各运营商提出的主要小基站目标频谱看,未来小基站的使用频率更可能为高频段的连续大带宽分配。因此,TDD 技术在小基站应用上相对 FDD 技术有明显的技术优势。

②更大宽带使用成为各公司关注焦点。将比较好地满足未来无线数据业务发展的需求,频谱扩展也是非常重要的维度。对于小基站,未来可用频谱将超过百兆,对如此大带宽的使用成为各公司研究重点,如动态频点检测和选择。

③密集部署为标准化最重要内容。密集部署是解决未来无线数据业务增长最重要的维度。随着业务量增加,低功率的密集部署是提升单位面积吞吐量的最有效手段。随着小基站部署数量提升,干扰管理和移动性管理将成为最重要的问题。针对这两个问题,小基站物理层专门进行了小区开关和小区发现的增强研究,小基站高层进行了宏基站与小基站的双连接研究。相关研究成果一旦标准化,将对小基站密集部署带来巨大的效率提升。

2. 小基站的亮点

小基站增强作为 R12 的重点项目有以下几个亮点:

①整个项目的开展公认度高,获得 3GPP 几乎所有参与公司的支持,是 R12 的核心立项。

②核心项目由中国公司主导。小基站增强作为中国主导的 LTE Hi 工作的一部分,核心的物理层增强由华为和工业和信息化部电信研究院联合牵头立项,极大提高了中国公司在 3GPP 的影响力。

③项目开展的形式与其他项目不同。采用了先在 RAN 全会层面进行需求研究,再进行小组层面研究,且 RAN1 和 RAN2 并行进行研究。

④项目持续时间长,贯穿了 R12 整个阶段。

⑤对 3GPP 其他立项影响大。小基站增强的场景被很多并行的研究项目作为重要的研究场景,对后传的假设也被多个项目所采用。同时小基站增强的研究成果也直接输入到其他项目作为重要参考。

3. 小基站面对的挑战

小基站虽然在 3GPP 有非常高的关注度和认可度,但是依然面临诸多挑战。

①Wi-Fi 的竞争。Wi-Fi 和小基站部署场景主要都是室内,目标都是无线数据业务,而且 Wi-Fi 工作在非授权频谱,业务发展速度和产品成熟度上占有很大优势。小基站想要快速发展,必须处理好和 Wi-Fi 的竞争和合作关系。

②3GPP 内部各个公司就标准化内容不统一。虽然 3GPP 就小基站增强项目各公司达成一致意见,但是就标准化细节和标准化技术选择各公司争议依然较大,尤其是一些方案的选择上更是如此。小基站增强研究项目结项时间从 2013 年 9 月推迟至 2013 年 12 月就很好地说明了这一点。如果继续这样拖延,一旦小基站增强相关标准化工作在 R12 不能完成,将影响小基站整个产业化进程。

③频率管制的不确定性。现阶段小基站应用主要目标频段为 3.5 GHz 频段,该频段主要为卫星应用频段,一旦该频段进行全球部署,需要处理和卫星的共存问题。尤其各国如果对该频段采用不同的管制措施,也将对小基站在该段的应用带来很大不确定性。

在 R12 立项前,针对小基站,中国公司提出了 LTE Hi,日本提出了 eLA,爱立信提出了 Soft Cell 等方案,最后经过在 RAN 层面融合讨论,决定在 R12 阶段进行小基站增强立项,专门对小基站相关增强进行研究及标准化工作。

三、小基站标准化进展

整个小基站增强项目在 R12 分为三个阶段,如图 3.2.1 所示。第一阶段为 2012 年 9—12 月,由中国移动牵头,在全会层面进行小基站增强的需求阶段讨论,并形成 TR36.932,对小基站典型应用场景、后传、与宏小区关系、频率等关键问题进行了定义。第二阶段为 2013 年 1—9 月,分别进行小小区物理层及高层的研究立项。其中,物理层研究在 RAN1 由华为和工信部电信研究院牵头开展,主要研究内容包括频谱效率提升和运营效率提升两部分。频谱效率提升内容包括高阶调制(256QAM)、开销减少、跨子帧调度,运营效率提升主要涵盖干扰协调(小基站开闭、动态载波选择、功率控制等)、小区发现、空口同步增强。高层研究主要在 RAN2 进行,由 DoCoMo 牵头,主要研究内容为以 C/U 平面分离为基础的宏基站与小基站的双连接技术。第三阶段从 2013 年 9 月至 2014 年 6 月 R12 版本冻结,对小基站增强研究阶段进行的相关研究内容进行相关的标准化立项。

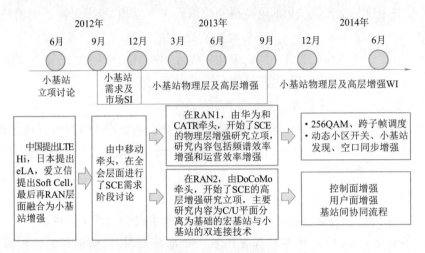

图 3.2.1　小基站增强项目基本过程

在 2013 年 9 月初进行的 RAN#61 次全会上,小基站物理层增强研究项目由于部分公司对后续从事的工作项目内容有异议,整个研究项目的工作被推迟到 2013 年 12 月。而高层增强部分也由于对标准化方案不能达成一致,到 2013 年 12 月再进行后续工作立项。

小基站作为迎接未来无线通信业务几何级增长的主要技术已经进入标准化阶段。小基站标准化工作对我国主导的 TD 产业是重大机遇。小基站标准化内容和我国主导的 LTE Hi 技术有高度一致性,其立项和标准化过程由中国公司主导,极大提升了中国公司在 3GPP 的影响力。在后续小基站的标准化及产业化过程中,还需要更好应对来自各方面的挑战,保证小基站产业顺利发展。

四、小基站的分类

小基站主要用于覆盖补充与流量吸热等细分场景。小基站主要分为微基站(Microcell)、皮基站(Picocell)、飞基站(Femtocell)这三种。

飞基站和皮基站是独立的无线设备,基本上是小型的提供户外(有时是户内)手提移动设备覆盖的蜂窝基站。不同的是,飞基站的输出功率非常低,容量有限,是为小型场所如公寓和住宅而设计的。而皮基站通常的覆盖面积可以达到 2 800 m^2 的企业建筑。

皮基站的出现主要是为了解决特定区域的室内无线覆盖问题,尤其是大型写字楼、集会等场所,由于人数众多,对通信的需求量很大。

由此可见,在飞基站出现之前,小蜂窝技术就已经被广泛使用了。第一代皮基站其实就是低功率的宏基站,费用十分昂贵。第二代皮基站可以基于 IP 承载,提供更小的覆盖范围,但仍然法解决家庭环境和小企业的室内覆盖需求。飞基站可以看作第三代的皮基站,支持 IP 承载、自适应的无线参数配置、简化的管理,覆盖更小的区域。

飞基站是利用微蜂窝技术实现微蜂窝小区覆盖的移动通信系统,可以达到小范围内提供高密度话务量的目的。与其他技术相比,飞基站具有低成本、自我识别,能够安全有效回传,并可进行大容量的部署。

飞基站和皮基站的典型指标如表 3.2.1 所示。

表 3.2.1 飞基站和皮基站的典型指标

典型指标	飞基站	皮基站
发射功率	100 mW	100 mW/室外型≤1 W
支持用户数	4~8 用户	32~64 用户
支持模式	开放/混合/封闭模式	开放/混合模式
覆盖半径	<20 m	<100 m
场景	室内设备,面向家庭应用场景	室内/外设备,面向企业公共热点场景

飞基站和皮基站的产品看起来像是无线的接入点和通过 Cat-5 电缆接入 IP 网络的回路运输。如同调节接入无线局域网的多个接入点的流量的管理开关,飞基站和皮基站小区系统使用基站控制器来管理输入/输出每个小区的流量,无论是在建设中的网络还是载体的更广义的网络。

飞基站和皮基站的解决方案有比传统宏网络更低的建网成本优势,飞基站可使融合业务发生在运营商自己的网络,降低呼叫成本,也节省了成本。运营商可以设计使用户享受到物美价廉的移动增值性业务,从而进一步刺激更多用户,带动用户使用这种服务的习惯。

微基站是部署在户外的小覆盖范围的基站(如 2×5 W,室外补盲或者吸热),用来增强宏蜂窝覆盖不足的室外或室内地区,用于受限于占地无法部署宏基站的市区或农村。

一体化微基站是基带与射频单元集成一体的小基站,发射功率等级从百毫瓦到几瓦不等,天线可内置可外接。

任务小结

本任务主要介绍学习小基站的分类,以及 5G 基站的结构和特征。

任务三 学习 CU/DU

任务描述

5G 基站与传统基站最大的区别就是将 BBU 分为两部分 CU 和 DU,本任务介绍 5G 网络的 CU/DU 分离技术。

任务目标

- 识记:CU/DU 的概念。
- 掌握:5G 基站 CU/DU 分离技术。

任务实施

1. CU/DU 的概念

要说 5G 基站在架构方面的演进,就不得不提 CU(Centralized Unit,集中单元)和 DU(Distributed Unit,分布单元)分离,如图 3.3.1 所示。

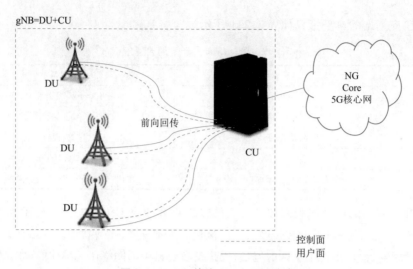

图 3.3.1   5G 基站 CU 和 DU 分离

先来看看 4G 和 5G 无线接入网部分的架构有什么不同,如图 3.3.2 所示。

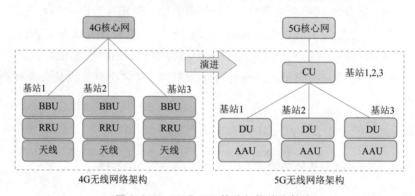

图 3.3.2   4G 和 5G 基站架构的比较

由图 3.3.2 可以看出,4G 基站内部分为 BBU、RRU 和天线几个模块,每个基站都有一套 BBU,并通过 BBU 直接连到核心网。而到了 5G 时代,原先的 RRU 和天线合并成了 AAU,BBU 则拆分成了 DU 和 CU,每个站都有一套 DU,然后多个站点共用同一个 CU 进行集中式管理。

4G 的网络架构与 2G 和 3G 相比可谓剧变,带来了时延的降低和部署的灵活性,但同时也带来了一些问题,尤其是站间信息交互的低效。

从图 3.3.3 和图 3.3.4 可以看出,基站数量多了之后,每个基站都要独立和周围的基站建立连接交换信息,和两个基站相比,情况就变得复杂了起来。这还只是四个基站的情况,如果数量更多,连接数将呈指数级增长。这导致了 4G 基站间干扰难以协同。

图 3.3.3   2G/3G 的网络架构   图 3.3.4   4G 基站之间是一个全 Mesh 网络

而 2G 和 3G 网络则不同,因为有了控制器这个全知全能的中心节点存在,所有基站的信息一目了然,统筹管理全局资源也就更容易一些,如图 3.3.5 所示。

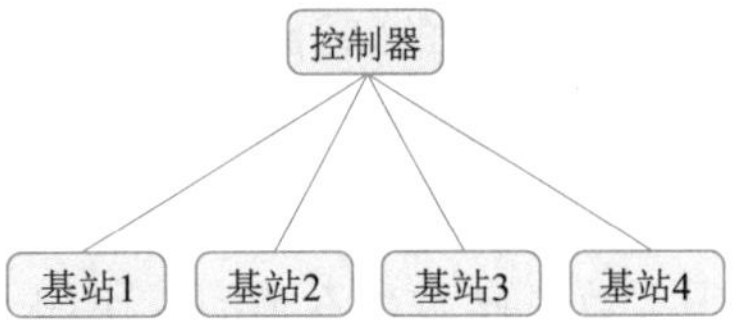

在 5G 时代,对基站核心网的各项功能进行了重构:首先把原先 BBU 的一部分物理层处理功能下沉到 RRU,RRU 和天线结合成为 AAU;然后再把 BBU 拆分为 CU 和 DU,同时 CU 还融合了一部分从核心网下沉的功能,作为集中管理节点存在,如图 3.3.6 所示。

图 3.3.5 2G/3G 无线网络中的控制器

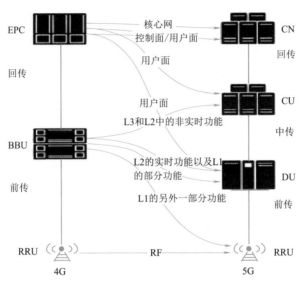

图 3.3.6 4G BBU 和 5G CU DU

CU 和 DU 的切分是根据不同协议层实时性的要求来进行的。在这样的原则下,把原先 BBU 中的物理底层下沉到 AAU 中处理,对实时性要求高的物理高层、MAC、RLC 层放在 DU 中处理,而把对实时性要求不高的 PDCP 和 RRC 层放到 CU 中处理,如图 3.3.7 所示。

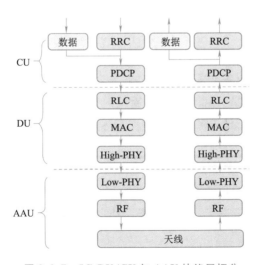

图 3.3.7 5G DU/CU 与 AAU 协议层切分

2. CU 和 DU 带来的好处

CU 和 DU 的切分可以带来以下好处。

(1)实现基带资源的共享

各基站的忙闲时候不一样,传统的做法是将每个基站都配置为最大容量,而这个最大容量在大多数时候是达不到的。比如,学校的教学楼在白天话务量很高,到了晚上就会很闲,学生宿舍的情况则正好相反,如果这两个地方的基站都要按最大容量设计,就会造成很大的资源浪费。

如果能够统一管理教学楼和宿舍的基站,把 DU 集中部署,并由 CU 统一调度,就能够节省一半的基带资源。

可以看出,这种方式和之前提出的 C-RAN 架构非常相似。C-RAN 架构由于对光纤资源的要求过高而难以普及。在 5G 时代,虽然 DU 可能由于同样的原因难以集中部署,但 CU 也是基站的一部分,其本身的集中管理也能带来资源的共享,是 5G 时代对于 C-RAN 架构的一种折中实现方式。

(2)有利于实现无线接入的切片和云化

网络切片作为 5G 的目标,能更好地适配 eMBB、mMTC 和 uRLLC 这三大场景对网络能力的不同要求。

切片实现的基础是虚拟化,但是在现阶段,对于 5G 的实时处理部分,通用服务器的效率还太低,无法满足业务需求,因此需要采用专用硬件,而专用硬件又难以实现虚拟化。

这样一来,就只好把需要用专用硬件的部分剥离出来成为 AAU 和 CU,剩下非实时部分组成 CU,运行在通用服务器上,再经过虚拟化技术,就可以支持网络切片和云化了。

CU 加上边缘计算及部分核心网用户面功能的下沉,称为"接入云引擎"。

(3)满足 5G 复杂组网情况下的站点协同问题

5G 和传统的 2G/3G/4G 网络不同的是高频毫米波的引入。

由于毫米波的频段高,覆盖范围小,站点数量将会非常多,会和低频站点形成一个高低频交叠的复杂网络。

要在这样的网络中获取更大的性能增益,就必须有一个强大的中心节点来进行话务聚合和干扰管理协同。这样的中心节点就是 CU。

但是,DU 和 CU 的拆分在带来诸多好处的同时,也会带来一些不利影响。

首当其冲的就是时延的增加。网元的增加会带来相应的处理时延,再加上增加的传输接口带来的时延,会对超低时延业务带来很大的影响。

其次是网络复杂度的提高。5G 不同业务对实时性要求不同,eMBB 对时延不是特别敏感,看高清视频只要流畅不卡顿,延迟多几毫秒是完全感受不到的;mMTC 对时延的要求更加宽松,从智能水表上报读数,有好几秒的延迟都可以接受;而 uRLLC 就不同了,对于关键业务,如自动驾驶,可能就是"延迟一毫秒,亲人两行泪"。

因此,对于 eMBB 和 mMTC 业务可以把 CU 和 DU 分开来在不同的地方部署,而要支持 uRLLC,就必须要 CU 和 DU 合设了。这样一来,不同业务的 CU 位置不同,大大增加了网络本身的复杂度和管理的复杂度。

所以,CU 和 DU 虽然可以在逻辑上分离,但物理上是否要分开部署还要视具体业务的需求而定。对于 5G 的终极网络,CU 和 DU 必然是合设与分离这两种架构共存的。

2019 年是 5G 元年,首先商用的功能是能支持超高下载速率的 eMBB 业务,具备 CU 和 DU 分开部署的条件。那么是否要这么做呢?

首先,最早部署的 5G 站点都采用低频来覆盖,国际上采用 3.5 GHz 的居多。这个频段的覆盖能力和 4G 主流频段相当,因此,5G 大概率是和 4G 共用机房和铁塔的,这样的成本也最低。

在 5G 和 4G 共站址的情况下,只需要对原先机房内部的传输、电源、电池、空调等配套设备升级之后,再把 5G 基站(CU 和 DU 一体)放进去就可以快速开通 5G 了,而搞 CU 和 DU 分离,还需要专门为 CU 建设新的数据中心,成本太高。

因此,5G 初期只会进行 CU 和 DU 的逻辑划分,实际还是运行在同一基站上的,后续随着 5G 的发展和新业务的拓展,才会逐步进行 CU 和 DU 的物理分离。

任务小结

本任务主要学习 5G 网络 CU/DU 分离技术的概况及技术优势,从物理上的分离到逻辑上的分层,详尽地对 CU 与 DU 分离进行了解释。

任务四　认识 eCPRI

任务描述

5G 移动通信最突出的特点是高速率、低时延、大容量,这也就意味着传统通用接口已无法满足 5G 业务需求,本任务介绍关于 5G 的 eCPRI 接口。

任务目标

- 识记:eCPRI。
- 掌握:CPRI 与 eCPRI 的差异。

任务实施

基站可以分为两个模块:发射信号的 RRU 和处理信号的 BBU,其中 BBU 小巧精致功耗低,而 RRU 体积庞大功耗高,何不把功耗高的 RRU 也挂在塔上,和天线放在一起? 这样就不用很长的馈线连接了,损耗小了,功耗自然也就小了。

把基站拆成两部分分开工作,这样的站点也称分布式站点,如图 3.4.1 所示。这就涉及 BBU 和 RRU 的连接问题。到底 BBU 和 RRU 可以离得多远,之间的数据怎么传,总得有个标准才行。

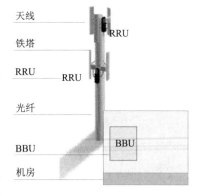

图 3.4.1　分布式基站架构

通用公共无线接口(Common Public Radio Interface,CPRI)联盟是一个工业合作组织,致力于从事无线基站内部无线设备控制中心(REC)及无线设备(RE)之间主要接口规范的制定工作。发起成立 CPRI 组织的公司包括爱立信、华为、NEC、北电及西门子公司，CPRI 对其他组织和厂家开放。

数据通过通信协议栈，各层会在上一层的基础之上附加本层的功能，层层加码下来，数据量急剧增加。CPRI 协议在 BBU 和 RRU 之间传输的物理层数据，不但包含了承载的数据，还含有大量物理层信息，这些信息被分到了各个天线之上，数据量巨大，如图 3.4.2 所示。

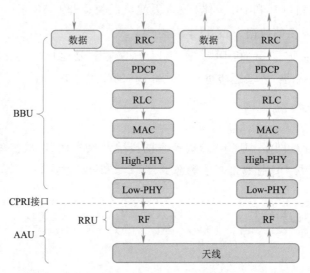

图 3.4.2　BBU 和 RRU/AAU 之间的接口划分：CPRI

图 3.4.3 所示是最为普通的 20 MHz 带宽的 LTE 载波，支持 2×2 MIMO，可支持 150 Mbit/s 速率的数据流，处理到 CPRI 这里，带宽需求竟然接近 2.5 Gbit/s！

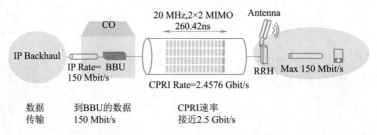

图 3.4.3　CPRI 接口的速率要求惊人

其实，上面例子中的 CPRI 速率在 CPRI 中还算是很小的。在 CPRI 协议的 6.1 版本中，定义了 9 个选项，最大速率可达 12 Gbit/s，如表 3.4.1 所示。

表 3.4.1　CPRI 选项速率表

CPRI 选项	速率	CPRI 选项	速率
选项 1	614.4 Mbit/s	选项 6	6.144 Gbit/s
选项 2	1.228 8 Gbit/s	选项 7	9.830 Gbit/s
选项 3	2.457 Gbit/s	选项 7A	8.110 Gbit/s
选项 4	3.072 Gbit/s	选项 8	10.137 Gbit/s
选项 5	4.915 Gbit/s	选项 9	12.156 Gbit/s

这么大的数据速率,到底用什么线缆来传输呢? 这就要轮到光纤出场了。光纤(见图 3.4.4),即是把光信号在极细的玻璃纤维中传播,速度快,硬件本身几乎没有带宽的限制,还很便宜。

怎样把 BBU 和 RRU 这两个处理电信号的设备用光纤连接起来呢? 这就需要能把电信号和光信号互相转换的光模块了。光模块(见图 3.4.5)支持的速率和传输的距离是有上限的,速率越高,传输的距离越远就越贵。

图 3.4.4　光纤　　　　　　　　　　　　　　图 3.4.5　光模块

在 2G/3G/4G 网络中,一般 CPRI 接口使用 10 Gbit/s 的光模块即可。

这种分布式架构,把粗长硬的馈线换成了细软轻的光纤,站点功耗大幅降低,网络运维成本自然也就降下来了(见图 3.4.6)。

图 3.4.6　馈线和光纤的对比

在 4G 时代,由于 MIMO 技术的需要,每个基站都要连接多个频段、多个端口的天线。比如要实现 4×4 MIMO,如果 RRU 不上塔,每个扇区就需要 4 根馈线,对于一般的 3 扇区站点,就需要 12 根,不但要考虑铁塔能否承受,工程安装成本也很高。如果要增加频段,那就不得不加合路器,使信号的损耗进一步增加。为了解决这些问题,BBU 和 RRU 分离的分布式基站成为 4G 的标配。

协议上 BBU 和 RRU 的距离可达 20 km,为把一个区域的多台 BBU 放到一个大机房中集中管理提供了条件,各个基站上只安装 RRU 即可,连机房都可省去,可以进一步降低维护成本。这种架构称为 C-RAN(集中式无线接入网)。

虽然 C-RAN 是一个非常好的构想,在 4G 阶段却没有发展起来,因为这种架构对于光纤资源的数量要求太高,每个站点都要用到 BBU 集中机房的光纤,这需要大量的挖沟埋缆工作,成本是非常高的,如图 3.4.7 所示。

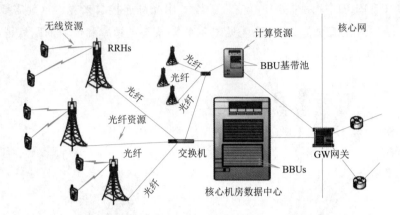

图 3.4.7　C-RAN 架构对于光纤资源的要求很高

到了 5G 时代,为了支撑 eMBB 业务,基站发生了一些变化:

①RRU 演变成了集成超大规模天线阵列的 Massive MIMO AAU。

②载波带宽大幅扩展,Sub6G 载波需要支持 100 Mbit/s 带宽,而毫米波需要支持 400 Mbit/s 的载波带宽。

③基站所需承载的数据流量达到了 10 Gbit/s 的级别。

5G 对 CPRI 口速率的需求如表 3.4.2 所示。

表 3.4.2　5G 对 CPRI 口速率的需求

5G 载波带宽和天线配置	CPRI 口速率需求(Gbit/s)	5G 载波带宽和天线配置	CPRI 口速率需求(Gbit/s)
100 Mbit/s,单天线	2.7	100 Mbit/s,16 天线	43.2
100 Mbit/s,8 天线	21.6	100 Mbit/s,64 天线	172.8

还没轮到毫米波上场,仅在 5G 最为主流的 100 Mbit/s 带宽和 64 天线的配置下,CPRI 口的速率需求就升到了 172.8 Gbit/s。随之飙升的是高速光模块带来的成本飙升,对运营商来说这无疑是难以接受的。

在这样的背景下,CPRI 协议的升级版,能大幅降低前传带宽的 eCPRI 标准呼之欲出。

eCPRI 的设计思路很简单,既然通信协议栈上传输的数据会层层加码,越到物理层数据量越大,那就把在 BBU 上处理的数据上移一层(High Phy 往上的 BBU 处理),下面的交给 RRU 去处理(Low Phy 往下的 RRU 处理),这样 BBU 和 RRU 之间的数据量就少了,如图 3.4.8 所示。其代价是 RRU 的复杂度提升。

这一变化对减少 eCPRI 口上的数据量的作用极大。以前面所说的 100 Mbit/s 载波带宽加 64 天线为例,采用 CPRI 协议需要 172.8 Gbit/s 的光口速率,而如果变更为 eCPRI,则仅需 24.3 Gbit/s 的光口速率,带宽仅为原先的 14%。

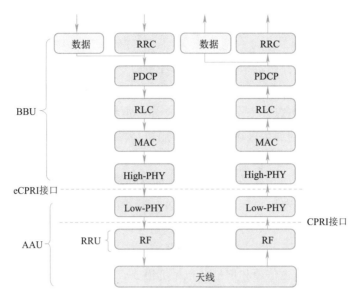

图 3.4.8　eCPRI 接口的定义

任务小结

本任务主要学习 eCPRI,包含了该接口的演进,以及 CPRI、eCPRI 的差异性。

任务五　学习 5G 室内覆盖

任务描述

据统计,未来 5G 网络的需求多集中在热点区域,发生于室内环境,所以 5G 室内覆盖的建设会变得尤为重要,本任务就是带领大家来学习 5G 室内覆盖。

任务目标

- 识记:室内覆盖。
- 掌握:多种室内覆盖方式。

任务实施

一、室内分布系统

随着城市中,移动用户的飞速增加以及高层建筑越来越多,话务密度和覆盖要求不断上升。建筑物规模大,对移动电话信号有很强的屏蔽作用。在大型建筑物的低层、地下商场、地下停车场等环境下,移动通信信号弱,手机无法正常使用,形成移动通信的盲区和阴影区;在中间楼层,由于来自周围不同基站信号的重叠,造成导频污染,手机频繁切换,甚至掉话,严重影响手机的正常使用。另外,在有些建筑物内,虽然手机能够正常通话,但是用户密度大,基站信道拥挤,手机上线困难。

室内分布系统是用于改善建筑物内移动通信环境的一种方案,其原理是通过各种室内天线将移动通信基站的信号均匀地分布到室内的每个角落,从而保证室内区域理想的信号覆盖。

室内分布系统的建设,可以较为全面有效地改善建筑物内的通话质量,提高移动电话接通率,开辟出高质量的室内移动通信区域。同时,采用微/宏蜂窝作为室内分布系统的信源还可以有效分担室外宏蜂窝的话务量,从而提升网络的容量,从整体上提高移动网络的服务水平。

无线信号的引入应考虑应用频段和通信制式的适用限制,满足所建通信制式系统建设要求。各通信制式室内覆盖系统可单独建设,满足各自制式的网络指标要求,也可以采用多制式共用信号分布系统方式。当多制式合路时,各制式系统应满足各自的网络指标要求,并保证各制式系统间互不干扰。

室内分布系统主要由施主信源和信号分布系统组成。

施主信源分为宏基站、微蜂窝、分布式基站和中继接入的各直放站等。施主信源可从分担的业务类别、容量,分散过密地区的网络压力,动态地调配业务资源,达到最佳的网络优化角度进行综合考虑选取。施主信源的馈送应根据地理环境的不同采用近端射频线缆本地的直接馈送和远端光纤或其他中继电路的馈送方式,室内分布系统的施主信源放置在本地室内时,必须考虑授时系统天线的引入,确保通信信号的同步。

宏基站信源的业务容量大,扩容方便,输出端口多,在应用中可以选择使用单通道和多通道两种解决方案。但一般对机房及电源环境要求较高,建筑物内应设有机房条件。

微蜂窝基站信源是一种专门为室内覆盖区域独立承载提供业务量的方式,采用射频电缆接入方式直接与信号分布系统相连,通过信号分布系统均匀分配至各个天线端口,实现室内有效覆盖,且设备安装简单,不需要单独的机房。但在室内微蜂窝基站设置仍需增建传输系统与基站控制器衔接。

分布式基站信源话务容量大,组网灵活,能将富余话务容量拉远至定点覆盖区域,除了可以实现本地接入,也能实现远端拉远接入。

采用直放站作为馈送信号源,通过中继接力方式将室外宏基站的信号引入室内覆盖盲区,既可以增强室内覆盖质量,又可以共享宏基站的基带处理能力。直放站信源常用于室外站存在富余容量,可以扩大至室内覆盖范围的应用场景。在使用无线直放站作为信号源接入时应考虑周围的无线环境影响及宏基站业务容量的限定。

信号分布系统是根据网络传输的制式和频段,结合不同建筑物损耗及场景选取不同的覆盖分布方式。其中包括无源分布系统、有源分布系统、泄漏电缆分布系统、光纤分布系统、基站或直放站拉远分布系统和混合分布系统等。

无源天馈分布系统由除信号源外的耦合器、功率分配器、合路器等无源器件和电缆、天线组成,通过无源器件进行信号分路传输,经馈线将信号尽可能平均分配至分散安装在建筑物各个区域的天线上,从而实现室内信号的均匀分布。该分布方式适用于中等面积建筑物室内盲区的覆盖。

有源分布系统由除信号源外的放大器类设备(干线放大器、光纤直放站等)、耦合器、功分器、合路器等有源、无源器件和馈线、无源天线或有源天线等组成,还可增加滤波器用以增大抑制无线空间干扰信号进入上行有源设备的隔离度。

有源分布系统主要用于建筑面积较大的建筑物内或狭长隧道类型的室内环境,需要增加放大器,用以补偿信号在传输过程中的损耗。当一级放大器无法完成对某一区域的覆盖时,可采用多级放大器级联的方式完成信号的延伸覆盖。采用级联方式时应通过限定级联级数保证上行噪声不超出基站接收端口的杂散噪声最低规定门限。

采用泄漏电缆分布方式的信号分布系统称泄漏电缆分布系统,利用功率放大器和射频宽带合路器或耦合器,将多种频段的无线信号通过泄漏电缆进行传输覆盖。系统不需要天线阵列和其他部件,结构简单,但传输损耗大。它适用于隧道、地铁、长廊、高层升降电梯等特定环境,可以保证信号场强均匀分布,克服驻波场。由于泄漏电缆损耗较大,传输距离短,对传输距离长的区域通常加有中继放大。

光纤室内分布系统基于全光纤分布方式,它直接通过光纤传输分配至各处的天线节点,再经光电转换把射频信号连接到天线上。系统由主单元、光纤线路、含光电转换远端单元以及天线组成。

应用全光结构的分布系统方式,远端设备与天线可以是分离或一体化结构。由于省去了射频器件及线缆的传输损耗,输出电信号功率较小,在多系统共用情况下降低了相互之间的射频干扰影响。同时,应用全光纤室内分布方式可扩展传输通道的带宽,以满足多制式宽带业务的需求。这种方式适用于小型的住宅和旅馆区域,也适用于中大型覆盖范围或者中大型业务密集公共场馆。

多系统共用室内分布方式是多系统、多网络共用共享的组网接入方式,可分为收发共用传输路径和收发分路传输路径两种方式。采用多系统接入综合分路平台 POI,通过对不同制式之间的频段隔离实现室内多制式、多系统的重叠覆盖,对后来接入的系统可采用后端馈线接入的方式,如无线局域网系统,但需考虑原有覆盖路径适用的频率范围。对较长的分支路径需采用有源器件(如放大器等)增加传输信号强度时,各系统有源器件相互独立,上下输入端需考虑收发隔离及带外频段的抑制能力,有源设备需放置在具有隔离效果的无源器件(如多频率分路/合路器或收发滤波器等)中间,以避免系统之间的有源干扰。

智慧家庭、智能工厂、AR/VR 等超过 70% 的 5G 应用发生于室内,但 5G 更高频段信号无法从室外抵达室内,因此,深耕室内覆盖是 5G 商业化的关键。

更高的频段、更多的天线、更丰富的应用,这些都是传统室分系统无法完成的,理由有三:

(1)频段

传统室分无源器件于 5G 中频段损耗大,难以满足指标要求;5G 毫米波高频段若按传统室分方式部署,复杂度太高。

(2)MIMO

5G 需要更多的天线,对于传统室分单天线对应一条通道的实现方式而言,工程复杂,扩容困难。

(3)应用

室分系统应引入边缘计算,以开放服务能力,催生更丰富的 5G 室内应用。

简而言之,传统室分已经跟不上技术演进的步伐,传统室分系统将面临循序渐进的升级替换。

5G 室内分布频谱划分如图 3.5.1 所示。

5G中频段	无源室分	有源室分
3.5～5 GHz 更宽载波带宽 MIMO 多天线	馈线传输损耗大 通道和天线数受限 无法利旧 需新建	待验证 无法利旧 需新建

5G高频段	无源室分	有源室分
>20 GHz 超宽载波带宽 波束赋形 天线阵列	馈线传输损耗大 无法利旧 需新建	产品复杂度高 无法利旧 需新建

图 3.5.1　5G 室内分布频谱划分

二、室分的发展史

接下来,回顾一下室分的发展史。

1.无源室分系统

最早的室分系统称无源分布系统,射频信号直接通过耦合器、功分器、合路器等无源器件进行分路,由馈线将信号传输到分布于室内的天线上,如图 3.5.2 所示。

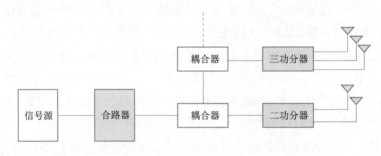

图 3.5.2　无源分布系统

这种方式已应用多年,但有四大缺点:

①馈线的线路损耗大,无源器件质量参差不齐。

②因为馈线线径粗,且随着 2G/3G/4G 升级,以及 MIMO 多通道应用,升级施工难度越来越大。

③通常需对信源信号进行放大处理,这会抬升系统底噪,上行覆盖收缩,对网络 KPI 指标造成影响。

④难以实现完整的网管实时监控,管理和维护排障困难。

无源 DAS 系统是从 2G 时代开始使用的室分解决方案。射频源无线信号源通过一系列功分器、耦合器等无源器件分路,经馈线将信号分配到安装在建筑物内各个区域的低功率天线上,用于不带任何信号放大的传输。多系统信号采用合路器或 POI 方式,把各个系统合路在一套室分系统,形成资源共建共享。图 3.5.3 所示为无源 DAS 系统架构图。

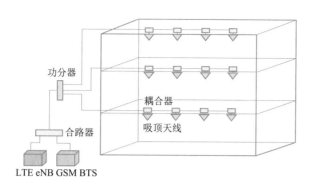

图 3.5.3　无源 DAS 系统架构图

已部署的无源 DAS 系统是否可以支持 5G,可以通过实际测试来判断。需考虑两个测试指标。一是驻波比是否满足要求。实际测试中可将合路器和室内分布系统断开,然后用驻波比测试仪作为信号源接入室内分布系统,信号源频段设置为 5G 室分 2.6 GHz 频段,测量得到的驻波比应小于 1.5。二是天线输出功率是否满足要求。使用驻波比测试仪分别输出 4G E 频点和 5G 2.6 GHz 频点信号,在天线口处,用频谱仪加接天线进行接收,测量并记录接收到两个频点功率值进行对比。根据测量到的信号功率差值可以大致判断该无源 DAS 系统天线输出功率是否满足 5G 网络要求。根据实际经验,5G 2.6 GHz 的信号衰减强度比 4G E 频段的衰减强度要大,两者衰减强度的差值保持在 3 dB 以内是可以接受的。

影响上述测试结果的原因主要是器件老化,且器件频段不支持 5G 2.6 GHz 频段。根据某地市对室分无源 DAS 系统的调查,2005 年之前建设的无源 DAS 系统占比 34.4%,天线一般标称可支持 1.9 GHz 频段。2005 年之后建设的无源 DAS 系统的天线标称大部分可支持 2.5 GHz 频段,个别可支持 2.7 GHz 频段。

5G 信号源设备可支持 1T1R、2T2R、4T4R 等配置形式。在 4G 室分系统改造中,无源 DAS 系统铺设两路馈线后可以支持双流传输。由于 5G 终端支持 2T4R 的多天线能力,如果要获得 5G 网络的峰值下载体验,除设备按照 4T4R 配置外,需要再增加两路馈线,改造工程量大。

如果 5G 室分系统采用 3.5 GHz 或 4.9 GHz 频点,插入损耗和馈线损耗与 4G 室分频率相差过大,不建议利用原有的无源 DAS 系统。

2. 有源室分系统

室分系统进入有源分布系统时代,通常分为传统光纤分布系统(见图 3.5.4)和多业务光纤分布系统(见图 3.5.5)。

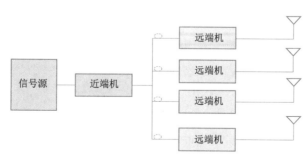

图 3.5.4　传统光纤分布系统

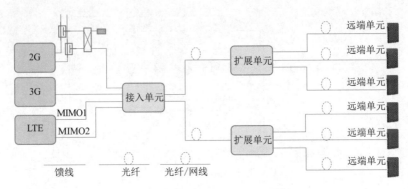

图 3.5.5　多业务光纤分布系统

传统光纤分布系统由近端机、远端机和天馈线组成。把基站直接耦合的射频信号转换为光信号，利用光纤传输到分布于室内的远端单元，再把光信号转换为电信号，经放大器放大后传输至天线。

多业务光纤分布系统由接入单元、近端扩展单元、远端单元三部分组成。接入单元从基站耦合射频信号，并转成数字射频信号，通过光纤传至扩展单元；扩展单元实现将接入单元传来的数字射频信号分路并通过五类线或者网线传至多个远端单元；远端单元实现系统射频信号的覆盖，采用光纤复合缆直流供电或 POE 供电。

有源 DAS 系统是 2013 年左右出现的室分解决方案，也称光纤分布系统。

有源 DAS 系统由主单元（MAU）、扩展单元（MEU）和远端单元（MRU）构成。MAU 可接入不同信源的射频信号，通过 A/D 转换、数字处理后将多路信号合路，经光电转换发射出去；经过 MEU 和布放的光纤网络将信号分路到不同的 MRU；MRU 将不同系统的信号分离，经 D/A 转换、调制后转换回射频信号，经天馈系统发射出去。

相对于无源 DAS 系统，有源 DAS 系统不需要链路预算，线缆布放简单，可快速建网。由于是分布式架构，扩容方便。但主设备厂家一般仅提供信号源，有源 DAS 系统由第三方厂家提供，导致无法纳入统一的网络管理系统。后续需要第三方设备厂家支持升级并兼容 5G 信源信号。目前尚未有支持 5G 网络的有源 DAS 系统。有源 DAS 系统架构如图 3.5.6 所示。

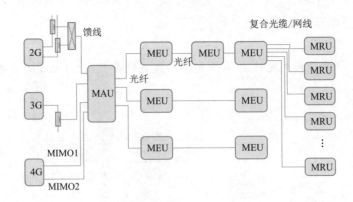

图 3.5.6　有源 DAS 系统架构

相比于无源系统，有源室分有以下优点：

①可连接更多的天线，覆盖范围更大。

②可有效支持 MIMO 技术,提升速率。

③多设备节点组网,扩容升级方便。

④基本不使用无源器件,降低了物业协调和施工难度。

⑤可实现从信源接入至末端的全面监控。

但是,多业务光纤分布系统需连接 RRU 作为信源,其直放站功率中继的本质不变,依然无法避免抬升系统底噪的问题。

于是,室分系统开始向更扁平化、更简单灵活的构架演进,这就是以华为 Lampsite 和爱立信 Radio Dot 为代表的新型数字室分系统。

3. 新型数字室分系统

新型数字室分系统如图 3.5.7 ~ 图 3.5.9 所示。

相对于传统室内分布系统,新型数字化室分系统具有以下优势:

①网络架构简单,无须链路预算。

②与宏网共网管,设备状态、KPI 和话务分布一目了然。

③相对于有源 DAS 系统,解决了上行底噪抬升问题。

④灵活进行小区合并和分裂,弹性容量控制。

⑤室内外合一张网,方便实现宏微协调。

⑥支持多流传输。

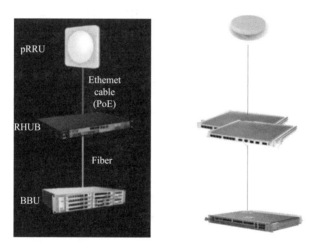

图 3.5.7　新型数字室分系统示意图

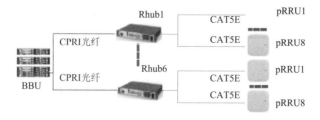

图 3.5.8　新型数字室分系统分布图

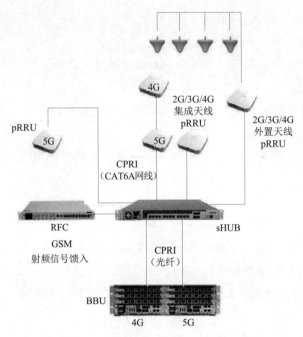

图 3.5.9　新型数字室分系统综合分布

由于 pRRU 的价格高于室分分布天线,在楼宇需要部署的 pRRU 数量少的情况下,设备成本高于传统室分系统设备价格。

目前数字化室分系统一般支持 4G。相对于前述的各种室分解决方案,数字化室分系统支持 5G 网络的升级最便捷。各厂家的数字化室分系统都有支持 5G 演进的目标计划。通过在 BBU 中增加 5G 基带板,在已部署的 pRRU 中增加 5G 射频模块和软件升级,或级联 5G pRRU,可以方便地将原有的数字化室分系统升级到支持 5G。

已部署的数字化室分系统升级支持 5G,需要检查已布放的网线类型。5G 网络一般需部署使用 CAT6A 网线,可支持 1 Gbit/s 的峰值下载速率。

使用网线为末端供电给末端设备的功耗和拉远距离都带来了限制。当前远端 CPRI 数据汇聚单元与 pRRU 之间的距离一般不超过 100 m。对于超大型建筑,可以通过连接 BBU 的远端 CPRI 数据汇聚单元星状部署或以级联的方式拓展覆盖。

纵观室分发展史,5G 室内覆盖是痛点,也是机遇。华为和爱立信已在 5G 商用之前发布了针对 5G 的 Lampsite 和 Radio Dot 产品,提前布局室内市场。与此同时,一些传统室分厂家也在积极转型,比如康普收购 Small Cell 供应商 Airvana,推出室分系统与云化 C-RAN 结合的产品;康宁收购 SpiderCloud,开发可扩展的 Small Cells 系统。

三、5G 室内网络部署的挑战及发展思路

5G 室内网络部署面临的挑战及发展思路如下所述。

1. 室内网络部署面临的挑战

业务驱动网络的建设,更大带宽、更低时延和更多连接是 5G 网络最主要的特征。为了获取更多带宽,室内 5G 引入了更高的频段 C-Band 和毫米波,更高的频率意味着更大的传输及穿

透损耗,采用传统的 4G 建网方式可能导致室内覆盖不足。

另外,传统室分的多数无源器件无法支持 3.5 GHz 以上高频段,即使是支持传输 3.5 GHz 的馈线,也会带来更多的损耗,产生更大成本。

最后,5G 时代海量的有源网络设备,将会对运维和系统的能耗管理带来新的挑战。

(1)5G 高频导致室内深度覆盖不足

和当前的 2G/3G/4G 移动网络相比,5G 移动网络将在更高的 C-Band 和毫米波频段上部署,从而满足 5G 业务对超大频谱带宽的要求。和 4G 时代的 sub-3 GHz 频段相比,在高频段部署的 5G 宏基站信号在穿墙覆盖室内场景时面临更大的链路损耗问题,导致室内深度覆盖不足。相比于 sub-3 GHz 频段 4G 宏基站信号,C-Band 频段室外信号穿透混凝土墙壁时每穿透一面墙壁会产生额外的 8 ~ 13 dB 链路损耗。更高的毫米波频段 5G 信号导致的巨大衰减导致其基本丧失穿墙能力,如毫米波信号穿透混凝土水泥墙的损耗超过 60 dB。室外 5G 宏基站信号接入室内覆盖的方式相对于 4G 将更为困难,需要配合在室内建设专门的室分网络,才能提供优质的室内场景 5G 业务。因此,室内场景的 5G 室分网络和室外 5G 网络同时部署,能够保障移动用户室内外体验一致性。

(2)传统室分网络难以轻量化演进

传统室分系统(DAS)利用起源于 2G/3G 时代,主要解决室内信号弱覆盖问题,面向 3 GHz 以上 5G 的 4T4R 室内网络演进,传统室内分布系统存在三个主要的问题,无法向 5G 平滑演进:①3.5 GHz 覆盖缩水:C-band 和 Sub 3G 相比,链路损耗更大,导致需要增加 C-band 信源以满足同覆盖要求;②难以直接更换器件利旧:传统室分系统中很多元器件如合路器、功分器等还不支持 3.5 GHz 或成本过高,更换难度很大;③4 × 4 MIMO 工程建设难度高:4 路 DAS 需要部署 4 根馈线、4 套器件和天线,工程无法落地,另外,还会导致链路不平衡,引起性能问题。目前全球存量市场上有 90% 以上的室内网络是 DAS,室内网络演进面临严峻的挑战。

(3)海量有源头端带来运维挑战

5G 时代,室内数字化趋势已成必然,传统无源 DAS 系统无法管理、维护困难,有源数字化头端可管可控,也面临大量头端导致的运维的复杂度提升,如配置开站、网络优化、日常运维监控等。

如何实现小区业务配置,如何硬件资源自动绑定降低设计阶段人工投入,如何实现站点验收的全自动,如何实时监测室内网络海量头端和其他网元设备的工作状态,如何自动根据周边信道条件和用户密度自优化网络资源分配,如何做到网络的可视化运营维护和故障的自动诊断和愈合,直接决定了网络维护的人工成本和运营商的 OPEX。

另外,5G 面临数百万亿设备的链接,差异化的垂直行业业务资源切片如何管理和调度,如何智能化根据网络 KPI 实时调整保障接入业务体验,直接决定了网络质量的优劣。

(4)有源系统对能耗管理提出更高要求

5G 时代的一个典型特征就是"万物互联",即海量的设备要能够被连接,进行管理和运维,所以要求设备是有源的,其中当然也包括室内网络设备头端。另外,随着 5G 的进展,未来的室内数字化头端将会同时支持 Sub-3G、C-band、NB 等多模多制式,集成程度越来越高,且室内设备网络密集部署成为常态,大量有源设备头端部署带来了能耗的挑战,对运营商的设备能耗管理提出了更高的要求。

面对室内 5G 时代的系列挑战,运营商对室内移动网络的布局需要更有预见性,需要提前规划和设计,以最低的成本应对未来的挑战,不断寻求多维度网络性能指标的最佳平衡点,寻找最佳的室内网络解决方案。

2.5G 室内数字化网络发展思路

5G 时代的业务挑战推动了室内覆盖数字化网络的新发展思路。从频谱结构规划覆盖层和容量层,从产品架构考虑 4G 到 5G 的演进,从场景需求研发多频多模多形态产品、从数字化方向拓展运维新思路,从网络价值意义上探索新的增值业务模式。

(1)室内 5G 构建覆盖/容量分层网

5G 时代初期,网络将分层组网,底层以 Sub-3G 为主,作为 2G/3G/4G 长期存在的打底层,解决语音覆盖和基础数据接入;体验层引入 C-Band,作为空口新频谱接入。

当前基于 Sub-3G 频段的数字化室分系统已经证明能够提供连续基础覆盖,虽然 3.5 GHz 和 4.8 GHz 空中传播损耗和穿透损耗高于 Sub-3G 频段,但通过发送功率提升和 4T4R 技术,同样可以实现连续覆盖,且 3.5 GHz 和 4.8 GHz 高于 100 MHz 大带宽能够大幅提升空口吞吐率和边缘用户体验速率。在克服毫米波频段对传播遮挡敏感这一难点的基础上,其超大带宽可以用于超热点吸收容量,也可以用于超高带宽超低时延类新业务使能的场景,如智能制造。

5G 时代中后期,综合考虑频谱资源和电波传播特性,建议使用 3.5 GHz 和 4.8 GHz 频段连续组网,用于 5G 基础覆盖和容量层;毫米波频谱用于热点区域的业务吸收。

(2)数字化室分易于演进

数字化室分的头端有源,传输使用网线/光纤,从容量演进、可视管理、易部署等方面讲,其架构更容易支持 5G 演进。当前新建 4G 场景建议预埋 Cat6A 网线或者光电混合缆,未来即可通过新增 C-Band 头端或者直接替换 C-Band 和 Sub-3G 集成头端的方式,做到线不动,点不增,确保二次改造工程量最低,保障工程可实施落地,向 5G 平滑演进。

新型数字化室分系统是近年来出现的室分解决方案,受到主设备厂家的普遍关注。主设备厂家都提出了各自的解决方案,如华为 Lampsite 方案、诺基亚 ASIR 方案、中兴 QCell 方案、爱立信 RDS 方案。新型数字化室分系统基本架构由基带处理单元(BBU)、远端 CPRI 数据汇聚单元、远端无线单元(picoRRU)组成。BBU 可与宏站使用的 BBU 通用。远端 CPRI 数据汇聚单元负责将 pRRU 的 CPRI 数据进行分路和汇聚。pRRU 实现射频信号的处理。BBU 和远端 CPRI 数据汇聚单元之间通过光纤连接,远端 CPRI 数据汇聚单元与 pRRU 之间通过网线连接。

不同厂家的数字化室分系统具备一些特色功能。例如,支持多模制式,支持 GSM 信号或其他制式射频信号。通过多制式接入单元馈入,pRRU 可集成天线或外接天线(支持单极化或多极化天线),pRRU 支持级联扩展,支持增加扩展设备提供室内定位服务。

(3)多产品解决多样化场景

从演进的历史经验和平滑需求看,3G、4G 和 5G 网络会在今后的相当一段时间内并存,这要求室内数字化产品需要具备多频多模的能力,如用于 5G 网络叠加的 C-band 独立模块,支持新建场景的 C-band + Sub-3G 集成模块以及将来的毫米波模块等。

从具体产品形态看,为降低演进成本,在某些亟需降低前期投入以及二次进场成本的特殊场景,宜要求部署的 4G 模块支持后续与 5G 模块的级联;另外,室内场景多样化,数字化头端需要根据不同场景需求,支持外置天线和内置天线等不同形态,满足室内场景需求。

（4）小型化一体化便于灵活部署

5G 的室内网络密集部署将成为常态,同时随着频段和模式的增加,需要集成度更高、功率更高的数字化头端。另外,需要充分考虑不同场景的特点和入场难度,要求设备具备小型化、快速部署的特点,以满足不同场景业务的要求,并降低综合部署成本。

（5）数字化实现端到端管控

数字化室分系统的天然特性之一是端到端有源,能够实现端到端管控、实时诊断室分网络和监控其他网元设备的工作状态,这是数字化管控的第一步;第二步是根据检测到的网元设备的工作状态,实现对不同网元的控制操作,如调整功率、开关射频等;最后,数字化室分网络能够自动根据周边信道条件和用户密度自优化网络资源分配,在网络出现故障时自动诊断和愈合,最大化减少人工介入以降低运维成本,从而大大节省运营商的 OPEX,保护客户网络投资。

（6）灵活化适配业务与场景

为满足不同场景业务对频段和模式的需求,室内数字化网络要能够灵活支持 3G/4G/NB-IoT/C-band 和毫米波等频段;同时,对于未来两年内有扩容需求的场景,要能够具备软件扩容能力,避免二次进场造成建网成本的增加;对于有潮汐效应的业务模型场景,则要求网络具备 AI 运维能力,要能够根据业务变化灵活调整区域容量,降低综合布网成本。

（7）室内网络使能增值业务

室内数字化网络能力开放是在渐进发展过程逐步实现的,针对当前已经涌现的能力开放需求,有必要以蜂窝网络为基础逐步实现能力的开放,尤其根据当前的业务发展需要推动以定位及位置信息服务、业务本地化两项典型服务的实现。当前的室内数字化网络能够在高精度定位（Location Based Service,LBS）方面达到 5 ~ 7 m 定位精度,未来的 5G 数字化网络能够有效地提升室内定位精度达到亚米级（1 m 以下分辨率）水平。面向 5G 业务演进,高精度室内定位会成为网络的基础能力,大量当前不能满足的物联网应用将逐渐变成现实,在交通枢纽、大型场馆、展会、特定老幼人群、医院、校园和公共场所等规模应用。另外,业务本地化将会是 5G 一个非常重要的关键技术,通过将能力下沉到网络边缘,在靠近移动用户的位置上,提供 IT 的服务、环境和云计算能力,能够满足低时延、高带宽的业务需求。

在 4G 网络中后期已规模引入数字化室分方案,面向 5G,预计数字化室分使用量会逐步提升,价格也会逐渐降低,5G 会是室内数字化方案普及的最好时机。

5G 时代的室分覆盖方案要兼顾性能和成本。一般居民区由于穿透损耗较小,仍将是通过室外宏站来覆盖室内。一体化皮站（pico site）适用于水平覆盖面积大且无隔断的大型场馆,但建网成本高。传统无源 DAS 方案具有低成本的优点,但支持 5G 高频（ >2.6 GHz）困难,施工不方便,且很难支持多流传输,影响客户体验,一般应用在对容量和用户体验要求不高的场景。一体化皮微站 + 无源 DAS 方案兼具皮微站的施工便利和无源 DAS 的低成本优点,解决了无源 DAS 方案的部分问题。新型数字化室分系统是未来室分覆盖方案的发展趋势,可应用于任何室分频点,但成本较高,一般部署在大型交通枢纽、大型商场、高端写字楼/酒店等高话务和高用户体验需求场景。

任务小结

本任务主要学习 5G 室内覆盖的概述及特征,并列举了传统室内覆盖的发展,结合 5G 移动通信特点,引出5G室内覆盖方案,以及未来对于5G室内覆盖的要求。

※思考与练习

一、填空题

1. 小基站的概念实际上在4G网络建设中就已经提出来了,主要用于_____与_____等细分场景。

2. 小基站采用_____的无线接入点,通过互联网接入网络作为_____,用于灵活地改善室内外的无线信号覆盖和增加网络容量,分流宏网络的负载。

3. 小基站在LTE标准化过程中占据了重要地位,是_____版本中最重要的标准化方向。

4. 5G网络采用CU和DU分离。CU的含义是_____;DU的含义是_____。

5. 室内分布系统主要由来自各种制式网络的_____和_____两部分组成。

二、选择题

1. 5G AAU使用的eCPRI光模块带宽是(　　)。

A. 10GE　　　　　　B. 25GE　　　　　　C. 50GE　　　　　　D. 100GE

2. 5G时代为了满足部分运营商快速采取5G中高频补热的部署要求,新引入的一种组网架构是(　　)。

A. 联合组网　　　B. 非联合组网　　　C. 独立组网　　　D. 非独立组网

3. (　　)是系统的中央数据库,存放与用户有关的所有信息。

A. MSC　　　　　　B. HLR　　　　　　C. VLR　　　　　　D. AUC

4. 5G RAN架构进行了重新变更,设计了两个逻辑实体,分别是(　　)。

A. AAU　　　　　　B. BBU　　　　　　C. DU　　　　　　D. CU

5. 5G NR可采用的子载波间隔是(　　)。

A. 5 kHz　　　　　B. 15 kHz　　　　　C. 30 kHz　　　　　D. 60 kHz

三、判断题

1. (　　)5G小基站可由用户自行决定部署位置,支持自动开站、自动优化,能有效降低运维成本。

2. (　　)5G小基站不需机房、不需占用点,可以灵活抱杆安装或挂墙安装。

3. (　　)小基站更靠近用户、更靠近业务的特点,让它相比于其他基站形式,天然适合作为MEC的入口。

4. (　　)5G网络CU和DU的切分是根据不同协议层实时性的要求来进行的。

5. (　　)D2D通信技术是指两个对等的用户节点之间直接进行通信的一种通信方式。

四、简答题

1. 简单描述分布式基站具有哪些优点。

2. 简述小基站与宏基站的主要区别。

3. 小基站的价值主要体现在哪几方面?

4. 为什么小基站主要关注TDD技术?

5. 相对于传统室内分布系统,新型数字化室分系统具有哪些优势?

项目四
掌握5G无线网的关键技术

任务一　学习高频段传输

任务描述

本任务主要介绍5G无线网的六大关键技术之高频段传输。为后面章节5G网络系统管理和相关设备的学习打下基础。

任务目标

- 识记:5G无线网的关键技术概述。
- 掌握:高频段传输。

任务实施

一、无线网的关键技术概述

面对多样化场景的极端差异化性能需求,5G很难像以往一样以某种单一技术为基础形成针对所有场景的解决方案,5G技术创新主要源于无线技术和网络技术两方面。

在无线技术领域,大规模天线阵列、超密集组网、新型多址和全频谱接入等技术已成为业界关注的焦点;在网络技术领域,基于软件定义网络(SDN)和网络功能虚拟化(NFV)的新型网络架构已取得广泛共识,如图4.1.1所示。

此外,基于滤波的正交频分复用(F-OFDM)、滤波器组多载波(FBMC)、全双工、灵活双工、终端直通(D2D)、多进制低密度奇偶检验(Q-ary LDPC)码、网络编码、极化码等也被认为是5G重要的潜在无线关键技术。

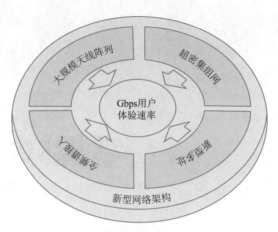

图 4.1.1　5G 的关键技术

二、高频段传输

移动通信传统工作频段主要集中在 3 GHz 以下,这使得频谱资源十分拥挤,而在高频段(如毫米波、厘米波频段)可用频谱资源丰富,能够有效缓解频谱资源紧张的现状,可以实现极高速短距离通信,支持 5G 容量和传输速率等需求。

高频段在移动通信中的应用是未来的发展趋势,业界对此高度关注。足够量的可用带宽、小型化的天线和设备、较高的天线增益是高频段毫米波移动通信的主要优点,但也存在传输距离短、穿透绕射能力差、容易受气候环境影响等缺点。射频器件、系统设计等方面的问题也有待进一步研究和解决。

高频段资源虽然目前较为丰富,但是仍需要进行科学规划,统筹兼顾,从而使宝贵的频谱资源得到最优配置。

首先介绍 5G 毫米波通信中的一些量化数据,供大家形象地认识 5G 和毫米波知识。

①5G 的价值在于它拥有比 4G LTE 更快的速度(峰值速率可达几十 Gbit/s)。

②无线传输增加传输速率一般有两种方法:一是增加频谱利用率;二是增加频谱带宽。5G 使用毫米波(26.5 ~ 300 GHz)就是通过第二种方法来提升速率,以 28 GHz 频段为例,其可用频谱带宽达 1 GHz,而 60 GHz 频段每个信道的可用信号带宽则为 2 GHz。

③与传统工作在 2.6 GHz 或 3.5 GHz 上的 4G 网络相比,毫米波频段网络的传输信道将会存在额外的数十 dB 的传播损耗。

④现有的 4G 基站只有十几根天线,但 5G 基站可以支持上百根天线,这些天线可以通过 Massive MIMO 技术形成大规模天线阵列,这就意味着基站可以同时向更多用户发送和接收信号,从而将移动网络的容量提升数十倍或更大。

⑤毫米波的传播距离最大为 200 m,无法实现远距离传输。另外,毫米波的穿透能力也不强,遇到墙或者其他阻碍就无法发挥作用。

⑥5G 数据传输的延迟将不超过 1 ms(4G 网络的延迟约为 70 ms),而且数据下载的峰值速度将可以达 20 Gbit/s(4G 为 1 Gbit/s)。

⑦为了统一全球的毫米波频率标准,国际电信联盟(ITU)公布了 24~86 GHz 之间的全球可用频率的建议列表,最后 28 GHz、39 GHz 与 73 GHz 三个频带逐渐脱颖而出。73 GHz 中有 2 GHz 的连续带宽可用于移动通信,这是拟议频率频谱中范围最广的;28 GHz 仅提供 850 MHz 的带宽;在美国,39 GHz 附近就有两个频带提供 1.6 GHz 与 1.4 GHz 带宽。此外,根据 Shannon 定律,即更高的带宽代表更高的数据传输量,73 GHz 与另外两个频率相较更具优势。

⑧据估算,在中性条件下,我国 5G 毫米波频段基站射频系统的市场规模 2019 年为 24 亿元,2020 年为 72 亿元,2021 年将达 120 亿元。

三、5G 使用毫米波的原因

毫米波频段及技术应用于 5G 移动通信网络主要有以下两点原因:

①由于 6 GHz 以下频段在广域覆盖方面的优势,频谱已经被包括民用移动通信在内的领域大量使用,可用频段资源特别是大带宽资源已经十分有限,而 5G 对超高速率和大容量通信的要求需要大带宽的频段资源,需要 6 GHz 以上的未利用的频段资源,而毫米波频段存在大量大带宽的频谱资源,可以被有效利用。

利用毫米波频段,5G 无线空口技术由高频段新空口和低频段新空口两部分组成,高频段新空口联合低频空口将重点用于热点覆盖场景。国际上对于 5G 毫米波频段资源的分配已经快速推进,美国联邦通信委员会(FCC)已于 2015 年 10 月发布拟议规范公告,针对 28 GHz、37 GHz、39 GHz、64~71 GHz 频带提出了全新且灵活的服务规则。日本 NTT 也已提议将 3.5 GHz、4.5 GHz 和 28 GHz 频段作为 5G 服务的潜在备选频段。我国工信部已确定将毫米波高频段 24.75~27.5 GHz、37~42.5 GHz 用于 5G 研究试验。

②Massive MIMO 很适合在移动通信中与毫米波频段配合使用,毫米波波长较短的特点使其天线平面在理论上可以布置更多的天线单元。由于毫米波传播衰减较为严重,大规模天线阵列以及波束赋形(beamforming)能有效提升天线增益,来补偿高频通信的传输损失,使其在热点覆盖场景能形成 100~200 m 的覆盖目标。

Massive MIMO 由贝尔实验室科学家 Thomas L. Marzetta 于 2010 年提出,和 LTE 相比,同样占用 20 MHz 的带宽,Massive MIMO 的小区吞吐率可以达到 1 200 Mbit/s,频率利用率达到了 60 bit(s·Hz·小区)。MIMO 技术原先已经广泛应用于 LTE、Wi-Fi 等领域,理论上天线越多,频谱效率和传输可靠性就会越高。4G 移动通信时代基站天线支持 4×4、8×8 MIMO,下行峰值速率 100 Mbit/s,LTE-A 已可支持 64×64 MIMO,下行峰值速率达到 1 Gbit/s。MIMO 技术为实现在高频段上进行移动通信提供了广阔前景,可以成倍提升无线频谱效率,增强网络覆盖和系统容量,帮助运营商最大限度利用已有站址和频谱资源。从理论角度,假设有一个 $20~cm^2$ 的天线物理平面,如果天线以 0.5λ 的间距排列,那么如果工作频段在 3.5 GHz,可以部署 16 根天线;如果频段在 10 GHz,则可以部署 169 根天线;如果在 20 GHz,则可以部署 676 根天线。

5G 因为要满足多个行业和场景,所以它的频谱也有低、中、高三方面需求。而低频频谱资源紧张一直是国际问题,在很长一段历史时期,毫米波段属于蛮荒之地。原因很简单,因为几乎没有电子元件或设备能够发送或者接收毫米波。为什么没有电子设备发送或者接收毫米波?

有两个原因。第一个原因是毫米波不实用。虽然毫米波能提供更大的带宽,更高的数据速率,但是以前的移动应用不需要这么大的带宽和这么高的数据速率,毫米波没有市场需求。而且毫米波还有一些明显的限制,比如传播损耗太大、覆盖范围太小等。第二个原因是毫米波太贵。生产能工作于毫米波频段的亚微米尺寸的集成电路元件一直是一大挑战。克服传播损耗、提高覆盖范围意味着大量的金钱投入。但是,近十几年以来,一切都改变了。随着移动通信的飞速发展,30 GHz之内的频率资源几乎被用完了。各国政府和国际标准化组织已经把所有的"好"频率都分配完毕,但还是存在频率短缺和频率冲突。4G蜂窝系统的发展以及5G都依赖于合适的频率分配。问题是,几乎没剩下什么频率了。

毫米波给移动用户和移动运营商提供了"无穷无尽"的频率资源。毫米波通常是指频率在30 ~ 300 GHz,波长为1 ~ 10 mm的电磁波,在无线电波频段划分中属于极高频(EHF)频段(见表4.1.1)。主要优点包括频段带宽极宽,高达270 GHz,超过直流到微波全部带宽的10倍;波束窄,相同天线尺寸下毫米波波束窄,可以分辨相距更近或更清晰观察目标;传播相比激光受气候影响较小,具备全天候特性;毫米波元器件尺寸小,系统更容易小型化。

表4.1.1　无线电波的频段划分

序号	频段名称	频率范围	缩写名称	波段名称	波长范围
1	甚低频	3 ~ 30 kHz	VLF	万米波,甚长波	100 ~ 10 km
2	低频	30 ~ 300 kHz	LF	千米波,长波	10 ~ 1 km
3	中频	300 ~ 3 000 kHz	MF	百米波,中波	1 000 ~ 100 m
4	高频	3 ~ 30 MHz	HF	十米波,短波	100 ~ 10 m
5	甚高频	30 ~ 300 MHz	VHF	米波,超短波	10 ~ 1 m
6	特高频	300 ~ 3 000 MHz	UHF	分米波	100 ~ 10 cm
7	超高频	3 ~ 30 GHz	SHF	厘米波	10 ~ 1 cm
8	极高频	30 ~ 300 GHz	EHF	毫米波	10 ~ 1 mm
		300 ~ 3 000 GHz		亚毫米波	1 ~ 0.1 mm

毫米波带来了大带宽和高速率。基于sub 6 GHz频段的4G LTE蜂窝系统可以使用的最大带宽是100 MHz,数据速率不超过1 Gbit/s。而在毫米波频段,移动应用可以使用的最大带宽是400 MHz,数据速率高达10 Gbit/s甚至更多。通过使用SiGe、GaAs、InP、GaN等新材料,以及新的生产工艺,工作于毫米波段的芯片上已经集成了小至几十甚至几纳米的晶体管,大大降低了成本。2010年全球GaN射频器件市场规模仅为6 300万美元,2015年为2.98亿美元,2020年将达约6.2亿美元。

我国工信部已公开征集对高频频段24.75 ~ 27.5 GHz、37 ~ 42.5 GHz或其他毫米波频段5G系统频率规划的意见。3.3 ~ 3.6 GHz频段已经在此前的5G试验中使用,属于意料之中会采用的频段,而高频段特别是24.75 ~ 27.5 GHz、37 ~ 42.5 GHz毫米波频段将用于5G显著超出市场预期。

IMT-2020(5G)推进组副主席王志勤曾在公开演讲中表示,在高频段通信方面,对于前期预商用而言,20 ~ 40 GHz拥有更高的优先性,同时26 GHz和28 GHz、38 GHz和42 GHz频段可采用同一组射频器件,将更有可能实现全球协调统一。

根据 3GPP 38.101 协议的规定,5GNR 主要使用两段频率:FR1 频段和 FR2 频段。FR1 频段的频率范围是 450 MHz ~ 6 GHz;FR2 频段的频率范围是 24.25 ~ 52.6 GHz。

由于 3GPP 决定 5G NR 继续使用 OFDM 技术,因此相比 4G 而言,5G 并没有颠覆性的技术革新,而毫米波差不多就成了 5G 最大的"新意"。而 5G 其他新技术的引入,比如 massive MIMO、新的 numerology(子载波间隔等)、LDPC/Polar 码等,都与毫米波密切相关,都是为了让 OFDM 技术能更好地扩展到毫米波段。为了适应毫米波的大带宽特征,5G 定义了多个子载波间隔,其中较大的子载波间隔(60 kHz 和 120 kHz)就是专门为毫米波设计的。前面提到过的 massive MIMO 技术也是为毫米波而量身定制。因此,5G 也可以称为"扩展到毫米波的增强型 4G"或者"扩展到毫米波的增强型 LTE"。

有人认为,毫米波只能指 EHF 频段,即频率范围是 30 ~ 300 GHz 的电磁波。因为 30 GHz 电磁波的波长是 10 mm,300 GHz 电磁波的波长是 1 mm。24.25 GHz 电磁波的波长是 12.37 mm,可以叫它毫米波,也可以叫它厘米波。但是实际上,毫米波只是个约定俗成的名称,没有哪个组织对其有过严格的定义。有人认为,频率范围在 20 GHz(波长 15 mm)~ 300 GHz 之间的电磁波都可以称为毫米波。

有人把常用的毫米波段分成四段:

- Ka 波段:26.5 ~ 40 GHz;
- Q 波段:33 ~ 50 GHz;
- V 波段:50 ~ 70 GHz;
- W 波段:75 ~ 110 GHz。

3GPP 协议 38.101-2 Table 5.2-1 为 5G NR FR2 波段定义了三段频率,分别是:

- n257(26.5 ~ 29.5 GHz);
- n258(24.25 ~ 27.5 GHz);
- n260(37 ~ 40 GHz)。

美国 FCC 建议 5G NR 使用以下频段:24 ~ 25 GHz(24.25 ~ 24.45/24.75 ~ 25.25 GHz)、32 GHz(31.8 ~ 33.4 GHz)、42 GHz(42 ~ 42.5 GHz)、48 GHz(47.2 ~ 50.2 GHz)、51 GHz(50.4 ~ 52.6 GHz)、70 GHz(71 ~ 76 GHz)和 80 GHz(81 ~ 86 GHz),同时建议研究用高于95 GHz的频率来承载5G。

为什么不能随意使用毫米波频率呢?除了规模化经济效益的考虑之外,毫米波中有些频率的"地段"特别差。这里,影响"地段"的因素是空气,所以确切地说应该是这些频率的"天段"特别差。无线电波在传播时,大气会选择性地吸收某些频率(波长)的电磁波,造成这些电磁波的传播损耗特别严重。吸收电磁波的主要是两种大气成分:氧气和水蒸气。水蒸气引起的共振会吸收 22 GHz 和 183 GHz 附近的电磁波,而氧气的共振吸收影响的是 60 GHz 和 120 GHz 附近的电磁波。所以,不管哪个组织分配毫米波资源,都会避开这 4 个频率附近的频段。而高于 95 GHz 的毫米波由于技术上的难度,暂时不做考虑。除了这个只能避开的"天段"因素,毫米波的其他限制人们只能面对,并且想办法克服。否则,毫米波就无法使用。

最关键的限制之一是毫米波的传播距离实在有限。在很多场景下,毫米波的传播距离不超过 10 m。

根据理想化的自由空间传播损耗公式,传播损耗 $L = 92.4 + 20\log_2(f) + 20\log_2(R)$,其中 f 是单位为 GHz 的频率,R 是单位为 km 的距离,而 L 的单位是 dB。一个 70 GHz 的毫米波传播 10 m 之后,损耗就达到了 89.3 dB。而在非理想的传播条件下,传播损耗还要大得多。毫米波系统的开发者必须通过提高发射功率、提高天线增益、提高接收灵敏度等方法来补偿这么大的传播损耗。

任何事物都有两面性。传播距离过小有时候反而成了毫米波系统的优势。比如,它能够减少毫米波信号之间的干扰。毫米波系统使用的高增益天线同时具有较好的方向性,这也进一步消除了干扰。这样的窄波束天线既提高了功率,又扩大了覆盖范围,同时增强了安全性,降低了信号被截听的概率。

另外,"高频率"这个限制因素会减少天线的尺寸,这又是一个意外的惊喜。假设使用的天线尺寸相对无线波长是固定的,比如 1/2 波长或者 1/4 波长,那么载波频率提高意味着天线变得越来越小。比如,一个 900M GSM 天线的长度是几十厘米左右,而毫米波天线可能只有几毫米。这就是说,在同样的空间里,可以塞入越来越多的高频段天线。基于这个事实,可以通过增加天线数量来补偿高频路径损耗,而不会增加天线阵列的尺寸。这让在 5G 毫米波系统中使用 massive MIMO 技术成为可能。

克服上述限制之后,工作于毫米波的 5G 系统可以提供很多 4G 无法提供的业务,比如高清视频、虚拟现实、增强现实、无线基站回程(backhaul)、短距离雷达探测、密集城区信息服务、体育场/音乐会/购物中心无线通信服务、工厂自动化控制、远程医疗、安全监控、智能交通系统、机场安全检查等。毫米波段的开发利用,为 5G 应用提供了广阔的空间和无限的想象。

如果有一天毫米波也拥塞了,移动通信系统该如何拓展疆域呢? 如果波长小于 1 mm,就进入了光的波段范围(红外波段的波长范围是 0.76 μm ~ 1 mm)。实验室已经开发出了 100 GHz 以上的晶体管。但是这种晶体管到 300 GHz 左右就基本上没用了。那么该用什么电子元件呢? 红外线工作于 150 ~ 430 THz,可见光工作于 430 ~ 750 THz,紫外线工作于 740 GHz 以上,激光器件、LED 和二极管能够生成和检测到这些光。但是这些器件没法工作于 300 ~ 100 THz。这个频率范围目前似乎成了盲区。但是,这个现象是暂时的。只要有需求,新科技和新元器件一定会消除这个盲区。

四、毫米波系统的硬件技术

射频(RF)模块的性能一般随着频率升高而下降。频率每升高 10 倍,给定的集成电路(1C)技术的功率放大器能力大致会下降 15 dB,这种衰减是有根本原因的。根据约翰孙限制定律,提高输出功率的能力和提高频率的能力是相互矛盾的。更高的运行频率需要小的几何尺寸,随后导致较低的运行功率,以防止增加的场强会击穿电介质。可以在 1C 材料的选择上找到一种补救的办法。毫米波集成电路历来使用Ⅲ-Ⅴ材料制成,即周期表第Ⅲ和第Ⅴ组元素,如 GaAs 和 GaN 元素的组合。基于Ⅲ-Ⅴ材料的集成电路的技术基本上比传统的基于硅的技术更加昂贵,此外,它们的复杂性较高,不像数字电路或用于蜂窝手机的无线调制解调器。尽管如此,基于 GaN 技术正在迅速成熟,并且相比传统技术,提供的功率电平的数量级更高。因此,在新的实践中,不同的技术可以混合使用(异构集成)并利用各自的优势。这样的实践也正好是波束赋形架构的低成本所期望的。

更大的信号带宽也影响数字电路的复杂性和功耗。虽然摩尔定律已经使系统复杂性在几十年来几乎成指数级增长,但这一技术演进的寿命在近几年不容乐观。问题在于这种几何特征的进展很快接近其极限。解决这个问题的方案包括使用Ⅲ-Ⅴ材料,新器件结构(FinFET 器件、纳米晶体管等)以及 3D 集成。然而,这些方案没有一个能够保证持续的指数提高。另一个问题是,当CMOS 技术特征尺寸低于 28 nm 时,每个数字晶体管的成本或功能的成本已经变平甚至增加。

如前概述,波束赋形功能可以以多种方式来实现。

原则上,如果传播环境是多样的、信息源和目标之间存在多个强路径,每个波束可以传送多达两个层,每一层需要一个模拟波束赋形器。但是,模拟波束赋形只支持简单的波束形状,但并不能支持灵活的波束形状,如在发射和/或接收方向产生特定的零陷,因此波束之间的干扰可能是巨大的。

这个问题可以通过使用混合波束赋形来解决。模拟波束赋形器创建指向所需的用户波束,而数字波束赋形器具有充分的灵活性,甚至可以使用具备频率选择性的波束权重。由数字波束赋形器引入的灵活性可以被用于产生在所需方向的零陷,以抑制干扰或实现更复杂的预编码器。这里描述的是发送端的情形,但相同的原理也可在接收端使用。抑制干扰的能力,使该结构适合于使用多个波束或者甚至多用户通信的传输。信道的秩通常是相当小;如果射频通道数量达到信道秩的大小,混合波束赋形的性能接近于数字波束赋形。

在毫米波频率为了实现覆盖所需的阵列增益,在发射器和接收器的发射和接收波束方向必须正确对齐。由于窄波束较高的空间选择性,在选择波束方向的轻微错误可导致信噪比的急剧下降。因此,有效的波束发现机制在毫米波通信中是很重要的。

因为不同的天线阵列可被用于传输和接收,方向的互益性并不总是成立。其结果是,有可能是不得不依赖于基于反馈的波束发现机制,其中在不同的波束方向上,周期性地发射同步导频信号,确保任何接收机可以接收到,并确定产生最佳的接收质量的波束方向,把波束索引发送回发射机。由于每个基站潜在地不得不支持多个终端,这样的波束发射过程最好不是针对某个特定的接收机。接下来,简要讨论三种不同类型的波束扫描方法及其优缺点。

①数字波束赋形器中,每个天线单元都有其相应的基带端口,这样提供了最大的灵活性。然而,运行在数吉赫兹采样率的 ADC(数字模拟信号转换器)是非常耗电的,几百个天线单元采用全数字波束赋形器是不可行的,即便可行,也非常耗电和复杂。因此预期早期的毫米波通信系统被将使用模拟或混合波束赋形架构。

②在模拟波束赋形时,一个基带端口给模拟波束赋形网络馈送,其中波束赋形的权重直接施加在模拟基带分量、中频或者射频上。例如,一个 RF 波束赋形网络可以由几个相移器组成,每个天线元素有一个,可选的还可能有可变增益放大器。一个模拟波束赋形网络通常会产生物理波束,但不能产生复杂的波束图案。特别是在一个多用户环境中,如果纯波束隔离不充分,可能会导致干扰。

③混合波束赋形是上述两种波束赋形的折中,由一个运行在几个基带端口的数字赋形器和一个模拟波束赋形网络组成。这种架构是关于模拟和全数字波束赋形器之间的复杂度和灵活性的一个折中。

波束赋形接收机提供了空间选择性,也就是在有效地接收需要方向的信号,同时抑制在其他方向的信号。然而单个天线元素不能做到空间选择性,对于一个数字波束赋形接收机,这意味着从每个天线元素上的每个信号路径不得不容纳需要的信号和不需要的信号。这样,为了处理很强的不需要的信号,在信号路径上的所有模块的动态范围的需求也就会很大,与此对应是大功率消耗的影响。然而,在模拟波束赋形中,已经在射频进行了波束赋形,在随后的各模块中就不需要像数字波束赋形接收机中的很大动态范围。数字波束赋形需要一个完整的模拟 RF 前端包括 ADC 和 DAC,它不需要与模拟射频波束赋形那样长距离分配 RF 信号到大量的天线元件上。但是,如此节省的功耗也不能弥补数字波束赋形架构中的功耗。

在给定的方向上创建一个物理波束的能力,不需要波束赋形权重的高分辨率和精度。在许多情况下,关于天线增益,模拟波束赋形器和数字波束赋形器一样好。人们面临的挑战在于旁瓣抑制的程度,在辐射图案中定向抑制的精度就更难实现。在这些问题上,特别是对于更高的频率,模拟波束赋形不如数字或混合波束赋形。

五、部署场景

5G 毫米波网络最初的大部分室外部署将出现在 10 GHz 频段以上,包括在城市地区基础设施节点的非常密集的部署。尽管使用高度方向性的传输可以显著提高信噪比(SNR),在良好的信道下可以实现大范围覆盖,但是由于硬件的技术限制,天线端口的低功率将限制面积覆盖率。典型的部署将采用目前 LTE 使用的低毫米波频段的站址网格,这些站址之间的距离为40 ~ 200 m。一个典型的部署将主要采用部署在屋顶以上的宏站来提供覆盖,而街道的微站主要提供覆盖延伸。

30 GHz 以上的频谱在视距的环境中非常有用,这些都是通常部署在允许电磁场的传播的典型内部或外部空间。在这种环境中的覆盖是通过部署密集网络节点来提供的,这些节点往往部署在汇聚业务的热点内部周围。

高于 60 GHz 的毫米波频带,更适合用于回传的短距离点对点链路。这些波段通常支持比接入链路更高的带宽,并可以支持对数据平面的高可靠性的性能要求,以及提供用于链路管理和无线系统监控的额外带宽。这样的频带也将用于对带宽需要非常高的短距离应用,如视频传输、虚拟办公室或增强和虚拟现实应用。

在毫米波频段系统的一个部署场景是自回传,其可以被定义为使用一个集成的空中接口通过一跳或多跳提供多个接入和传输,它们具有相同的基本物理层,一个或多个 MAC 模式,并很可能使用相同的频带。在室内和室外的环境下,有一些使用自回传的场景:

①宏站到微站的部署,通常从屋顶到下方。

②从地面往上打的仰角覆盖。

③室外到室内的覆盖。

④沿着道路或者空旷区域的连续连接。

一个自回传场景的一般拓扑结构是网状结构,其他拓扑结构,如单路径路由结构、树结构等可以作为补充。

自回传不需要提供光纤接入的短距离覆盖扩展,以及用于连接的不同分集。所以基础设施的基站可以共享信息,并且支持从最好的接入资源快速传输到其他需要区域的移动性。不同的回传提供一定的冗余性,通过这种方式无须非常高的 SINR 也能改善链路的可靠性。据预计,从任何节点到达光纤基础设施的跳数将不超过两跳或三跳,如图 4.1.2 所示。

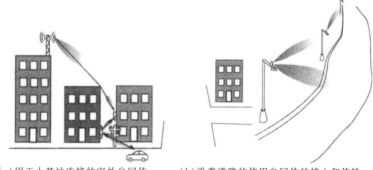

（a）用于小基站连接的室外自回传　　（b）沿着道路的使用自回传的接入和传输

图 4.1.2　用于小基站连接的室外自回传和沿着道路的使用自回传的接入和传输

尽管自回传预计会和接入空中共享相同的物理和 MAC 层,适用于回传通信的特定 MAC 协议模式可能和用于移动用户的 MAC 过程会不同。在大多数情况下,基础结构节点是固定的,通过自回传链路一个发射点可以达到多个接收节点,调度算法可以决定任意两个节点之间的激活速率,以及节点发送或接收的角色。根据业务量分布的变化和干扰环境的变化,自回传 MAC 协议可以动态地改变路由和带宽分配。因此,在干扰统计数据不可预测时,自回传都可以配置为多接入链路提供更高程度的可靠性。

IEEE 802.15.3c 标准修订已经确定了其他几个用例。IEEE 802.11 内部 802.11ay 的新项目正在考察回程这种应用情景下的信道捆绑和 MIMO。毫米波无线电也被认为是数据中心机架之间的通信和芯片间的通信。

任务小结

高频通信、毫米波是 5G 移动通信最为突出的一大关键技术,本任务介绍高频通信的优缺点、毫米波的概念,以及 5G 频段划分、毫米波的应用。

任务二　掌握多天线技术

任务描述

本任务主要介绍 5G 无线网的六大关键技术之多天线技术。为后面章节 5G 网络系统管理和相关设备的学习打下基础。

任务目标

- 识记：MIMO 技术。
- 掌握：大规模 MIMO 关键技术。

任务实施

一、多天线技术概述

香农定理指出，如果信息源的信息速率 R 小于或者等于信道容量 C，那么，在理论上存在一种方法可使信息源的输出能够以任意小的差错概率通过信道传输。

该定理还指出：如果 $R > C$，则没有任何办法传递这样的信息，或者说传递这样的二进制信息的差错率为 1/2。在被高斯白噪声干扰的信道中，传送的最大信息速率 C 由下述公式确定：

$$C = W \cdot \log_2(1 + S/N)(\text{bit/s})$$

该式通常称为香农公式。式中，C 是码元速率的极限值，bit/s；W 为信道带宽，Hz；S 是信号功率，W；N 是噪声功率，W。

香农公式表明，信道带宽限制了比特率的增加，信道容量还取决于系统信噪比以及编码技术种类。在噪声一定的情况下，提高发射功率有利于提高频谱效率。通过改变调制编码方式也能提高频谱效率。目前最高阶调制方式已能达到 64QAM，Turbo 编码性能也已趋近香农极限。在这种情况下，多天线技术显得尤为重要，它可以充分利用空间维度资源，成倍提升系统信道容量。

MIMO 系统是多天线的主要形式，其发射端或者接收端采用超过一根的物理天线。传统的通信系统一般都采用各种技术来减少多径的影响，而 MIMO 则反行其道，充分利用多径传播信道来增加系统容量。LTE 通过采用 MIMO 技术，利用空间特性，能带来分级增益、复用增益、阵列增益、干扰对消增益等增益，从而实现覆盖和容量的提升。

根据实现方式的不同，可以将 MIMO 分成传输分集、空间复用、波束赋形等类型。

①传输分集：指在多根射天线和接收天线间传送相同的数据流。该方式有利于提高通信系统的可靠性。

②空间复用：指将高速数据流分成多个并行的低速数据流，并由多个天线同时送出。该方式有利于成倍提升系统容量。

③波束赋形：指通过调整阵列天线各阵元的激励，使天线波束方向形成指定形状。该方式有利于增强特定用户覆盖。

多天线技术经历了从无源到有源，从二维（2D）到三维（3D），从高阶 MIMO 到大规模阵列的发展，有望实现频谱效率提升数十倍甚至更高，是目前 5G 技术重要的研究方向之一。MIMO天线和传统天线如图 4.2.1 所示。

（a）MIMO 天线　　　　　　　　　（b）传统天线

图 4.2.1　MIMO 天线和传统天线

由于引入了有源天线阵列,基站侧可支持的协作天线数量将达到 128 根。此外,原来的 2D 天线阵列拓展成为 3D 天线阵列,形成新颖的 3D-MIMO 技术,其支持多用户波束智能赋形,减少用户间干扰,结合高频段毫米波技术,将进一步改善无线信号覆盖性能。

目前研究人员正在针对大规模天线信道测量与建模、阵列设计与校准、导频信道、码本及反馈机制等问题进行研究,未来将支持更多的用户空分多址(SDMA),显著降低发射功率,实现绿色节能,提升覆盖能力。

到了 5G,为了解决这种资源浪费的行为,开始使用波束赋形技术。

波束赋形又称波束成型、空域滤波,是一种使用传感器阵列定向发送和接收信号的信号处理技术。波束赋形技术通过调整相位阵列的基本单元的参数,使得某些角度的信号获得相长干涉,而另一些角度的信号获得相消干涉。波束赋形既可以用于信号发射端,又可以用于信号接收端。

发射波束赋形(Tx BF)是在数字信号处理(DSP)逻辑电路中采用的一种技术,用来扩大特定客户端或设备的覆盖范围并提升数据速率。在一个基本的单接收数据流系统中,该技术的工作原理为:从每根天线发出的信号在接收天线端进行组合。特别值得一提的是,传输信号的相位可以进行调整以控制波束的指向。IEEE 802.11n 详细描述了发射波束赋形技术,该技术利用了 MIMO 系统中多个发射天线的优势。通过估计发射端和接收端之间的信道,该技术在这类系统中高效的控制各个数据流的方向来提高总体增益。因此,可以把该技术简单看作在已知信道上的一种分集发射形式。

在典型的 IEEE 802.11 系统中,AP(接入点)波束赋形能够为客户端提供更高的增益。该技术可以提高数据传输速率,并减少重传次数,进而提高系统容量和频谱利用率。以从四发射天线系统波束赋形至单接收天线系统为例,其增益提高可达 12 dB,覆盖范围可扩大两倍。波束赋形技术对这种发射与接收天线数量不同的非对称系统的性能提升效果最大。

波束赋形是 TD-LTE 系统中常用的多天线传输方式,需要基站配置天线阵元间距较小的阵列天线。波束赋形的操作和线性预编码过程非常相似,但工作原理有一定区别,波束赋形主要依靠信道间的强相关性以及电磁波的干涉原理,在天线阵列发射端的不同天线阵子处合理的控制发射信号的幅度和相位来实现具有特定辐射方向的发射波形,这样有助于提高覆盖范围和特定用户的信噪比,也可以减小对其他用户的干扰。

二、MIMO

1. 大规模 MIMO 简介

无线电发送的信号被反射时,会产生多份信号。每份信号都是一个空间流。使用单输入单输出(SISO)的系统一次只能发送或接收一个空间流。MIMO 允许多个天线同时发送和接收多个空间流,并能够区分发往或来自不同空间方位的信号。MIMO 技术的应用,使空间成为一种可以用于提高性能的资源,并能够增加无线系统的覆盖范围。大规模 MIMO 技术不需要大面积的更新用户终端设备,通过对基站的改造,能有效地提高系统容量和频谱效率。

Massive MIMO(大规模天线技术,亦称为 Large Scale MIMO)是 5G 中提高系统容量和频谱利用率的关键技术。研究发现,当小区的基站天线数目趋于无穷大时,加性高斯白噪声和瑞利衰落等负面影响全都可以忽略不计,数据传输速率能得到极大提高。这可从以下两方面理解。

(1)天线数

传统的 TDD 网络的天线基本是 2 天线、4 天线或 8 天线,而 Massive MIMO 指的是通道数达到 64/128/256。

(2)信号覆盖的维度

传统的 MIMO 可称为 2D-MIMO。以 8 天线为例,实际信号在做覆盖时,只能在水平方向移动,垂直方向是不动的,信号类似一个平面发射出去。而 Massive MIMO 是信号水平维度空间基础上引入垂直维度的空域进行利用,信号的辐射状是个电磁波束,所以 Massive MIMO 也称 3D-MIMO。

4G/5G 多天线差异如图 4.2.2 所示。

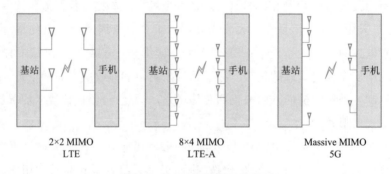

2×2 MIMO
LTE

8×4 MIMO
LTE-A

Massive MIMO
5G

图 4.2.2 4G/5G 多天线差异

2. 大规模 MIMO 的优势

与传统的 MIMO 技术相对,大规模 MIMO 具有以下优势。

（1）提高信道的容量

MIMO 接入点到 MIMO 客户端之间,可以同时发送和接收多个空间流,信道容量可以随着天线数量的增大而线性增大,因此,可以利用 MIMO 信道成倍地提高无线信道容量,在不增加带宽和天线发送功率的情况下,频谱利用率可以成倍地提高。

（2）提高信道的可靠性

利用 MIMO 信道提供的空间复用增益及空间分集增益,可以利用多天线来抑制信道衰落。多天线系统的应用,使得并行数据流可以同时传送,可以显著克服信道的衰落,减小误码率。

（3）更高的数据传输速率

一般来说,在传播良好的情况下,配置的天线数量越多,可同时传输的数据流越多,可同时服务的用户数也越多,由于基站侧配置了大规模天线阵列,因而可以支持传输更多数据流和服务更多用户,获得更高数据传输速率。

（4）更高的功率利用率和更少干扰

更高的大规模天线阵列的使用可以增强系统的空间分辨力,当基站侧探知目标用户的大致方位时,可以更具指向性地发送信号,使得在节省发送信号功率的同时减少对其他用户的干扰。

（5）更低的成本

系统可以采用价格低廉、输出功率在毫瓦级别的放大元器件来搭建,降低发射功率消耗和产品代价。

三、大规模 MIMO 关键技术

大规模 MIMO 当前的关键技术主要包括信道信息的获取和天线阵列的设计。

1. 信道信息的获取

随着天线数目的不断增加,基站需要精确获取当前的信道状态信息(Channel State Information,CSI),才能保证系统通信的可靠性。对于如何获得准确的信道状态信息,目前的大多数研究都是基于时分双工(Time Division Duplex,TDD)系统;利用上行信道和下行信道在相关时间内信道状态的互易性原理来获得期望的 CSI。

与频分双工(Frequency Division Duplex,FDD)系统通过终端用户进行信道估计得到的有限反馈信息获得期望 CSI 的方式不同,基于信道互易的 TDD 系统能有效减小信道开销,同时不需要建立复杂的反馈机制,基站天线数目也因此不受限制。然而,根据互易性原理的特性,很难支持高速移动场景下的通信。上行训练中,终端用户需要向各自的基站发送导频信号,以此来进行信道估计,然而导频信号的空间维数有限,不可避免地存在不同小区的用户采用相同导频同时向基站发射,导致基站无法区分,造成导频污染问题。导频污染不会随着基站天线数目的增加而消失,相较于有着相同方差的加性噪声,导频污染对系统有着更严重的影响。当前解决导频污染的方法主要有干扰抵消法、预编码方法、基于传输协议的方法等。

2. 天线阵列的设计

当前主流移动无线网络频率,若应用在大规模天线阵列系统中,会导致实际天线侧面积很大,这对实际网络应用选址及安装、维护等提出严峻挑战。因此,大规模 MIMO 在当前网络下较难以大规模商用。未来使用更高的载频可以让大规模天线阵列系统工作在更高的载频上,如6 GHz 以上,则天线尺寸会缩小。或者将天线摆放成平面阵、立方体或圆形阵列等,满足工程安装需求。

大规模 MIMO 天线希望通过空间、角度、极化等分集实现方向图正交性,对天线设计的基本要求可以概括为低相关、多分级、宽波瓣、高增益与高隔离。需要注意的是,大规模 MIMO 系统中基站配置大量天线,考虑到工程需要,天线整体的体积不宜过大,因此天线单元的密度很高,间距太近,容易使传输信道呈现相关性,导致信道容量降低。

大规模 MIMO 天线对单元性能和阵列性能提出了以下不同的指标要求。

①天线单元小型化,低剖面。

②低相关性,高隔离,降低互耦效应。

③多频段,高增益。

④单元间距,阵列布局与单元间的耦合。

任务总结

大规模 MIMO 是 4G 移动通信技术中 MIMO 的延伸,本任务从 MIMO 着手,由浅入深,逐步推出 5G 关键技术大规模 MIMO,并陈述两大技术的差异。

任务三　讨论同时同频全双工

任务描述

本任务主要介绍 5G 无线网的六大关键技术之同时同频全双工。为后面章节 5G 网络系统管理和相关设备的学习打下基础。

任务目标

- 识记:双工技术。
- 掌握:5G 同时同频双工。

任务实施

一、5G 新空口的提出背景

移动通信技术最初是各自发展,各个国家、技术组织都不断发展自己的技术,美国有AMPS、D-AMPS、IS-136、IS-95,日本有 PHS、PDC,欧洲则是 GSM。这种格局一方面在移动通信发展的初期满足了用户的需求,开拓了移动通信市场,另一方面也人为造成地区间的隔离,引发了全球统一移动通信制式的需求。ITU 正是在这个背景下于 1985 年启动了第三代移动通信系统的规范工作。

最近几年,同时同频全双工技术吸引了业界的注意力。利用该技术,在相同的频谱上,通信的收发双方同时发射和接收信号,与传统的 TDD 和 FDD 双工方式相比,从理论上可使空口频谱效率提高一倍。

全双工技术能够突破 FDD 和 TDD 方式的频谱资源使用限制,使得频谱资源的使用更加灵活。然而,全双工技术需要具备极高的干扰消除能力,这对干扰消除技术提出了极大的挑战,同时还存在相邻小区同频干扰问题。在多天线及组网场景下,全双工技术的应用难度更大。

5G 作为全新的下一代移动通信系统,必须满足图 4.3.1 中所展示的多种应用场景和业务需求。5G 系统对性能提出了极高的要求,既有两个数量级以上数据速率提升上要求,更有对系统能量效率、频谱效率、可靠性以及性价比明显提升的需求。因此,5G 系统为了满足更高的峰值速率、低时延、高系统吞吐率、移动性的需求,提出了 5G 新空口(New Radio,NR)、新架构和新场景等崭新概念。其中,新空口引入了许多创新甚至是颠覆传统概念的新技术,这些新技术全面提升了 5G 网络的性能,降低了网络部署运维成本,提高了频谱资源利用率,减少了网络能耗需求。

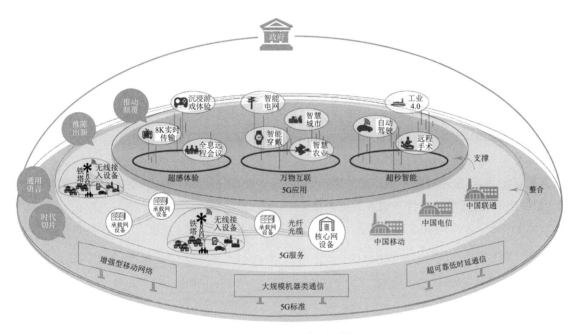

图 4.3.1　5G 典型场景

二、5G 空口双工技术设计策略

所谓双工技术,是指终端与网络间上下行链路协同工作的模式,在 2G/3G/4G 网络中主要采用两种双工方式,即频分 FDD 和时分双工 TDD,且每个网络只能用一种双工模式。图 4.3.2 给出了 FDD/TDD 工作方式以及数据传输过程。FDD 和 TDD 两种双工方式各有特点,FDD 在高速移动场景、广域连续组网和上下行干扰控制方面具有优势,而 TDD 在非对称数据应用、突发数据传输、频率资源配置及信道互易特性对新技术的支持等方面具有天然的优势。

理论篇 5G移动通信技术的发展与演进

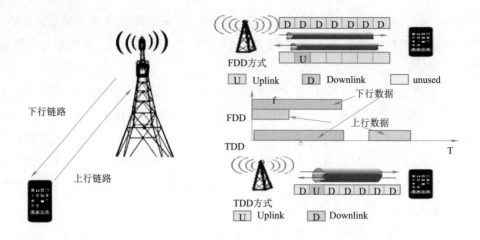

图 4.3.2　FDD/TDD 工作过程

由于 5G 网络要支持不同的场景和多种业务,因此需要 5G 系统能根据不同的需求,能灵活智能地使用 FDD/TDD 双工方式,发挥各自优势,全面提升网络性能。5G 网络对双工方式的总体要求是:

①支持对称频谱和非对称频谱。

②支持 uplink、downlink、sidelink、backhaul。

③支持灵活双工(flexible dulplex)。

④支持全双工(full dulplex)。

⑤支持 TDD 上下行灵活可配置。

图 4.3.3 给出了 5G 网络中 FDD/TDD 相互关系。从图中可以看出,5G 网络把 FDD 和 TDD 紧密结合在一起,通过对业务和环境的感知,智能地调整和使用双工模式,使整个网络在频谱效率、业务适配性、环境适应性等诸多方面产生 1 + 1 > 2 的效果。

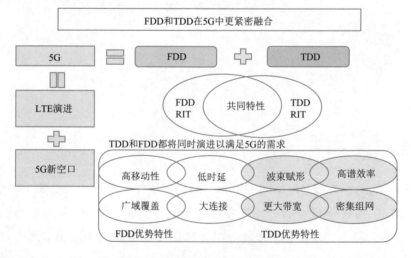

图 4.3.3　5G 网络中 FDD/TDD 相互关系

另外,由于 5G 网络支持的业务有很多差异性,且 5G 网络引入大规模天线、高频段和频谱共享等技术特性,TDD 方式表现出更好的优势,将在 5G 网络中发挥重要而独特的作用。图 4.3.4 给出了 5G 网络中 TDD 的一些优势特性。

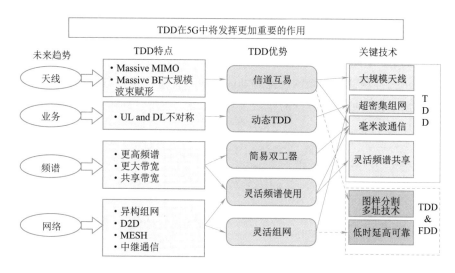

图 4.3.4 5G 网络中 TDD 的一些优势特性

三、5G 空口同频同时全双工技术

1. 全双工基本原理

同频同时全双工技术是指终端和网络之间的上下行链路使用相同的频率同时传输数据。图 4.3.5 给出了 5G 网络中全双工工作原理。

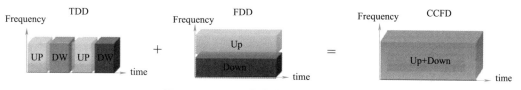

图 4.3.5 5G 网络中全双工工作原理

无线通信业务量爆炸增长与频谱资源短缺之间的外在矛盾,驱动着无线通信理论与技术的内在变革。提升 FDD 与 TDD 的频谱效率,并消除其对频谱资源使用和管理方式的差异性,成为未来移动通信技术革新的目标之一。

基于自干扰抑制理论和技术的同时同频全双工技术(CCFD)成为实现这一目标的有效解决方案。

2. 全双工需要解决的关键技术问题

由于上下行链路是用同一频率同时传输信号,因而存在严重的自干扰问题,需要在设备研发和网络部署时严格控制自干扰问题。

在设备方面,需要采取下面的技术手段控制自干扰。

①核心问题是本地设备自己发射的同时同频信号(即自干扰)如何在本地接收机中进行有

效抑制。涉及的通信理论与工程技术研究已在业界全面展开,目前形成空域、射频域、数字域联合的自干扰抑制技术路线,20 MHz带宽信号自干扰抑制能力超过了115 dB。

②空域自干扰抑制主要依靠天线位置优化、空间零陷波束、高隔离度收发天线等技术手段实现空间自干扰的辐射隔离。

③射频域自干扰抑制的核心思想是构建与接收自干扰信号幅相相反的对消信号,在射频模拟域完成抵消,达到抑制效果。

④数字域自干扰抑制针对残余的线性和非线性自干扰进一步进行重建消除。

图4.3.6给出了设备处理同频同时全双工自干扰的原理。

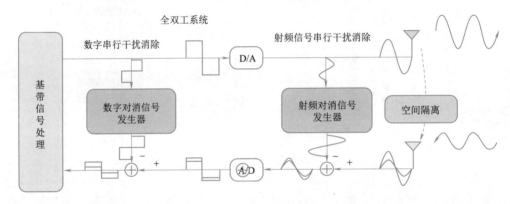

图4.3.6　设备处理同频同时全双工自干扰的原理

在网络部署方面,同时同频全双工释放了收发控制的自由度,改变了网络频谱使用的传统模式,将会带来网络上用户的多址方式、无线资源管理等技术的革新,需要与之匹配高效的网络体系架构,主要有以下几个方面需要重点关注:

①全双工基站与半双工终端混合组网的架构设计。

②终端互干扰协调策略。

③全双工网络资源管理。

④全双工LTE的帧结构。

⑤全双工的应用场景。

全双工技术的实用化进程中,尚需解决的问题和技术挑战包括:

①大功率动态自干扰信号的抑制。

②多天线射频域自干扰抑制电路的小型化。

③全双工体制下的网络新架构与干扰消除机制。

④与FDD/TDD半双工体制的共存和演进路线等。

3.全双工应用场景

全双工最大限度地提升了网络和设备收发设计的自由度,可消除FDD和TDD的差异性,具备潜在的网络频谱效率提升能力,适合频谱紧缺和碎片化的多种通信场景,有望在室内低功率低速移动场景下率先使用。由于复杂度和应用条件不尽相同,各种场景的应用需求和技术突破需要逐阶段推进,目前可预见的应用场景有:

①室内低功率场景。

②低速移动场景。

③宏站覆盖场景。

④中继节点场景。

4.全双工应用效果

仿真结果表明,随着用户数的增加,频率被反向复用的概率增加,全双工载波利用率相对半双工提升明显;在干扰容限允许的条件下,空间大粒度区域划分更有利于全双工网络频谱效率的增加。实际网络测试结果显示同频同时全双工技术可以提升90%的容量。

四、5G 空口灵活双工技术

1.灵活双工基本原理

随着在线视频业务的增加,以及社交网络的推广,未来移动流量呈现出多变特性,目前通信系统采用相对固定的频谱资源分配将无法满足不同小区变化的业务需求。灵活双工能够根据上下行业务变化情况动态分配上下行资源,有效提高系统资源利用率。图4.3.7是灵活双工工作原理示意图。

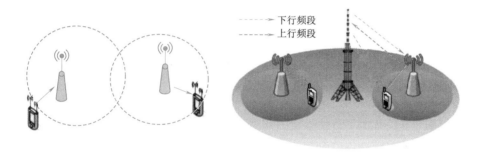

图 4.3.7　灵活双工工作原理示意图

2.灵活双工主要技术方案

灵活双工可以通过时域和频域的方案实现,如图4.3.8所示。

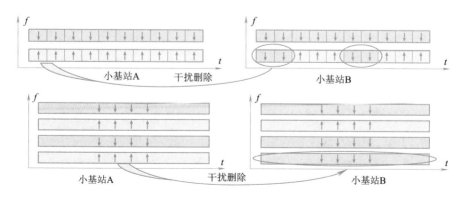

图 4.3.8　FDD 和 TDD 系统灵活双工实现方式

对于 FDD 系统:

①时域方案:每个小区根据业务量需求将上行频谱配置成不同的上下行时隙配比。

②频域方案:将上行频带配置为灵活频带以适应上下行非对称的业务需求。

对于 TDD 系统:

③每个小区可以根据上下行业务量需求来决定用于上下行传输的时隙数目。

3.灵活双工主要技术难点

灵活双工的主要技术难点在于不同通信设备上下行信号间的相互干扰问题。对于 LTE 演进系统,可以通过如下方式解决不同设备间干扰问题:

①因为在 LTE 系统中,上行信号和下行信号在多址方式、子载波映射、参考信号谱图等多方面存在差异,不利于干扰识别、删除,因而,上下行信号格式的统一对灵活双工系统性能提升非常关键。

②对于现有的 LTE 系统,可以调整上行或下行信号使两种信号统一格式,如采用载波搬移、调整解调参考信号谱图或静默等方式,再将不同小区的信号通过信道估计、干扰删除等手段进行分离,从而有效解调出有用信息。

对于未来的 5G 系统,很可能被分配在新频段、采用新的多址方式等,这都呼唤对上下行信号进行全新的设计,可以根据上下行信号对称的原则来设计 5G 的通信协议和系统,从而将上下行信号统一,那么上下行信号间干扰自然被转换为同向信号间干扰,再应用现有的干扰删除或干扰协调等手段处理干扰信号。

①上下行对称设计包括对上行信号与下行信号在多方面保持一致性,包括子载波映射、参考信号正交性等方面的问题。

②为了抑制相邻小区上下行信号间的互干扰,灵活双工采用降低基站发射功率的方式,使基站的发射功率达到与移动终端对等的水平。

当前移动通信系统中宏站与小站业务分配的趋势是:小站承载多数的移动业务,而宏站负责用户的管理、控制等业务。灵活双工将主要应用于承载业务的小站。

降低基站的发射功率还可有效避免灵活双工系统对邻频通信系统的干扰。

4.灵活双工应用场景

未来 5G 网络有望在以下场景使用灵活双工技术来提升网络容量:

①低功率节点的小基站。

②低功率的中继节点。

5.灵活双工应用效果

FDD 系统上下行频谱对称分配,而当前网络中下行业务量占多,上行频谱相对空闲。灵活双工可以在空闲的上行频段发送下行数据以有效提升系统吞吐量。

仿真结果表明,随着用来传输下行信号的空闲子帧数目的增加,系统整体吞吐量呈线性增长趋势,如图 4.3.9 所示。而且,由于宏站静默后,小站下行信号受到的干扰降低,当有 8 个空闲上行子帧可用于下行传输时,系统吞吐量达到之前的 2 倍。

上行频段中下行子帧数目	下行吞吐量（Mbit/s）	下行吞吐量增益（Mbit/s）	
0	111.944	0.00%	
1	125.776	12.36%	
2	139.608	24.71%	
3	153.440	37.07%	不
4	167.272	49.42%	断
5	181.104	61.78%	增
6	194.936	74.14%	大
7	208.768	86.49%	
8	222.600	98.85%	
9	236.432	111.21%	

图 4.3.9　帧数目的增加吞吐量的变化

对密集小站部署场景下上行信号和下行信号的小区平均吞吐量测试结果表明：通过干扰删除辅助可有效消除异向信号带来的干扰，尤其是对上行结果有很好的性能提升。删除两个异向干扰即可以得到较好的结果，是因为各小区簇间存在一定距离，其他小区簇对本簇内小区的干扰较小，实际中可仅考虑处理本簇内其他小区的信号，而忽略其他小区簇的干扰，这有助于降低接收机的复杂度及计算量。

6. 灵活双工的应用前景分析

面对当前无线移动宽带业务对网络性能要求提升的挑战，进一步研究灵活双工技术的难点及应用场景，推进灵活双工技术成熟发展，促进产业升级是十分必要的。

灵活双工顺应了当前 TDD 和 FDD 融合的趋势，具有很好的业务适配性，不仅适用于演进中的 LTE 技术，同样也适用于革命性的 5G 技术中。

灵活双工的设计也可以应用于为全双工系统，具有很好的前向兼容性。

五、总结

未来 5G 网络面对复杂场景和多样化的业务需求，必须在系统容量和资源利用率等方面的性能有明显的改善，5G 标准采取 FDD/TDD 紧密融合方式，并引入了同频同时全双工方式和灵活双工方式，显著提升网络容量和组网的灵活性，是 5G 网络新空口关键技术特性，虽然初步结果证明新型双工技术优势，但距离全面商用化的要求还很远，还有一些技术难题需要解决。

任务小结

双工方式是移动通信系统极为基础重要的一大技术，本任务介绍通信两大双工方式：FDD、TDD，并提出了 5G 的另一关键技术：同时同频双工方式，着重介绍该关键技术对 5G 系统的重要性，突出了同时同频双工方式的灵活性。

任务四　深入 D2D 通信技术

📺 任务描述

本任务主要介绍 5G 无线网的六大关键技术之 D2D 技术。为后面章节 5G 网络系统管理和相关设备的学习打下基础。

📋 任务目标

- 识记：D2D 概念。
- 掌握：D2D 技术。

📑 任务实施

一、D2D 通信技术概念简介

传统的蜂窝通信系统的组网方式是以基站为中心实现小区覆盖，而基站及中继站无法移动，其网络结构在灵活度上有一定的限制。随着无线多媒体业务不断增多，传统的以基站为中心的业务提供方式已无法满足海量用户在不同环境下的业务需求。

D2D 即 Device-to-Device，也称终端直通。D2D 通信技术是指两个对等的用户节点之间直接进行通信的一种通信方式。在由 D2D 通信用户组成的分布式网络中，每个用户节点都能发送和接收信号，并具有自动路由（转发消息）的功能。网络的参与者共享它们所拥有的一部分硬件资源，包括信息处理、存储以及网络连接能力等。这些共享资源向网络提供服务和资源，能被其他用户直接访问而不需要经过中间实体。在 D2D 通信网络中，用户节点同时扮演服务器和客户端的角色，用户能够意识到彼此的存在，自组织地构成一个虚拟或者实际的群体。

D2D 技术无须借助基站的帮助就能够实现通信终端之间的直接通信，拓展网络连接和接入方式。由于短距离直接通信，信道质量高，D2D 能够实现较高的数据速率、较低的时延和较低的功耗；通过广泛分布的终端，能够改善覆盖，实现频谱资源的高效利用；支持更灵活的网络架构和连接方法，提升链路灵活性和网络可靠性。目前，D2D 采用广播、组播和单播技术方案，未来将发展其增强技术，包括基于 D2D 的中继技术、多天线技术和联合编码技术等。

设备到设备通信（D2D）经常称为终端（用户）间的直接通信，数据无须经过任何基础设施节点。D2D 被广泛地认为是提升系统性能的焦点技术。D2D 操作的优点包括大幅提升的频谱效率、提高典型用户速率和单位面积容量、延展的覆盖延伸、降低时延、减少成本以及提高功耗效率。这些优点主要由于 D2D 用户在邻近区域使用 D2D 通信（邻近增益），提高了时间和频率资源的空间复用程度（复用增益），相比蜂窝基站时需要上行和下行链路资源，D2D 只使用单一链路的增益（跳跃增益），如图 4.4.1 所示。

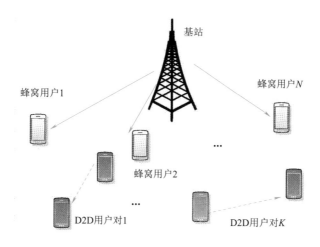

图 4.4.1　D2D 通信

在 5G 系统中,将会出现由网络控制的直接 D2D 通信,这样的通信方式提供了管理局部短距离通信链路的方式,也允许本地流量从全局网络(本地流量)分流出来。这样不仅减少了回传网络和核心网络数据流量压力以及相关信令的负载,也降低了中心网络节点流量管理的要求。因此,直接 D2D 通信延展了分布式网络管理,将终端设备整合到网络管理概念之中。具备 D2D 通信能力的无线终端既可以作为基础设施节点,也可以作为传统的终端设备。而且,直接 D2D 通过邻近区域的本地通信链路通信,有利于实现低时延通信。事实上,D2D 被认为是实现 5G 系统实时服务的不可或缺的功能。另一个重要因素是可靠性,一个补充的 D2D 链路可以大大增加分集增益,进而提升系统可靠性。而且,由于是短距离传输,终端功耗显著降低。这里给出了 4 个 D2D 的场景,如图 4.4.2 所示。第一个场景是数据分享,即将缓存于一个终端的数据分享给邻近区域的终端。第二个场景是中继 D2D 通信,通过 D2D 中继可以大幅提升网络可用性(覆盖延伸)。这一点对于涉及公共安全及室内和室外用户相关的用例格外重要。第三个称为单跳或者多跳局域通信,这种应用已经出现在 3GPP 版本 R12 中。在这个场景中,邻近区域的终端可以建立起点到点的链路,或者多播链路,而不是使用蜂窝基础设施。其中一个特殊的应用是公共安全服务。最后一个场景是 D2D 发现,用于识别一个终端是否靠近另一个终端。

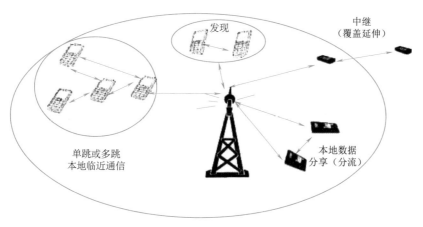

图 4.4.2　D2D 通信 4 个场景

对于 D2D 的空中接口设计,通常认为 D2D 通信的空中接口是由蜂窝空中接口演变而来,这样可以简化设计和实现。例如,3GPP 版本 R12 中,采用了基于单载波频分复用(SC-FDMA)的 D2D 信令作为承载全部数据的物理信道,同时物理上行共享信道(PUSCH)的结构也将(稍加改动)应用于 D2D 通信。根据具体场景,频谱方面 D2D 可以使用授权频谱,也可以使用非授权频谱。

当讨论蜂窝网络控制的 D2D 时,需要了解 3GPP LTE D2D 的进展,又称邻近服务(ProSe)。LTE 版本 R12 和 R13 中的 D2D 涉及范围如表 4.4.1 所示。值得指出的是,Wi-Fi 直接通信(Wi-Fi Direct)和 Wi-Fi 感知通信(Wi-Fi Aware)也是相关的技术。

表 4.4.1　LTE 版本 R12 和 R13 中的 D2D 涉及范围

技术	LTE 网络覆盖范围内	LTE 网络覆盖范围外
搜索	非公共安全和公共安全	公共安全
直接通信	至少用于公共安全	公共安全

二、D2D 标准:4G LTE D2D

原则上,尽管 D2D 可以带来诸多好处,但在 3GPP 版本 R12 和 R13 中的 LTE D2D 的工作主要还是集中在公共安全服务领域的应用。LTE D2D 可以看作 4G LTE 的附加功能,因此与原有 LTE 终端可以接入同一载波。在 LTE 系统中,D2D 工作在同步模式,同步源可以是 eNB1(当 UE 处于网络覆盖之中时)或者 UE(当多个 UE 中的至少一个 UE 不在网络覆盖区域,或者处于小区间)。上行链路(UL)频谱(当采用 FDD 双工模式)或者 UL 子帧(当采用 TDD 双工模式),可以用于 D2D 发送。一个有趣的功能是 D2D 链路和蜂窝链路的干扰管理。实践中需要假设 D2D 通信使用一个专用的资源池(在特定子帧中的某些资源块),而具备 D2D 能力的 UE 可以从 eNB 获得这些资源池配置的信息。这样做的好处是其发送的信号是基于上行信号设计,避免了在 UE 侧引入新的发射机。而且与 OFDM 相比,SC-FDMA 由于具有更好的峰均比(PAPR),也就获得了更好的覆盖。

三、D2D 同步

副链路同步信号(D2D 同步信号),由 D2D 同步源发出(eNB 或者 UE)。同步信号用于 D2D 通信需要的时间和频率同步。为了实现同步,至少需要解决下列问题:同步信号设计、同步源设备、选择/重选同步源的标准。

副链路同步信号由主副链路同步信号和辅副链路同步信号构成。假设 UE 处于网络覆盖内,eNB 发送主同步和辅同步信号(在 LTE 版本 R8 中规定)被重新用于 D2D 同步。3GPP 中制定了新的副链路同步序列,用于 UE 作为同步源时发送。这个 UE 可以在网络 覆盖区内,也可以在网络覆盖区外。

eNB 和 UE 都可以作为同步源。eNB 作为同步源容易理解,但是,在某些情况下,如处于小区边缘,需要支持小区间 D2D 通信,UE 也可以发送同步信号。在部分覆盖的情况下(部分 UE

处于网络覆盖内,部分处于网络覆盖以外),在网络覆盖内的 UE 发出的同步信号帮助覆盖区域外的 UE 同步,使覆盖区域的发送和蜂窝网络时钟对齐。通过这种方式,可以降低 D2D 发送带给蜂窝网络的干扰。

为了解决同步源选择和重选的潜在问题,不同同步源的优先级别有所不同。eNB 优先级最高,然后是处于网络覆盖内的 UE,然后是覆盖区域外但是同步的 UE,没有和覆盖区域任何 UE 同步的 UE 的优先级别最低。

四、D2D 通信

在 LTE 版本 R12 中,D2D 通信基于物理层的广播通信,即物理层广播方案,用来提供应用层的广播、多播和单播服务。为了支持多播或单播,在高层信息中指示目标组的 ID(适用于多播)或者用户 ID(适用于单播)。因为结构上仍然是广播信号,不存在物理层封闭控制回路,即没有物理层反馈和链路自适应,也没有支持 D2D 的 HARQ。空中接口是基于 Uu 接口,上行信道结构被延伸到 D2D 通信。特别地,PUSCH 的结构被最大限度地重用到 D2D 数据通信中。D2D 通信的资源使用是基于资源池的概念,如图 4.4.3 所示,其中某些时间/频率资源(称为资源池)分配给 D2D 使用。小区内的 D2D 资源池可配置,D2D 控制信息发送和 D2D 数据发送使用不同的资源。资源池的信息由广播信息发送,即系统信息块类型 18(System Information Block Type l8)。

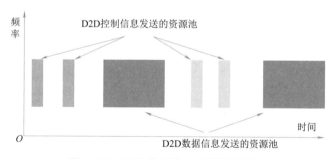

图 4.4.3　D2D 数据信息发送的资源池

在 D2D 数据传输之前,每一个发射机发出一个控制信号,包括数据发送格式和占用资源的信息。这种方式既适用于网络给 D2D 发射机分配资源,也适用于发射机自行选择资源。接收机侧不需要接收蜂窝网络的控制信道,仅基于 D2D 控制信道的内容,就可以找到 D2D 信息发送的位置。D2D 通信资源使用,规定了两种模式:

模式 1:eNB 或者中继节点分配确切的资源给 UE,用于发送 D2D 数据和 D2D 控制信息。模式 1 仅适用于发射 UE 处于网络覆盖内的场景。

模式 2:UE 从分配的资源池自行选择发送 D2D 数据和 D2D 控制信息的资源。模式 2 不受 UE 是否在网络覆盖内的限制。

五、D2D 发现

在 LTE 版本 R12 中,D2D 发现只适用于 UE 处于网络覆盖内的场景。被发现的 UE 可以是 RRCJDLE 状态,也可以是 RRC_CONNECTED 状态。与 D2D 通信资源类似,D2D 发现的资源也是资源池的形式,由 eNB 发送的系统资源块类型 19(System Information Block Type19)进行指示。资源池由若干参数来定义,包括 discoveryPeriod、discoveryOffsetIndicator 和 subframeBitmap。其类型有两个定义方式,使发送 UE 获得发送发现信息的资源。

- 类型 1:UE 在资源池内(独立于 UE RRC 状态)自动选择发送需要的资源。
- 类型 2:UE 在网络分配的资源发送(仅适用于处于 RRC_CONNECTED 状态)。

六、5G 中的 D2D:研究活动的挑战

由于 4G LTE D2D 通信聚焦于公共安全,D2D 通信带来的能力提升没有得到充分的利用。在 5G 系统中,这些制约因素不复存在。而且,D2D 通信将作为未来的 5G 系统的基本配置。主要可以获得的增益如下。

①容量/速率增益:由于涉及的终端处于相互邻近的区域,相对于到达基站的无线传播条件,D2D 可以获得更好的传播条件,链路吞吐率由于采用更好的调制和编码方式(MCS)获得提升。而且,相同的无线资源可以在蜂窝用户和 D2D 用户共享,因此提升了整体频谱使用率。系统容量通过负载分流和 D2D 本地内容分享获得提升。

②时延增益:端到端(E2E)时延由于传播路径变短,可能更短,没有基础设施设备参与也会减少传输时延和处理时延。

③可用性和可靠性增益:D2D 可通过单跳或者多跳实现覆盖延伸。可以使用 D2D 的网络编码和协作分集来提升链路质量。而且,在基础设施网络故障且难于恢复时,D2D 专网可以提供备用方案。

④赋能新业务:成熟的 D2D 具有巨大的潜力,赋能新业务和应用,不仅是在通信领域,也包括垂直行业。LTE 版本 R14 中包括 D2D 延伸到 V2X 的方案。尽管如此,充分利用 D2D 增益需要解决新的挑战,如终端发现、通信模式选择、共存干扰管理、有效多跳通信和多运营商互操作。

⑤终端搜索:高效网络辅助 D2D 发现是实现 D2D 通信的重要元素,用于确定终端邻近关系,并建立潜在的 D2D 链接以赋能新的应用。

⑥通信模式选择:模式选择是核心功能,控制两个终端之间是采用直接的 D2D 模式,还是采用普通的蜂窝网络(通过基站)。在直接的 D2D 模式,终端可以利用邻近优势,获许在直接链路上重用蜂窝无线资源。在蜂窝模式,终端通过相同或者不同的服务基站,采用普通蜂窝链路通信,并使用与蜂窝用户正交的资源。在不同的场景下,如何选择合适的模式是重要的课题。

⑦共存和干扰管理:关于共存和干扰管理的问题,至少有两个方面需要考虑,分别是大量 D2D 链路之间的共存干扰和 D2D 链路与蜂窝链路的共存干扰。有效处理干扰的方式是获得 D2D 通信增益的重要因素。

⑧多运营商或者跨运营商 D2D 通信:跨运营商 D2D 是一个明确的要求,来源于 V2X 通信,支持跨运营商 D2D 通信是 5G 物联网概念的重要内容。不支持多运营商 D2D 通信,未来的 D2D 应用将会受到很大的限制,如协同智能交通系统。运营商 D2D 通信需要考虑的问题包括频谱使用以及如何控制和协调多运营商的 D2D UE。

显然上述问题仅仅是 D2D 通信挑战的一部分。

七、移动宽带 D2D 无线资源管理

1. 移动宽带 D2D RRM 技术

叠加于蜂窝网络之上的 D2D 层带来新的挑战,相对于传统蜂窝通信的干扰管理。挑战主要来自蜂窝用户和 D2D 用户的资源复用,即小区内干扰。因此,为了既能获得 D2D 通信带来的好处,又能提升现有蜂窝网络系统的性能,必须兼顾蜂窝用户和 D2D 用户精心设计资源管理算法。根据优化目标和优化工具不同,可以对 RRM 算法和 D2D 技术进行分类。RRM 算法和 D2D 技术的优化指标是频谱利用率、功率最小化和 QoS 性能。下面介绍目前达成共识的 RRM 工具箱,包括模式选择、资源分配和功率控制。

①模式选择(MoS):影响 MoS 决定的因素包括终端之间的距离、路径损耗和衰落、干扰条件、网络负载等,以及 MoS 运行的时间长度。当处于慢时间尺度时,MoS 可以在 D2D 链接建立之前或者之后做出决定,决定的因素是距离或者大尺度信道参数。而且,MoS 也可以在较快的时间尺度做出选择,其决定基于干扰变化的条件和资源分配的信息。

②资源分配(ReA):ReA 决定每一对 D2D 通信和蜂窝链接使用的时间和频率资源。ReA 算法根据网络控制等级可以进行广泛的分类,如集中式和分布式,也可以根据协同等级的分类,如单小区(无协同)和多小区(协同)。

③功率控制(PC):除了 MoS 和 ReA 之外,PC 是干扰控制的主要技术,既可用于小区内干扰,也可用于小区间干扰,二者均来自重叠的 D2D 通信。这里的重点是限制来自 D2D 发送带给蜂窝系统的干扰,在确保蜂窝用户体验不下降的条件下,提升系统总体性能。采用 LTE 功率控制机制可以有效地支持 D2D。值得指出的是,不同的算法并不是只依赖于一个 RRM 参数,或者孤立的技术,而是通常混合多个算法来实现较优的性能。

2. D2D 的 RRM 和系统设计

不需要后向兼容的 5G 空中接口,即与原有系统演进方案互补的设计,可以设计新的无线技术,可以更有效地支持 D2D。下面介绍支持移动宽带 D2D 通信的 RRM 和系统设计的一些基础问题。

①跨多个小区 D2D 的价值,以及这些价值相对于增加的协同和信令负担是否值得?若允许跨小区 D2D 通信,则即使不需要优化协同的资源分配,也需要在参与 D2D 通信的服务基站的 RRM 决定中,引入某些基本冲突规避机制。在半双工系统或许会出现这样的情况(如在密集城区,5G 系统具有灵活的 TDD 技术),基站调度一个分配到的 D2D 用户进行 UL 发送(蜂窝模式选择),同时另一个基站调度向同一用户进行直接 D2D 发送,这样就不受半双工的限制。解决这些问题的方法包括:在基站之间交换调度信息(或者通过集中的协同设备);采用协议方案,即协同发送的顺序;简单地禁止小区间 D2D,即仅允许小区内 D2D,并经过基础设施路由小区间 D2D 数据,避免协同的负担。

②复杂的 D2D(如基于灵活 TDD 模式的快速联合 MoS 和 ReA 算法)是否需要集中的无线资源管理,或者可否使用分布式的方案实现?不考虑多小区 D2D 的因素,集中式的 RRM 能否在合理的信令和计算复杂度的前提下,在处理 D2D 干扰问题上有显著优势?

③MoS 如何在 D2D 通信和终端 – 基础设施 – 终端（DID）通信中实现，在怎样的时间尺度上执行？可能的方案是采用快速、即时的基于 SINR 值的 MoS，还是简单的基于路径损耗的慢 MoS，这些方案对协议栈的设计有显著影响。需要谨慎评估增益、复杂度、信令开销之间的关系。

④为了优化调度的目的，是否需要所有蜂窝干扰和 D2D 链接的即时信道状态信息（CSI）？总体而言，除了蜂窝系统的 CSI 之外，D2D 通信需要 D2D 通信终端配对之间的信道信息（直接链路的质量），D2D 终端配对之间的信道增益（产生/接收到的其他 D2D 终端配对带来的干扰），D2D 发射机和蜂窝终端之间的信道信息，以及蜂窝发射机与 D2D 接收机之间信道的信息。当需要即时反馈时，这样的额外信道状态信息交换是无法承受系统的开销的。

八、5G D2D RRM 概念举例

1. D2D 动态上行和下行的概念

这里 D2D 的 UL 和 DL 动态 TDD 概念基于 MIMO-OFDMA 空中接口。TDD 优化无线发射机具有灵活的帧结构，允许快速的 TDD 接入和完全灵活的 UL/DL 更换，还支持非传统的通信，如 D2D 和自回传。在不需要 TDD 簇的情况下，每个小区根据短期的流量需求，在一个调度时隙内可以灵活地更换数据帧为 UL 或者 DL。

通过兼顾 D2D 用户和蜂窝用户，D2D 通信作为基本功能集成到动态 TDD 帧结构之中。同时考虑预期传输条件和用户公平因素，调度器决定为该小区分配 UL，DL 和 D2D 资源（允许同时在蜂窝用户和 D2D 用户复用资源）。

图 4.4.4 显示了动态 TDD 中多小区 D2D 的挑战和机遇。假设资源可以在 D2D 用户和蜂窝用户之间重复使用，焦点是在特定的调度时隙和资源块。并且 D2D 通信（从 UE2 到 UE3，以及从 UE4 到 UE5）可能在同一个时间，在小区 1 上行发送（从 UE1 到 BS1）的同时，也在小区 2 下行发送（从 BS2 到 UE6）。这样就出现一系列相互干扰状态，例如：

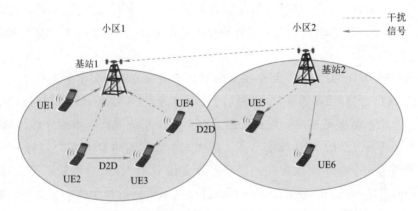

图 4.4.4 灵活 UL/DL/D2D 空中接口中的多小区 D2D 通信

- BS2 到 BS1 的 DL 到 UL 干扰。
- BS2 到 UE5 的 DL 到 D2D 干扰。
- D2D 发射机（UE2 和 UE4 到 BS1）的 D2D 到 UL 干扰。
- 从 D2D 发射机（UE4）到 D2D 接收机（UE3）的 D2D 到 D2D 干扰。

从调度器的角度来看,管理这些来自动态 TDD 和多小区 D2D 变化的干扰是巨大的挑战。但是,这也为即时信道条件的快速模式选择和资源分配创造了机会,如根据当前的信号和干扰条件和网络负载,决定采用直接的 D2D 还是 DID 通信。

2. 分布式和集中式调度器

这里讨论集中式(协同的)以及分布式(非协同的)的资源分配方法,由此引出两个不同的架构选择。在分布式的案例中,每一个小区(也可以是微站)决定其自身的资源调度。在集中式的案例中,来自用户的信道质量信息被各自的微站转发给网络中心设备,如宏站,由宏站协同调度来决定。

这里的优化目标是对每个小区(分布式调度)或者一组小区(集中式调度),每个资源块最大化时延加权的速率之和,所有小区(UL 和 DL)和 D2D 链路分别予以考虑。不论是蜂窝还是 D2D 链路,每个链路的调度潜力取决于可达到的数据速率(基于前一个调度时隙获得的 SINR 估计)和包数据缓存时延(提供时延维度的用户公平性)。

调度器决定每一个资源块由哪一个链路使用,即要么 UL、DL,要么 D2D 链路(资源也可能在蜂窝和 D2D 重复使用),在所有可能的组合中,基于搜索相关配置,获得最高时延加权。在分布调度时,调度针对每个小区独立进行,而集中调度时,联合调度决定有可能由链路的所有小区簇来决定。

需要指出的是,小区间 D2D 通过简单调度冲突解析机制来支持分布式调度,并确保遵守系统中半双工的限制。

该算法的性能应当被认为是任何实际的调度算法的性能上限,其中假设所有信道的即时信息都是已知的。

3. 模式选择

模式选择与(需要数据交换的)用户之间的距离紧密相关。在这样的情况下,将 D2D 数据路由到基础设施或许相比直接的链路效率更高。因此,需要研究在适当的时间粒度内,在 D2D 和 DID 模式之间进行选择。这里的选择包括快速(基于即时 SINR 信息)和慢速(基于大尺度信道条件)。显然,进行快速 MoS 需要在 MAC 层进行,而慢速 MoS 可以在 PDCP 或 RRC 层进行。

①直接 D2D:所有 D2D 流量都由终端之间的链路承载,并允许蜂窝和 D2D 用户之间复用资源块。

②间接 D2D(DID):所有的 D2D 流量都由基础设施转发。每个 D2D 通信包括两跳,即一个上行发送和一个后续的下行发送,不允许直接的 D2D 通信。

③基于路径损耗的慢模式选择:当到达基站的路径损耗和偏差小于直接 D2D 链路的路径损耗时,D2D 流量将被路由到基础设施。由于 D2D 内在的优势,偏差的影响使得模式选择更倾向于 D2D 通信,而不是 DID。MoS 在资源分配前完成。

④快速模式选择:D2D 数据通过基础设施或者直接的 D2D 链路发送,模式选择取决于 SINR 的对比结果,即 D2D UE 到基础设施的 SINR 和直接 D2D 链路的 SINR 的对比。对比将基于前一个调度时隙的干扰条件,并且对每个时隙都会进行。直接链路的 SINR 可以加入若干 dB 偏差,使得结果倾向于 D2D 链路。MoS 的决定需要和资源分配的决定同时做出。

4. 性能分析

这里的结果显示的是一个超密多小区的室内场景(25个小区,10 m×10 m 的小区面积,基站位于小区中心),D2D 链路的最大距离是 4 m。一个调度间隔(如 2 ms)包括多个时隙,每个时隙 0.25 ms。系统的带宽是 200 MHz,包括 100 个资源块。流量假设是突发式的,生成的 DL/UL/D2D 文件比例是 4∶1∶1。仿真中一个文件被分解为多个数据段,数据段的大小和调度时间内信道的速率相关。

图 4.4.5 给出了数据段服务延迟的累积分布函数(CDF)。服务延迟是指数据段到达时间和服务时间的差值。数据段延迟不应当与之前的 MAC 层时延混淆。图中显示了动态 TDD 和集中调度的数据段延迟性能的总体提升。通过 99% 的延迟值对比了 D2D 和蜂窝链路最差性能。这里没有模式选择,所有的 D2D 数据通过直接 D2D 链路发送。在分布式固定的 TDD 调度方式中,5 个时隙的前 4 个分配给 DL,另一个时隙用于 UL 和 D2D。在动态的 TDD 方式中,基于短期流量需要,UL、DL 或 D2D 完全灵活调度(资源可以选择复用与否)。分布式动态 TDD 较分布式静态 TDD 最差延迟缩短 36%。集中式动态 TDD 将总体延迟降低 24%,即由 245 ms 减少到 185 ms。事实上,集中式调度器通过全局的信息和协同决定,可以平衡不同用户的延迟和数据类型,提升公平性和最差用户体验。

接下来,D2D 的最大传输距离从 4 m 延伸到 8 m(小区尺寸为 10 m×10 m),允许模式选择。图 4.4.6 展示了在蜂窝和 D2D 延迟性能方面,采用不同的 MoS 方法,可以获得的折中结果。图中竖轴是 UL 和 DL 数据段 95% 和 50% 的服务延迟。接近坐标系原点意味着时延性能提升,可以通过平衡蜂窝和 D2D 延迟获得,也可以通过为特定数据设置较高的优先级,并设置不同的偏差来实现。分布调度的方法(灰色)中值延迟的性能较优,而集中调度(黑色)提升 95% 的时延体验。总体而言,相对于路径损耗的 MoS,快速 MoS 可以降低 D2D 延迟(大约 20%),并基本保持和蜂窝网络类似的时延性能。结果显示快速 MoS 可以降低 95% 的 D2D 发送的时延体验,而不会牺牲蜂窝的性能。但是,这需要理想化的协调所有小区的 RRM 决定。而且前面的增益需要仔细考虑是否在 MAC 层使用 D2D MoS,以及相关大量信令的开销和复杂性。

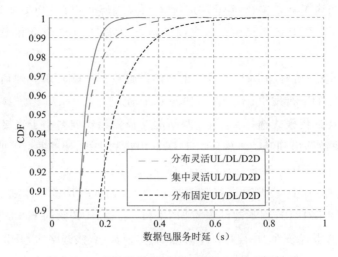

图 4.4.5　总体数据包时延(包括 UL、DL 和 D2D)

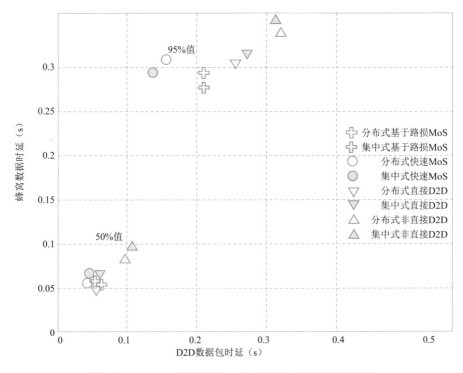

图 4.4.6 D2D 采用不同 Mos 的蜂窝和 D2D 数据包时延

5. 多运营商 D2D 通信

如果不允许不同运营商之间的 D2D 通信,D2D 通信的商业潜力将十分有限。跨运营商的 D2D 也是实际 D2D 场景的需要,如 V2V 通信。一般而言,相对于单运营商的 D2D 通信,跨运营商 D2D 更为复杂。比如,运营商或许不愿意相互分享其专有的信息,如网络负载、网络利用率,而且运营商也不愿意和外部机构分享这些信息。这些信息可以用来识别分配给跨运营商 D2D 通信的频谱资源的多少。下面主要讨论跨运营商 D2D 搜索、模式选择和频谱分配方法。

(1)多运营商 D2D 搜索

在多运营商的场景,除非运营商达成一致,否则 D2D 搜索不能够基于时间同步和公共的同伴来搜索资源分布。而且,D2D 搜索依赖于 D2D 配对两端的终端和两个运营商的网络。图 4.4.7 给出了一个多运营商 D2D 搜索过程。在这个例子中借用 LTE 术语。D2D 终端仅在其所属运营商的频谱内发出搜索信息,因此不需要改变管制机构的频谱分配或者漫游规则。以 UE#A 为例,在注册为 D2D 通信用户之后,完成 UE#A、MME#A 和 MODS(多运营商 D2D 服务器)之间的授权,基于所属运营商广播的信息,UE#A 可以获得搜索资源的信息(既包括来自所属运营商,也包括来自其他运营商的信息)。MODS 是一个新的逻辑网络设备,它可以和运营商其他网络设备共址,也可以独自存在,如第三方提供的网络服务。MODS 的功能可以包括 D2D 登记管理、网络接入控制、集中安全和无线资源管理等。来自所属运营商的被广播的重要参数包括不同运营商的资源信息,如运营商标识和跨运营商搜索工作的频段。UE#A 将会接收来自所属运营商和其他运营商的资源,来检测搜索信息。

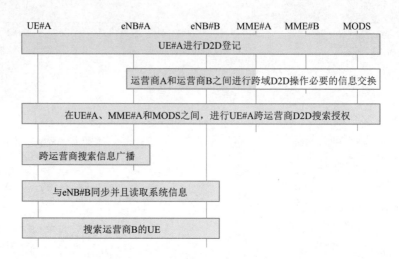

图 4.4.7 多运营商 D2D 搜索过程

（2）多运营商 D2D 模式选择

为单运营商开发的 D2D 模式选择算法或许不能直接应用到多运营商的场景。运营商或许不愿意分享有关信息，如用户位置、路径损耗、D2D 和基站之间信道的 CSI 信息（如前描述的模式选择算法所需要的信息）。而且运营商也许不愿意合作来估计 D2D 配对之间的距离，这个距离可以作为模式选择的标准。

在单运营商网络，要么专用的频谱可以分配给 D2D 用户（D2D overlay），要么 D2D 和蜂窝用户可以使用相同的资源（D2D underlay）。在多运营商 D2D underlay 场景，蜂窝用户暴露在跨运营商 D2D 用户产生的干扰之中。因此，解决跨运营商蜂窝和 D2D 用户之间的干扰，不应当要求运营商之间过度交换信息。显然，在第一阶段，overlay 的多运营商 D2D 部署方式，相比之下实现比较简单。在 overlay D2D 设置中，主要的设计问题是在蜂窝和 D2D 用户之间分割频谱以及通信模式选择。一个不需要过多通信令开销的模式选择的方法是基于 D2D 接收机收到的信号电平来选择。因为不需要运营商交换专有信息，所以这一算法可以直接延伸到多运营商场景。

划定分配给跨运营商 D2D 的频谱资源，D2D 接收机对干扰电平进行测量，并把量化的干扰告知基站。基站将测量报告和设定门限对比，仅当测量干扰低于门限时，才选择 D2D 通信模式。D2D 接收机应当发信号给 D2D 发射机，告知选择的通信模式，即信源 UE 登记在其他运营商，而通信或许将会在该运营商的网络发生。这里模式选择门限影响着整个网络的性能，因为它决定了跨运营商 D2D 通信的流量以及和蜂窝网络用户的比例。模式选择的门限应当事先约定，即在运营商之间优化的结果。上述模式选择的算法也可以用下面的方式实现：干扰测量可以在 D2D 发射机侧，而不是接收机侧进行。这样，发射机需要向所属基站报告测量结果。在讨论跨运营商 D2D 频谱分配的算法时，假设了模式选择发生在发射机侧，因为性能可以用解析的方法评估（只要 D2D 配对较近）。

（3）跨运营商 D2D 频谱分配

D2D 通信可以采用授权频谱也可以采用非授权频谱。在非授权频谱的 D2D 通信会受到不可预测的干扰的影响。授权频谱将会被用于 LTE D2D 通信。特别是在安全相关的场景,如 V2V 通信。跨运营商 Overlay D2D 通信可能采用来自运营商双方专有的频谱。对于 FDD 运营商,频谱资源或许是指 OFDM 子载波,而对于 TDD 运营商或许是指时间频率资源块。在 TDD 系统中,支持跨运营商 D2D 需要运营商之间的时间同步,也更具挑战。

通常,运营商是竞争对手。他们也许不希望泄露私有信息,如网络利用率和网络负荷。理想条件下,多运营商 D2D 频谱分配的谈判应当在不交换专有信息的条件下完成。一个可能的方法是假设运营商都是自私的,并采用非合作游戏方法论。例如,一个运营商可以参照自己的回报和竞争对手的建议,提出愿意共享的频谱资源的数量。所有运营商能够基于竞争对手的建议,更新他们自己的建议,直到达成共识。

6. D2D 的应用

D2D 的应用场景可以从不同的角度进行划分。

3GPP 定义的 LTE-D2D 的应用场景分成了两大类:公共安全和商业应用。

公共安全场景是指发生地震或其他自然灾害等紧急情况,移动通信基础设施遭到破坏或者电力系统被切断导致基站不能正常工作,此时允许进行终端间的 D2D 通信。

商业应用场景可依据通信模式分为对等通信和中继通信。对等通信的应用场景包括:①本地广播,应用 D2D 技术可以较准确定位目标用户。如商场广播打折信息、个人转让门票优惠券等。现有技术,如 Femtol/Relay/MBMS/Wi-Fi 等也可实现类似的功能。②大量信息交互,如朋友间交换手机上的照片和视频、距离很近的两个人进行对战游戏。这类场景中使用 D2D 技术能够节省蜂窝网络资源,但是需要面对免费的 Wi-Fi Direct 等技术的竞争。③基于内容的业务,即人们希望知道周围有哪些有趣的事物,并对某些事物存在通信需求,如大众点评网、社交网站等。应用 D2D 技术使运营商能够提供基于环境感知的新业务,但是与目前基于位置信息的服务相比,优势不够显著。

中继通信的应用场景主要包括:①在安全监控、智能家居等通过将 UE 当作类网关的 M2M 通信中,感知检测可以采用基于 LTE 的 D2D 技术。该场景中应用 D2D 能帮助运营商提供新业务,并有效保证信息的安全和 QoS 要求,但是面临 ZigBee 等传统免费 D2D 技术的竞争。②弱/无覆盖区域的 UE 中继传输。允许信号质量较差的 UE 通过附近的 UE 中继参与同网络之间的通信,能帮助运营商扩展覆盖、提高容量,但需要保证数据安全可靠,并且激励相关 UE 积极参与中继传输。

结合目前无线通信技术的发展趋势,5G 网络中可采用 D2D 通信技术的主要应用场景包括如下方面。

(1)本地业务

本地业务一般可以理解为用户面的业务数据不经过网络侧(如核心网)而直接在本地传输。

本地业务的一个典型用例是社交应用,基于邻近特性的社交应用可看作 D2D 技术最基本的应用场景之一。例如,用户通过 D2D 的发现功能寻找邻近区域的感兴趣用户;通过 D2D 通信功能,可以进行邻近用户之间数据的传输,如内容分享、互动游戏等。

本地业务的另一个基础的应用场景是本地数据传输。本地数据传输利用 D2D 的邻近特性及数据直通特性,在节省频谱资源的同时扩展移动通信应用场景,为运营商带来新的业务增长点。例如,基于邻近特性的本地广告服务可以精确定位目标用户,使得广告效益最大化,进入商场或位于商户附近的用户即可接收到商户发送的商品广告、打折促销等信息;电影院可向位于其附近的用户推送如影院排片计划、新片预告等信息。

本地业务的另一个应用是蜂窝网络流量卸载(Offloading)。在高清视频等媒体业务日益普及的情况下,其大量流量特征也给运营商的核心网和频谱资源带来巨大压力。基于 D2D 技术的本地媒体业务利用 D2D 通信的本地特性,节省运营商的核心网和频谱资源。例如,在热点区域,运营商或者内容提供商可以部署媒体服务器,时下热门媒体业务可存储在媒体服务器中,而媒体服务器则以 D2D 模式向有业务需求的用户提供媒体业务。用户借助 D2D 从邻近的已获得距离用户之间的蜂窝通信,或者切换到 D2D 通信模式,以实现对蜂窝网络流量的卸载。

(2)应急通信

当极端的自然灾害(如地震)发生时,传统通信网络基础设施往往会受损,甚至发生网络拥塞或瘫痪,从而给救援工作带来很大障碍。D2D 通信技术的引入有可能解决这一问题。如通信网络基础设施被破坏,终端之间仍然能够采用 D2D 技术进行连接,从而建立无线通信网络,即基于多跳 D2D 组建网络,保证终端之间无线通信的畅通,为救灾提供保障。另外,受地形、建筑物等多种因素的影响,无线通信网络往往会存在盲点,通过一跳或多跳 D2D 技术,位于覆盖盲区的用户可以连接到位于网络覆盖内的用户终端,借助该用户连接到无线通信网络。

(3)物联网增强

移动通信的发展目标之一是建立一个包括各种类型终端的广泛的互联互通的网络,这也是当前在蜂窝通信框架内发展物联网的出发点之一。

针对物联网增强的 D2D 通信的典型场景之一是车联网中的 V2V(Vehicle-to-Vehicle)通信。例如,在高速行车时,车辆的变道、减速等操作动作,可通过 D2D 通信的方式发出预警,车辆周围的其他车辆基于接收到的预警对驾驶员提出警示,甚至紧急情况下对车辆进行自控,以缩短行车中面临紧急状况时驾驶员的反应时间,降低交通事故发生率。另外,通过 D2D 发现技术,车辆可更可靠地发现和识别其附近的特定车辆,比如经过路口时的具有潜在车辆、具有特定性质的需要特别关注的车辆(如载有危险品的车辆、校车)等。

基于终端直通的 D2D 由于在通信时延、邻近发现等方面的特性,使其在车联网安全领域具有先天应用优势。

在万物互联的 5G 网络中,由于存在大量的物联网通信终端,网络的接入负荷将成为一个严峻的问题。基于 D2D 的网络接入有望解决这个问题。比如在巨量终端场景中,大量存在的低成本终端不是直接接入基站,而是通过 D2D 方式接入邻近的特殊终端,通过该特殊终端建立与蜂窝网络的连接。如果多个特殊终端在空间上具有一定的隔离度,则用于低成本终端接入的无线资源可以在多个特殊终端间重用,不但能够缓解基站的接入压力,而且能够提高频谱效率。并且,相比于目前 4G 网络中小基站架构,这种基于 D2D 的接入方式具有更高的灵活性和更低的成本。

比如在智能家居应用中,可以由一台智能终端充当特殊终端;具有无线通信能力的家居设施(如家电等)均以 D2D 的方式接入该智能终端,该智能终端则以传统蜂窝通信的方式接入到基站。基于蜂窝网络的 D2D 通信的实现,有可能为智能家居行业的产业化发展带来实质突破。

（4）其他场景

5G 网络中的 D2D 应用还包括多用户 MIMO 增强、协作中继、虚拟 MIMO 等潜在场景。比如,传统多用户 MIMO 技术中,基站基于终端各自的信道反馈,确定预编码权值以构造零陷,消除多用户之间的干扰。引入 D2D 后,配对的多用户之间可以直接交互信道状态信息,使得终端能够向基站反馈联合的信道状态信息,提高多用户 MIMO 的性能。

另外,D2D 技术应用可协助解决新的无线通信场景的问题及需求,如在室内定位领域。当终端位于室内时,通常无法获得卫星信号,因此传统基于卫星定位的方式将无法工作。基于 D2D 的室内定位可以通过预部署的已知位置信息的终端或者位于室外的普通已定位终端确定待定位终端的位置,通过较低的成本实现 5G 网络中对室内定位的支持。

（5）网络扩容

在用户密度较高的地区或者网络覆盖较差的地区,可以利用 D2D 通信实现正常通信。

D2D 通信不仅可以在一对 D2D 用户进行,而且当存在多对 D2D 用户时,可以联合多对 D2D 用户对进行通信,即构成虚拟 MIMO 矩阵。当进行 D2D 组间通信时,同一通信组内的两个用户组成虚拟 MIMO 共享对方的天线,可以显著地提高通信系统容量、频谱利用率以及系统稳定性。

在小区覆盖不足的情况下,如果建立的 D2D 链路信道条件较差,可以通过中继协作建立两跳中继链路作为辅助,改善 D2D 链路的信道质量,提升 D2D 链路的传输性能。而且,结合中继技术的终端直通通信应能保障终端的低功率发射,有效降低 D2D 链路与蜂窝链路之间的干扰,提升系统整体性能。相比于传统的中继模型,D2D 中继不仅能够节省成本,还能节约能效。

D2D 还可以与多播技术相结合,解决用户对相同数据的需求问题。D2D 多播技术架设在 IMT-A 蜂窝网络下,与传统蜂窝网络形成混合网络。每个 D2D 多播组都由一个多播发送终端与多个多播接收终端组成,在基站控制下形成自组网(数据来源为终端)或异构网(数据来源为基站),使用正交或复用的授权频带进行通信。D2D 多播技术不仅可以增强和补充网络业务提供能力,还可以缓解带宽压力、减轻基站负载。

在无线通信系统中,无线信道具有的多径衰落特性是阻碍信道容量增加和服务质量改善的主要原因之一。在 LTE 系统中,通常使用 MIMO 技术对抗多径衰落,提高信道容量,同时提高系统的可靠性,降低误码率。MIMO 技术不仅可以利用多径的不相关性,改善接收信号的质量从而获得空间分集增益,而且可以通过多天线阵列以及空时编码获得复用增益。由于 MIMO 技术在提高系统的容量和频率利用率等方面的突出优势,其将成为 LTE-A 及其后续演进版本的关键技术之一。

任务小结

D2D(端到端技术)始于 4G 移动通信技术,是移动通信网络极为重要的补充,支撑 5G 技术实现其关键性指标,本任务从完善的 4G D2D 开始讲起,突出 D2D 通信的优势,展望 5G 移动通信系统中 D2D 的进一步完善。

任务五　了解超密集组网

任务描述

本任务主要介绍5G无线网的六大关键技术之超密集组网。为后面章节5G网络系统管理和相关设备的学习打下基础。

任务目标

- 识记：超密集组网应用场景。
- 掌握：超密集组网网络结构。

任务实施

在5G通信中，无线通信网络正朝着网络多元化、宽带化、综合化、智能化的方向演进。随着各种智能终端的普及，数据流量将出现井喷式增长。未来数据业务将主要分布在室内和热点地区，这使得超密集网络成为实现未来5G的1 000倍流量需求的主要手段之一。超密集网络能够改善网络覆盖，大幅度提升系统容量，并且对业务进行分流，具有更灵活的网络部署和更高效的频率复用。未来，面向高频段大带宽，将采用更加密集的网络方案，部署小小区/扇区将高达100个以上。

与此同时，愈发密集的网络部署也使得网络拓扑更加复杂，小区间干扰已经成为制约系统容量增长的主要因素，极大地降低了网络能效。干扰消除、小区快速发现、密集小区间协作、基于终端能力提升的移动性增强方案等，都是目前密集网络方面的研究热点。

5G移动通信系统较4G系统在网络容量方面达到1 000倍的提升，减少小区半径、密集部署传达节点，获得更大的小区分裂增益是达到这一目标的关键手段。

超密集网络（UDN）是小区增强技术的进一步演进。在超密集网络中，低功率传输节点的密度进一步提高，覆盖范围进一步缩小，服务对象局限在很少几个用户。超密集网络部署拉近了低功率传输节点与终端的距离，使得它们的发射功率大大降低，且非常接近，上下行链路的差别也越来越小。

5G网络以用户为中心的虚拟化技术，核心思想是以"用户为中心"分配资源，使得服务区不同位置的用户都能根据业务QoE（Quality of Experience）的需求获得高速率、低时延的通信服务，同时保证用户在运动过程中始终具有稳定的服务体验，彻底解决小区边缘效应问题，最终达到"一致的用户体验"的目标。5G系统采用平滑的虚拟小区技术SVC，很好地适应了网络密集化的需求。在5G超密集网络中，把移动通信网络带到每一个用户身边，带来的不仅是容量，而是用户体验的全面提升。

5G网络架构初步设计"三朵云"如图4.5.1所示。

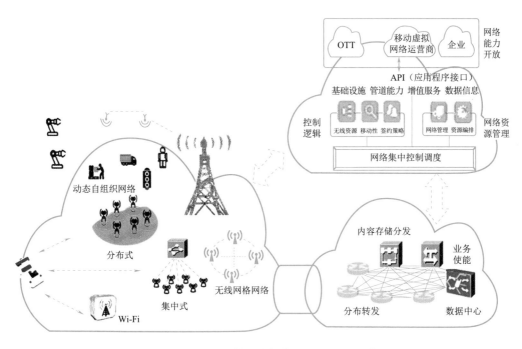

图 4.5.1　5G 网络架构初步设计 "三朵云"

①接入云:接入控制云承载分离、接入资源协同管理、支持多种部署场景(集中、分布、无线 mesh)、灵活的网络功能及拓扑。

②控制云:网络控制功能集中,网元功能虚拟化、软件化、可重构,支持网络功能开放。

③转发云:剥离控制功能,转发功能靠近基站,业务能力与转发能力融合。

5G 网络的各种能力如图 4.5.2 所示。

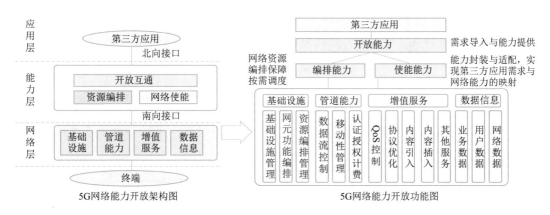

图 4.5.2　5G 网络的各种能力

一、应用场景

5G 超密集网络是基于场景驱动的,IMT-2020 归纳了六大典型的超密集网络场景,即密集住宅区、密集商务区、公寓、购物中心及交通枢纽、大型活动场馆、地铁。

1.场景一:密集住宅区

该场景同时存在室外移动状态用户和室内静止状态用户,用户密度较高。该场景业务类型丰富多样,包括 FTP 业务、互动游戏、视频业务、上网浏览等。在超密集部署传输节点的情况下,系统的边缘效应会变得非常突出。如何有效解决边缘效应问题,让不同位置的终端有相同的、高质量的通信体验是这一场景需要重点解决的问题。

2.场景二:密集商务区

密集商务区以室内用户为主,且多为高端用户,以 FTP、视频业务、移动办公等业务为主。在该场景通过部署低功率传输节点提供高容量的数据传输服务。超密集部署使每个传输节点的服务终端数降低,各个传输节点处于中、低负载状态,进而产生上、下行业务量的较大波动。为了在上下行链路业务波动时充分利用资源,该场景需要使用动态上下行资源分配技术。

3.场景三:公寓

公寓为室内低用户密度场景,用户以静止状态为主,包括高、中、低端用户,业务类型比较丰富,需要针对混合业务进行部署。该场景存在室内传输节点与室外基站间的干扰,室内传输节点之间的干扰;每个传输节点负载不均衡,需使用上下行链路动态资源分配技术。

4.场景四:购物中心及交通枢纽

该场景包括大型商场、城市综合体、机场、火车站等,室内用户高度密集,用户处于移动状态,业务类型丰富。在该场景中,低功率节点密集部署在室内,提供大容量的数据传输业务。为了实现室内广域覆盖,在低功率传输节点的基础上再部署高功率传输节点,形成多层室内异构网络。

5.场景五:大型活动场馆

该类场景包括体育场馆、音乐厅、会展中心等,用户密度在活动期间非常高,平时则非常低。该场景部署的低功率传输节点使用定向天线,无线信号的传播以直射为主。该场景业务以视频业务为主,且上行业务大于下行业务。该场景空旷区域较大,需要解决干扰问题、核心网信令压力和上行业务风暴问题。

6.场景六:地铁

该场景用户超高密度分布在车厢和站台里,车厢用户处于高速移动状态,业务类型多种多样。该场景在车厢内密集部署低功率传输节点提供高速数据服务,也可以在地铁沿线部署泄漏电缆,利用沿线的外部基站为车厢用户提供服务。

为了解决未来移动网络数据流量增大 1 000 倍以及用户体验速率提升 10~100 倍的需求,除了增加频谱带宽和利用先进的无线传输技术提高频谱利用率外,提升无线系统容量最为有效的办法依然是通过加密小区部署提升空间复用度。传统的无线通信系统通常采用小区分裂的方式减小小区半径,然而随着小区覆盖范围的进一步缩小,小区分裂将很难进行,需要在室内外热点区域密集部署低功率小基站,形成超密集组网。

可以看出,超密集组网是解决未来 5G 网络数据流量爆炸式增长的有效解决方案。据预测,在未来无线网络宏基站覆盖的区域中,各种无线接入技术的小功率基站的部署密度将达到现有站点密度的 10 倍以上,形成超密集的异构网络,如图 4.5.3 所示。

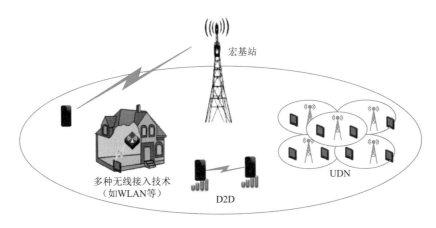

图 4.5.3　5G 超密集异构组网示意

在超密集组网场景下,低功率基站较小的覆盖范围会导致具有较高移动速度的终端用户遭受频繁切换,从而降低用户体验速率。除此之外,虽然超密集组网通过降低基站与终端用户间的路径损耗提升了网络吞吐量,在增大有效接收信号的同时也提升了干扰信号,即超密集组网降低了热噪声对无线网络系统容量的影响,使其成为一个干扰受限系统。如何有效进行干扰消除、干扰协调成为超密集组网提升网络容量需要重点解决的问题。考虑到现有 LTE 网络采用的分布式干扰协调技术,其小区间交互控制信令负荷会随着小区密度的增加以二次方趋势增长,极大地增加了网络控制信令负荷。

可以看出,如何能够同时考虑"覆盖"和"容量"这两个无线网络重点关注的问题,成为 5G 超密集组网需要重点解决的问题。

在前期关于 5G 蜂窝网络架构的分析中提出了 5G 无线接入网控制面与数据面的分离以及簇化集中控制的思想。其中,接入网控制面与数据面的分离通过分别采用不同的小区进行控制面和数据面操作,从而实现未来网络对于覆盖和容量的单独优化设计。此时,未来 5G 接入网可以灵活地根据数据流量的需求在热点区域扩容数据面传输资源,如小区加密、频带扩容、增加不同 RAT 系统分流等,并不需要同时进行控制面增强。簇化集中控制则通过小区分簇化集中控制方式,解决小区间干扰协调,相同 RAT 下不同小区间的资源联合优化配置、负载均衡等以及不同 RAT 系统间的数据分流、负载均衡等,从而提升系统整体容量和资源整体利用率。虽然前期工作给出了 5G 蜂窝网络"三朵云"的网络架构,然而并未针对超密集组网的具体部署场景,给出 5G 超密集组网的网络架构以及控制与承载分离和簇化集中控制的具体实施方案。因此,针对超密集组网部署场景,如何实现控制承载分离以及簇化集中控制的部署成为主要的研究内容。

综上所述,针对超密集组网,提出以控制承载分离以及簇化集中控制为主要技术特征的 5G 超密集组网网络架构。除此之外,针对宏—微和微—微的超密集组网部署场景,给出具体实现方案。更进一步地针对 5G 超密集组网网络架构中可能存在的问题与挑战进行了讨论,为后续研究发展提供了参考。

二、5G 超密集组网网络架构

基于前期"三朵云"的 5G 蜂窝网络架构,针对超密集组网主要应用的热点高容量场景提出

5G 超密集组网网络架构,如图 4.5.4 所示。

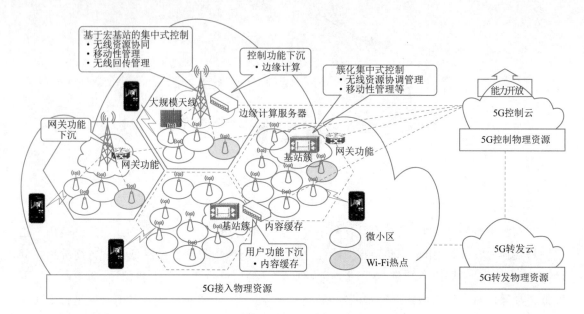

图 4.5.4　5G 超密集异构组网网络架构

可以看出,为了解决特定区域内持续发生高流量业务的热点高容量场景带来的挑战,即如何在网络资源有限的情况下提高网络吞吐量和传输效率,保证良好的用户体验速率,5G 超密集组网需要如下方面的进一步增强。

首先,接入网采用微基站进行热点容量补充,同时结合大规模天线、高频通信等无线技术,提高无线侧的吞吐量。其中,在宏—微覆盖场景下,通过覆盖与容量的分离,实现接入网根据业务发展需求以及分布特性灵活部署微基站。同时,由宏基站充当的微基站间的接入集中控制模块,负责无线资源协调、小范围移动性管理等功能;除此之外,对于微—微超密集覆盖的场景,微基站间的干扰协调、资源协同、缓存等需要进行分簇集中控制。此时,接入集中控制模块可以由所分簇中某个微基站负责或者单独部署在数据中心,负责提供无线资源协调、小范围移动性管理等功能。

其次,为了尽快对大流量的数据进行处理和响应,需要将用户面网关、业务使能模块、内容缓存/边缘计算等转发相关功能尽量下沉到靠近用户的网络边缘。例如,在接入网基站旁设置本地用户面网关,实现本地分流。同时,通过在基站上设置内容缓存/边缘计算能力,利用智能算法将用户所需内容快速分发给用户,同时减少基站向后的流量和传输压力。更进一步地将视频编解码、头压缩等业务使能模块下沉部署到接入网侧,以便尽早对流量进行处理,减少传输压力。

综上所述,5G 超密集组网网络架构一方面通过控制承载分离,实现未来网络对于覆盖和容量的单独优化设计,实现根据业务需求灵活扩展控制面和数据面资源;另一方面通过将基站部分无线控制功能进行抽离进行分簇化集中式控制,实现簇内小区间干扰协调、无线资源协同、移动性管理等,提升了网络容量,为用户提供极致的业务体验。除此之外,网关功能下沉、本地缓存、移动边缘计算等增强技术,同样对实现本地分流、内容快速分发、减少基站骨干传输压力等有很大帮助。

下面重点针对 5G 超密集组网具体部署场景如何实现控制承载分离以及簇化集中控制方案进行阐述,主要包括宏—微和微—微部署场景,如图 4.5.5 所示。

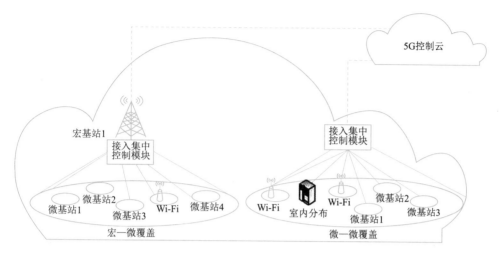

图 4.5.5　5G 超密集组网部署场景示意图

1. 宏—微部署场景

针对宏—微部署场景,5G 超密集组网通过微基站负责容量、宏基站负责覆盖以及微基站间资源协同管理的方式,实现接入网根据业务发展需求以及分布特性灵活部署微基站。同时,由宏基站充当的微基站间的接入集中控制模块,对微基站间干扰协调、资源协同管理起到了一定帮助。为了实现宏—微场景下控制承载分离以及簇化集中控制的目标,5G 超密集组网可以采用基于双连接的技术方案。

方案 1:终端的控制面承载,即 RRC（无线资源控制）连接始终由宏基站负责维护,如图 4.5.6 中控制面协议架构所示。终端用户面承载与控制面分离,其中,对中断时间敏感、带宽需求较小的业务承载(如语音业务等)由宏基站进行承载,而对中断时延不敏感、带宽需求大的业务承载(如视频传输等)则由微基站负责。除此之外,从图 4.5.6 中用户面协议架构中可以看出,对于微基站负责传输的数据会由 SGW(服务网关)直接分流到微基站,而维持在宏基站的数据承载,其数据将保持由 SGW 到宏基站的路径。

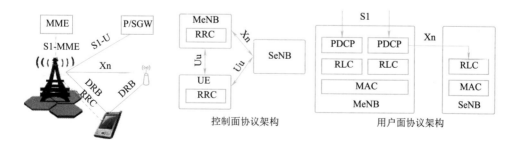

图 4.5.6　宏—微部署场景控制与承载分离方案 1

方案 2:与方案 1 类似,终端的控制面承载始终由宏基站负责维护,如图 4.5.7 中控制面协议架构所示。终端的用户面承载与控制面分离,对于低速率、移动性要求较高(如语音业务等)的业务承载和高带宽需求(如视频传输等)的业务承载分别由宏基站和微基站负责传输,其中微基站主要负责系统容量的提升。然而对于用户面协议架构,与方案 1 不同的是对于微基站负责的数据承载仅将无线链路控制层、媒体接入控制层以及物理层切换到微基站,而分组汇聚协议 PDCP 层则依然维持在宏基站。也就是说,分流到微基站的数据承载首先由 SGW 到宏基站,然后再由宏基站经过 PDCP 层后分流到微基站。

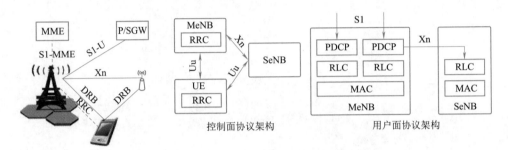

图 4.5.7　宏—微部署场景控制与承载分离方案 2

可以看出,对于用户面协议架构,方案 1 采用的宏基站和微基站都和核心网直接连接,这样做虽然可以使数据不用经过 Xn 接口进行传输,降低了用户面的时延,但是宏基站和微基站同时与核心网直接连接将带来核心网信令负荷的增加。方案 2 则只有宏基站与核心网进行连接,宏基站和微基站通过 Xn 接口传输终端的数据,这种方案通过在接入网宏基站处进行了数据分流和聚合,微基站对于核心网是不可见的,从而可以减少核心网的信令负担。但是,由于所有微基站的数据都需要通过宏基站传输到核心网,此时对宏基站回程链路容量带来很高的要求,尤其是微基站的超密集部署的场景。因此,基于双连接的 5G 超密集组网宏—微覆盖场景控制与承载分离方案可以基于不同的用户与场景灵活选择。例如,对于理想回程链路的场景,可以采用宏基站分流的方案 2,此时微基站不需要完整的协议栈,减少了功能,降低了成本,为这种仅具备部分功能的轻量化基站的应用带来可能,使得网络部署更加灵活,具备按需部署的能力。然而对于回程链路较差的场景,可以采用宏基站和微基站同时与核心网连接的方案 1,此时可以降低用户面时延,增大用户吞吐量。

综上所述,通过基于双连接的技术方案 1 和方案 2,5G 超密集组网可以实现控制与承载分离。其中,终端的控制面承载由宏基站负责传输,微基站会将一些配置信息打包通过 Xn 接口传送给宏基站,由宏基站生成最终的 RRC 信令发送给终端。因此,终端只会看到来自宏基站的 RRC 实体,并对此 RRC 实体进行反馈回复。同时,终端的用户面承载除了个别低速率、移动性要求较高的业务由宏基站负责传输外,其余高带宽需求的业务承载主要由微基站负责传输,从而实现了 5G 超密集组网宏—微场景下控制与承载的分离。通过控制与承载的分离,使得对于未来 5G 超密集组网可以实现覆盖和容量的单独优化设计,灵活地根据数据流量的需求在热点区域实现按需的资源部署扩容数据面传输资源(小区加密、频带扩容、增加不同 RAT 系统分流等),并不需要同时进行控制面增强。

更进一步,5G 超密集组网宏—微场景下的控制承载分离还具备如下优势:

(1)移动性能提升

由于微基站始终处于宏基站的覆盖范围下,可以始终保持与宏基站的 RRC 连接,微基站仅提供用户面连接,此时终端在微基站的切换就简化为微基站的添加、修改、释放等,避免了频繁切换带来的核心网信令增加。同时,宏基站 RRC 连接的持续保持以及部分低速率业务的传输能力,也可以提升终端在频繁切换过程中的用户体验。

(2)资源利用率提升

宏基站可以在终端的微基站选择、微基站间干扰的协调管理、微基站间的负载均衡、微基站的动态打开/关闭等方面通过接入集中控制模块的资源优化算法进行优化控制,从而提升网络整体容量和资源利用率,降低能效。

需要注意的是,上述基于双连接的 5G 超密集组网控制和承载分离方案要求终端具备双连接甚至多连接的能力,这对该技术方案的直接应用带来了一定制约。除此之外,在缺少宏基站覆盖的 5G 超密集网络,上述两个方案无法发挥作用。

2. 微—微部署场景

如上文所述,在宏—微场景下,基于双连接的控制和承载分离方案可以有效实现 5G 超密集组网覆盖和容量的分离,实现覆盖和容量的单独优化设计,灵活地根据数据流量的需求在热点区域实现按需部署。然而上述方案除了要求终端具备双连接甚至多连接的能力外,也无法解决 5G 超密集组网微—微覆盖场景,即无宏基站覆盖的场景。因此,针对 5G 超密集组网微—微覆盖场景,基于宏—微场景下"宏覆盖"思想,提出虚拟宏小区以及微小区动态分簇的两种方案。

(1)虚拟宏小区方案

为了能够在 5G 超密集组网微—微覆盖场景下实现类似于宏—微场景下宏基站的作用,即宏基站负责控制面承载的传输,需要利用微基站组成的密集网络构建一个虚拟宏小区。此时,由虚拟宏小区承载控制面信令的传输,负责移动性管理以及部分资源协调管理,而微基站则主要负责用户面数据的传输,从而达到与宏—微覆盖场景下控制面与数据面分离相同的效果,如图 4.5.8 所示。

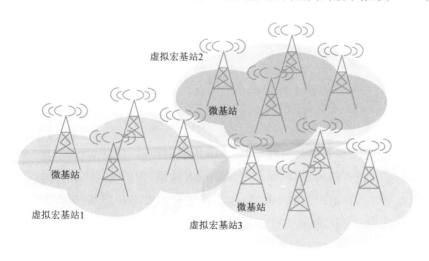

图 4.5.8　微—微部署场景虚拟宏小区方案

不难想象,虚拟宏小区的构建,需要簇内多个微基站共享部分资源(包括信号、信道、载波等),此时同一簇内的微基站通过在此相同的资源上进行控制面承载的传输,以达到虚拟宏小区的目的。同时,各个微基站在其剩余资源上单独进行用户面数据的传输。可以看出,通过上述方式可以实现5G超密集组网场景下控制面与数据面的分离。

简单起见,以微基站配置两载波为例,在载波1上,簇内不同的微基站采用相同的虚拟宏小区ID,组成虚拟宏小区,而在载波2上,簇内各个微基站则配置为不同的小区ID。此时,对于空闲态终端只需要驻留在载波1上,接收来自载波1上的控制面信令。对于连接态终端,此时根据数据业务需求,通过载波聚合技术,即载波1为主载波,载波2为辅载波。

除此之外,对于仅配置单载波的微基站配置场景,可以通过为每个微基站簇配置不同的虚拟宏小区ID,此时簇内不同微基站使用同一虚拟宏小区ID为其发送的广播信息、寻呼信息,随机接入响应,公共控制信令进行加扰。终端通过虚拟宏小区ID解扰接收来自虚拟宏小区的控制承载,而通过微基站小区ID的识别与解扰进行用户面数据的传输,从而实现控制与承载的分离,即覆盖和容量的分离。

(2)微小区动态分簇方案

上述虚拟宏小区方案通过构建虚拟宏小区的方法可以有效实现5G超密集组网微—微覆盖场景下的控制与承载分离,即通过微基站资源的划分,在公共资源上构建了虚拟的宏小区。换句话说,对于终端来说,相当于同时看到了两个网络(虚拟宏小区和微小区),实现了覆盖和容量的分离。除此之外,还要考虑网络热点区域会随着时间和空间的变化而变化。基于上述考虑,借鉴动态DAS(分布式天线系统)的思想,针对5G超密集组网的微—微覆盖场景,提出覆盖和容量动态转化的方案,即微小区动态分簇的方案,如图4.5.9所示。

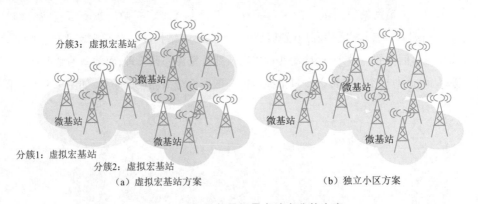

分簇3:虚拟宏基站　微基站

分簇1:虚拟宏基站

分簇2:虚拟宏基站

(a)虚拟宏基站方案　　　　　　　　　　　(b)独立小区方案

图4.5.9　微-微部署场景虚动态分簇方案

可以看出,该上述方案的主要思想是:当网络负载较轻时,将微基站进行分簇化管理,其中同一簇内的微基站发送相同的数据,从而组成虚拟宏基站,如图4.5.9(a)所示。此时,终端用户在同一簇内微基站间移动时不需要切换,降低高速移动终端在微基站间的切换次数,提升用户体验。除此之外,由于同一簇内多个微基站发送相同的数据信息,终端用户可获得接收分集增益,提升了接收信号质量。当网络负载较重时,则每个微基站分别为独立的小区,发送各自的数据信息,实现了小区分裂,从而提升了网络容量,如图4.5.9(b)所示。

综上所述,微小区动态分簇的方案通过簇化集中控制模块,根据网络负荷统计信息以及网络即时负荷信息等,对微基站进行动态分簇,实现微—微覆盖场景下覆盖和容量的动态转换与折中。

需要注意的是,与部署在宏基站上的接入集中控制模块类似,除了可以提升终端移动性能外,通过在簇头或者数据中心部署的接入集中控制模块同样可以通过资源的优化配置算法在终端的微基站选择、微基站间干扰的协调管理、微基站间的负载均衡、微基站的动态打开/关闭等方面进行优化,从而提升网络整体性能。

3.面临的挑战

综上所述,以控制承载分离以及簇化集中控制为主要特征的 5G 超密集组网网络架构可以实现接入网根据业务需求灵活扩展控制面和数据面资源,实现簇内小区间干扰协调、无线资源协同、移动性管理等优化控制的功能,从而提升网络容量,为用户提供极致的业务体验。除此之外,利用基于双连接的控制与承载分离方案、虚拟宏小区以及微小区动态分簇的方案,可以分别针对 5G 超密集组网的宏—微以及微—微覆盖场景实现控制与承载的分离,实现了控制面的宏覆盖以及用户面的灵活按需部署,提升了网络的移动性能和灵活性,适应了未来网络发展的需求。然而,上述方案真正应用到 5G 超密集组网还存在一些问题与挑战,主要包括以下几个方面:

(1)无线接入集中控制模块的优化算法

如上文所述,通过部署在宏基站或者微基站簇头的接入网集中控制模块在终端的微基站选择、微基站间干扰的协调管理、微基站间的负载均衡、微基站的动态打开/关闭等方面能够起到集中优化控制的作用。然而,如何设计合理有效的资源优化算法,成为能够提升网络性能和用户体验、降低网络能耗的关键点,需要下一步重点进行研究,评估其算法性能。

(2)微—微场景微基站分簇的准则

对于宏—微覆盖场景,微基站以在同一个宏基站的覆盖下为基准进行分簇化集中控制。然而对于微—微覆盖场景,前述方案暂时以微基站连续覆盖为一般宏基站覆盖面积为基准进行分簇化管理的,是否存在更有效的分簇准则还需要进一步研究。

(3)宏—微场景同频覆盖的问题

前述基于双连接的控制承载分离方案仅考虑了宏基站和微基站异频组网的问题,此时宏基站和微基站之间不存在干扰,干扰主要是微基站间干扰,宏基站可为终端提供可靠稳定的 RRC连接。然而当宏基站与微基站采用同频部署时,宏基站与微基站间存在较大的干扰。宏基站与微基站间的跨层干扰将使得宏基站很难保证为终端提供稳定可靠的 RRC 连接,可能导致终端在宏基站与其覆盖下的微基站间进行切换,降低移动性能和用户体验。因此,针对宏—微同频部署场景,如何解决上述问题成为方案能否成功应用的关键。

任务小结

超密集组网是 5G 移动通信系统极为重要的一大关键技术,本任务从超密集组网的概述开始,介绍了超密集组网在几大场景的应用,详细地描述了超密集组网的结构及部署,突出宏微部署、微微部署。

任务六　熟悉载波聚合和双连接技术

任务描述

本任务主要介绍 5G 无线网的六大关键技术之载波聚合(CA)和双连接技术。为后面章节 5G 网络系统管理和相关设备的学习打下基础。

任务目标

- 识记：载波聚合技术。
- 掌握：4G/5G 载波聚合和双连接技术的差异。

任务实施

一、载波聚合和双连接概述

在 LTE-Advanced 中使用载波聚合(Carrier Aggregation)，以增加信号带宽，从而提高传输比特速率。

为了满足 LTE-A 下行峰速 1 Gbit/s，上行峰速 500 Mbit/s 的要求，需要提供最大 100 MHz 的传输带宽，但由于这么大带宽的连续频谱的稀缺，LTE-A 提出了载波聚合的解决方案。

载波聚合是将两个或更多的载波单元(Component Carrier, CC)聚合在一起以支持更大的传输带宽(最大为 100 MHz)，如图 4.6.1 所示。

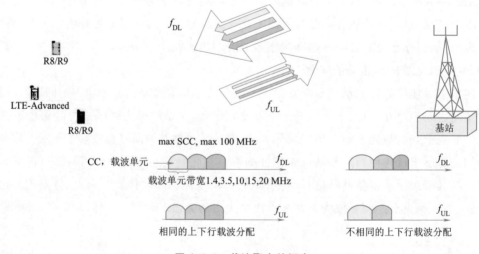

图 4.6.1　载波聚合的概念

载波聚合已在 4G LTE 中采用，并且将成为 5G 的关键技术之一。5G 物理层可支持聚合多达 16 个载波，以实现更高速传输。

双连接(DC),就是手机在连接态下可同时使用至少两个不同基站的无线资源(分为主站和从站)。双连接引入了"分流承载"的概念,即在 PDCP 层将数据分流到两个基站,主站用户面的 PDCP 层负责 PDU 编号、主从站之间的数据分流和聚合等功能。

双连接不同于载波聚合,主要表现在数据分流和聚合所在的层不一样。

这样的现实情况结果是运营商可以选择在自己的频带上同时传输多个载波。这些载波可以服务不同的用户来提高小区容量,也可以同时服务一个用户来提高单用户峰值速率。

当 n 个单载波服务一个用户时,用户能获得的频带宽度就是单载波带宽的 n 倍,用户体验到的速度也能提高 n 倍。这就是另外一种通过提高带宽,提高用户速率的手段载波聚合。

所以在 4G 后期,出现了很多通过支持三载波聚合获得高达 600 Mbit/s 传输速度的 LTE-A 基站和手机终端。在 5G 中,载波聚合会因为可变帧参数得到更广泛的应用,比如可以将用于毫米波的 400 MHz(120 kHz)载波与用于 sub 6G 的 100 MHz(30 kHz)载波聚合,获得更快传输速度。

未来,4G 与 5G 将长期共存,4G 无线接入网与 5G NR 的双连接(EN-DC)、5G NR 与 4G 无线接入网的双连接(NE-DC)、5G 核心网下的 4G 无线接入网与 5G NR 的双连接(NGEN-DC)、5G NR 与 5G NR 的双连接等不同的双连接形式将在 5G 网络演进中长期存在。

为了高效地利用零碎的频谱,CA 支持不同 CC 之间的聚合,如图 4.6.2 所示。

- 相同或不同带宽的 CC。
- 同一频带内,邻接或非邻接的 CC。
- 不同频带内的 CC。

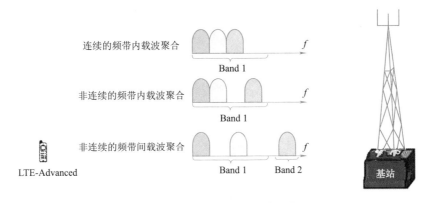

图 4.6.2　载波聚合的几种形式

从基带实现角度来看,这几种情况是没有区别的。这主要影响 RF 实现的复杂性。

每个 CC 对应一个独立的 Cell,在 CA 场景中可以分为以下几种类型的 Cell:

①Primary Cell(PCell):主小区是工作在主频带上的小区。UE 在该小区进行初始连接建立过程,或开始连接重建立过程。在切换过程中该小区被指示为主小区。

②Secondary Cell(SCell):辅小区是工作在辅频带上的小区。一旦 RRC 连接建立,辅小区就可能被配置以提供额外的无线资源;

③Serving Cell:处于 RRC_CONNECTED 态的 UE,如果没有配置 CA,则只有一个 Serving Cell,即 PCell;如果配置了 CA,则 Serving Cell 集合是由 PCell 和 SCell 组成;

二、载波聚合的作用

CA 组合多个 LTE 载波信号可以提高数据传输速率并提高网络性能,如图 4.6.3 所示。

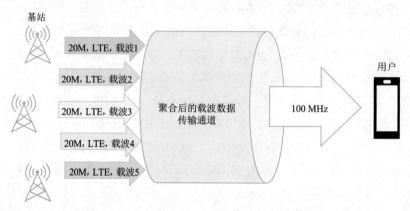

图 4.6.3　提高数据传输速率并提高网络性能

载波聚合可以提升载波的性能,如图 4.6.4 所示。

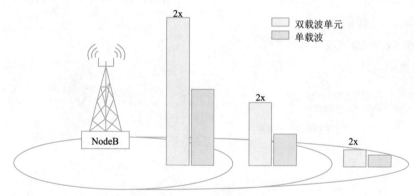

图 4.6.4　提升载波的性能

3GPP 数据传输速率的演进与 CA 的关系如图 4.6.5 所示。

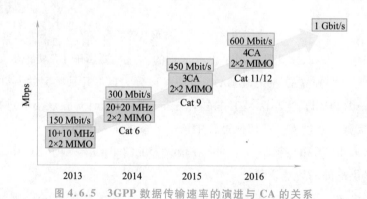

图 4.6.5　3GPP 数据传输速率的演进与 CA 的关系

3GPP 发布协议时间如图 4.6.6 所示。

图 4.6.6　3GPP 发布协议时间

三、载波聚合的设计难点

1. 下行 CA 的设计挑战

如果为每个频段设计独立的双工器,可以确保下行链路频段不受影响;然而连接两个双工器路径则可能会影响两个双工器的滤波器特性,从而导致失去以系统灵敏度要求运行时所需的传输和接收路径之间的隔离度。在两个频带之间具有较大频率间隔(如中频带和低频带之间的 CA 组合)的一些 CA 情况下,可以添加单独的双工器。在天线和两个频带单独的专用双工器之间插入一个 Diplexer(天线共用器或者天线分离滤波器)。

带有双工器和 Diplexers 的 RF 前端产生的谐波影响如图 4.6.7 所示。

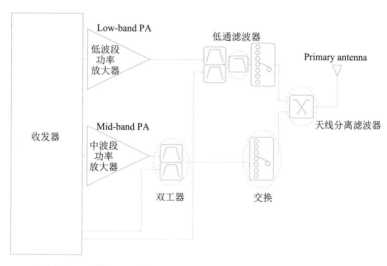

图 4.6.7　带有双工器和 diplexers 的 RF 前端产生的谐波影响

在 CA 体系结构中,一些设计者正在使用 Multiplexers(多工器)和 Hexiplexers(六工器)来代替双工器(Duplexers)。如果需要多工器,则设备内每个单独的滤波器需要复杂的开发,因为它不像在一个封装中放置两个滤波器那样简单,因为期望它们将作为统一的整体在设备内工作。设计人员必须确保在多工器中每个频段的滤波器能够协同工作。尽管多工器的开发更具挑战性,但它简化了 RF 前端设计人员的工作,并增加了可用的 PC 板面积。

谐波是由非线性元器件所产生的,如收发信机的输出级、功率放大器(PA)、双工器和开关等。在元器件组件开发过程中,设计人员必须谨慎地权衡各种设备的性能标准,以帮助减少这些设备产生的谐波和其他互调产物所造成的影响。

需要高开关隔离和谐波来减轻由谐波引起的灵敏度恶化问题,如图 4.6.8 所示。

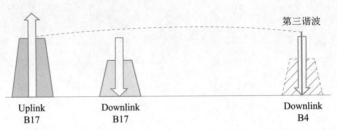

图 4.6.8　需要高开关隔离和谐波滤波来减轻由谐波引起的灵敏度恶化问题

　　由于滤波器抑制度不足,多个频段的无线 RF 信号可能会相互干扰。这意味着如果发送和接收路径之间的隔离度或者交叉隔离不足,则 CA 应用中出现灵敏度降低的概率较大。几种典型的灵敏度恶化现象如图 4.6.9 所示。

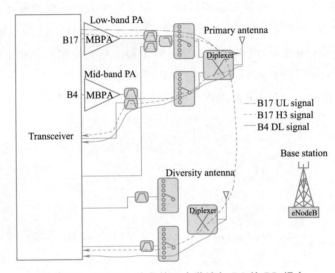

图 4.6.9　B17 UL 信号的三次谐波与 B4 的 DL 耦合

　　PCB 板走线隔离不足而引起的谐波问题如图 4.6.10 所示。

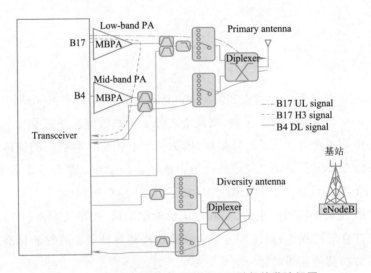

图 4.6.10　PCB 板走线隔离不足而引起的谐波问题

内部低频或中频频段开关路径之间的隔离不足可能引起的谐波问题如图 4.6.11 所示。

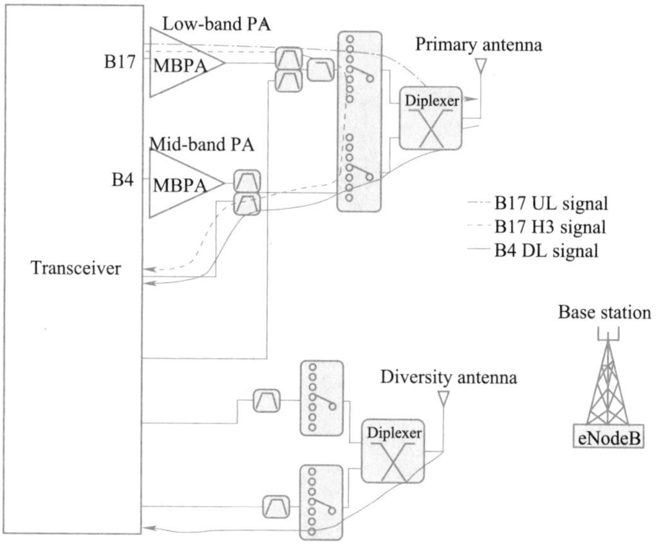

图 4.6.11　内部低频或中频频段开关路径之间的隔离不足可能引起的谐波问题

2. 上行链路(Uplink)CA 的设计挑战

在中国市场,TDD 是上行链路(UL)载波聚合的主要驱动力。2014 年,中国电信和诺基亚网络宣布推出全球首款 FDD-TDD CA 设备芯片组。该开发使用 FDD Band3 来改善 LTE 的覆盖,同时支持改善 TDD Band 41 以提高吞吐量。

上行链路带内(Intra-band)CA 是不同的上行链路 CA 类型中最简单的实现,因此它是大多数运营商实现上行 CA 的第一步。

线性带内上行链路 CA 信号为移动设备设计者提供了许多挑战,因为它们可以具有更高的峰值、更大的信号带宽和新的 RB 配置。即使可以回退信号功率,也必须调整 PA 设计以实现非常高的线性度。必须考虑相邻信道泄漏(ACLR)、不连续 RB 的互调产物、杂散辐射、噪声以及对接收灵敏度的影响。

上行链路带间(Inter-band)CA 组合来自不同频段的发射信号。在这些情况下,从移动设备发送的总功率不增加,因此,对于两个发射频段,每个频段承载正常传输的一半功率,或比非 CA 信号的发射功率小 3 dB。

因为不同的 PA 用于放大不同频带的信号,并且各自的发射功率降低了,因此 PA 的线性度不是问题。其他前端组件(如开关)必须处理来自不同频段的高电平信号,可能会混合出或者创造出新的互调产物。这些新信号可能干扰一个正在活动的蜂窝接收机,甚至干扰本智能手机上的其他接收机,如 GPS 接收机。为了管理这些信号,开关必须具有非常高的线性度。

四、载波聚合的优势

1. 整合频谱

运营商可以将分散的较小频谱结合成更大、更有用的区块,以此扩展那些单一载波的带宽。

2. 利用未充分利用的频谱

载波聚合可以利用 LTE-A 的优势,让载波从那些未充分利用的频谱获取资源。

3. 提高上下行链路数据速率

更宽的带宽意味着更高的数据速率。

4. 平衡网络负载

通过实时的网络数据智能且动态地平衡负载。

5. 更好的网络性能

载波聚合提供更可靠更强大的服务,使得网络的突发变故减少。

6. 更高的容量

载波聚合在减少 50% 延迟的同时还成倍提高了数据速率。

7. 可扩展

载波聚合良好的可扩展性让运营商能快速扩展他们的网络规模。

8. 动态交换

动态流量开关使载波聚合能够实时选择聚合方案。

9. 更好的用户体验

载波聚合用更高的峰值速率、更高的用户数据速率、更低的延迟、更稳定的网络提高用户体验。

10. 使新的移动服务成为可能

载波聚合使供应商能提供更高速率、更好用户体验的移动数据服务

任务小结

本任务涉及 5G 的关键技术载波聚合与 CA 双接连,描述了载波聚合和双连接的概念、载波聚合和双连接的异同、载波聚合与双连接的优势、载波聚合与双连接在 5G 的应用。

任务七 分析非正交多址接入技术

任务描述

本任务主要介绍 5G 无线网的六大关键技术之 OFDM 和非正交多址接入技术(NOMA)。为后面章节 5G 网络系统管理和相关设备的学习打下基础。

任务目标

- 识记:OFDM 技术。
- 掌握:非正交多址接入技术。

任务实施

4G 和 5G 的空口物理层都使用了 OFDM 多址接入技术,但是在具体的帧结构上又有很大的不同,比如 4G 系统只使用 15 kHz 一种 OFMA 子载波间隔,而 5G 则定义了从 15 kHz 到

240 kHz 一共 5 种子载波间隔。为什么会有这样的区别呢？这需要从设计 OFDM 通信系统的基本原则说起。

一、OFDM 系统的 numerology 取值原则

设计一个 OFDM 无线通信系统时,需要考虑系统使用的无线频段的传播特征对系统性能的影响。无线传播特征主要取决于三个参数:多径效应的平均时延差异 T_d、最大多普勒频偏 $f_{d(max)}$,和小区半径 R。这三个传播特征参数决定了循环前缀 CP 的时长 TCP 和子载波间隔 Δf。

首先说明 TCP 和 Δf 的取值三原则:

①循环前缀 CP 的时长 TCP 必须大于或等于多径平均时延差 T_d,以避免 OFDM 符号之间的干扰(ISI)。

②子载波间隔 Δf 必须远大于最大多普勒频偏 $f_{d(max)}$,确保多普勒频偏不会引起较大的载波间干扰(ICI)。

③TCP 和 Δf 的乘积远远小于 1,或者说 TCP 远远小于 OFDM 符号的时长 TU(因为 $TU = 1/\Delta f$),以便提高频谱效率。

第一个原则无须过多说明。OFMA 系统引入 CP 这个概念主要就是为了消除多径效应产生的时延差异。只要 CP 时长超过最先到达接收端的多径分量(一般是可视路径)与最后到达接收端的多径分量(一般是非可视路径)的时间差,就能够基本消除 OFDM 符号间的干扰 ISI。

显然,TCP 不能太小,否则无法有效消除 ISI。而且如果小区半径 R 增大,时延增加,那么多径时延差也会增大,因此 TCP 必须增大。但是 TCP 的增大会降低频谱效率 β。也就是说,原则①和原则③是不可兼得。

频谱效率 β 可以用 $TU/(TU + TCP)$ 表示,或者说 $\beta = 1/[1 + (TCP/TU)] = 1/(1 + TCP\Delta f)$。要提高频谱效率 β,就需要 TCP 和 Δf 的乘积远远小于 1。这就是原则③的由来。

如果不是减少 TCP,而是通过增加 TU 来提高频谱效率,那么子载波间隔 Δf 就会减少,系统就会对多普勒频偏更加地敏感,增加子载波间干扰 ICI 的可能性。因此设计 OFDM 系统时还需要考虑原则②,即子载波间隔 Δf 必须远大于最大多普勒频偏 $f_{d(max)}$。

从上述三原则可以看到,循环前缀时长和子载波间隔的取值必须在提高频谱效率和减少对多普勒频偏及相位噪声的敏感性之间有所权衡。子载波间隔需要足够小,这样单位带宽内可以传输更多的数据,符号时长 TU 可以比较大从而提高频谱效率,较长的符号时长 TU 可以容忍较长的 TCP,从而可以压制更长的多径时延差,这意味着可以得到更大的小区半径。但是,子载波间隔不能太小,否则多普勒频偏和相位噪声会带来较大的载波间干扰 ICI,破坏 OFDM 的正交性。根据测算,OFDM 系统能够容忍的多普勒频偏只有子载波间隔的几个百分点。

二、4G LTE 的 numerology 取值

4G LTE 系统的部署频段是 400 MHz ~ 4 GHz,终端的最大移动速度是 350 km/h,这意味着最大多普勒频偏大约是 $(350 \text{ km/h} \times 4 \text{ GHz})/(1\,080\,000\,000 \text{ km/h}) \approx 1.3 \text{ kHz}$。因此,LTE 把子载波间隔确定为 15 kHz,能够消除多普勒频移对载波正交性的影响,满足了原则①。

LTE 小区的最大半径可达几十千米,多径平均时延差 T_d 的最大均方根值(RMS)是 0.2 μs。LTE 的循环前缀 CP 的时长 TCP 是 4.7 μs,完全能够消除多径干扰的影响,满足了原则②。

15 kHz 的子载波间隔意味着符号时长 TU = 1/(15 kHz) = 66.67 μs,远大于 TCP。从另一个角度来说,TCP 和 Δf 的乘积为 15 kHz × 4.7 μs = 0.07,远远小于 1,因此能够保证系统的频谱效率,满足了原则③。

因此,LTE 选择 15 kHz 子载波间隔和 4.7 μs CP 时长的 numerology 是合理的。

三、5G NR 的 numerology 取值

5G NR 被要求支持更广泛的应用场景,既包括载波频率低于 1 GHz 或者几个 GHz 的大半径基站,也包括提供大带宽的毫米波基站,很难用一种 numerology 满足所有场景的技术需求。

对于使用低于 1 GHz 或者几 GHz 载波频率的基站来说,基站半径比较大,因此多径平均时延差 T_d 也比较大,需要较长的循环前缀,比如几微秒。较长的循环前缀意味着较长的 OFDM 符号时长,也意味着较小的子载波间隔,因此,使用和 LTE 一样或者比 LTE 稍大的子载波间隔,比如 15 kHz 和 30 kHz 比较合适。

使用高频载波,比如毫米波的基站,受到多普勒频移和相位噪声的影响比较大。5G NR 要求支持最大达到 500 km/h 的终端移动速度,即便是毫米波中频率最低的载频(30 GHz),多普勒频偏也达到了(500 km/h × 30 GHz)/(1 080 000 000 km/h) ≈ 13.89 kHz。这样大的频偏,不要说 15 kHz 的子载波间隔,就是 30 kHz 的子载波间隔也无法有效消除 ICI 干扰。因此,使用更大的子载波间隔,比如 60 kHz/120 kHz/240 kHz 是必要的(原则②)。子载波间隔的增加意味着 TU 的缩小。为了保持频谱效率,CP 的持续时间也要相应地缩短(原则③),那么如何消除多径时延差(原则①)? 由于无线信号的传播特性,高频基站的覆盖半径会变小,相应的多径时延差也会变小。同时波束赋形等技术在高频频段的使用也会减少多径时延差。因此,子载波间隔的增加带来的 CP 时长的缩短,不会对消除多径时延差产生多大的影响。

那么子载波间隔最大可以到多少呢? 对 sub 6 GHz 频段和毫米波频段的实际测量发现,不同频段的多径平均时延差 T_d 差不多,基本不受频率高低的影响;而且,与非视距(NLOS)场景相比,视距(LOS)场景下的多径平均时延差 T_d 小得多。多径平均时延差 T_d 的最大均方根值(RMS)是 0.2 μs,这决定了最大子载波间隔是 240 kHz。根据 OFDM 的技术特点,当子载波间隔是 240 kHz 时,CP 时长是 0.291 5 μs,刚好大于 0.2 μs。

至于 5G NR 最小的子载波间隔选定为 15 kHz,而不是其他数值,比如二进制运算更方便的 16 kHz,主要是考虑与 LTE 和 NB-IoT 的兼容。NBvIoT 终端的使用寿命可能长达十年,如果 5G NR 不能与 NB-IoT 的兼容,将影响 5G 网络的迅速推广。

综上所述,5G NR 的子载波间隔、CP 时长及 OFDM 符号时长选择如下:

①子载波间隔 = 15 kHz;CP 时长 = 4.7 μs;OFDM 符号时长 = 66.67 μs。

②子载波间隔 = 30 kHz;CP 时长 = 2.3 μs;OFDM 符号时长 = 33.33 μs。

③子载波间隔 = 60 kHz;CP 时长 = 1.2 μs;OFDM 符号时长 = 16.7 μs。

④子载波间隔 = 120 kHz;CP 时长 = 0.59 μs;OFDM 符号时长 = 8.33 μs。

⑤子载波间隔 = 240 kHz；CP 时长 = 0.29 μs；OFDM 符号时长 = 4.17 μs。

四、小结

从 4G LTE 和 5G NR 的子载波间隔和 CP 时长的选择来看，大致可以认为，多普勒频移（以及其他相位噪声）决定了子载波间隔的下限，而循环前缀 CP 决定了子载波间隔的上限。而这些限制，又是与 4G 或 5G 的应用场景密切相关。

在过去 20 年中，随着移动通信技术飞速发展，技术标准不断演进，4G 以 OFDMA 为基础，其数据业务传输速率达到每秒百兆比特甚至千兆比特，能够在较大程度上满足今后一段时期内宽带移动通信应用需求。然而，随着智能终端普及应用及移动新业务需求持续增长，无线传输速率需求呈指数增长，无线通信的传输速率将仍然难以满足未来移动通信的应用需求。IMT-2020（5G）推进组在《5G 愿景与需求白皮书》中提出，5G 定位于频谱效率更高、速率更快、容量更大的无线网络，其中频谱效率相比 4G 需要提升 5 ~ 15 倍。

在实现良好系统吞吐量的同时，为了保持接收的低成本，在 4G 中采用了正交多址接入技术。然而，面向 5G 需求，业内提出采用新型多址接入复用方式，即非正交多址接入（NOMA）。在正交多址技术（OMA）中，只能为一个用户分配单一的无线资源，如按频率分割或按时间分割，而 NOMA 方式可将一个资源分配给多个用户。在某些场景中，如远近效应场景和广覆盖多节点接入的场景，特别是上行密集场景，采用功率复用的非正交接入多址方式较传统的正交接入有明显的性能优势，更适合未来系统的部署。非正交多址复用通过结合串行干扰消除或类最大似然解调才能取得容量极限，因此技术实现的难点在于是否能设计出低复杂度且有效的接收机算法。

NOMA 不同于传统的正交传输，在发送端采用非正交发送，主动引入干扰信息，在接收端通过串行干扰删除技术实现正确解调。与正交传输相比，接收机复杂度有所提升，但可以获得更高的频谱效率。非正交传输的基本思想是利用复杂的接收机设计来换取更高的频谱效率，随着芯片处理能力的增强，将使非正交传输技术在实际系统中的应用成为可能。

在 NOMA 中采用的关键技术如下：

1. 串行干扰删除（SIC）

在发送端，类似于 CDMA 系统，引入干扰信息可以获得更高的频谱效率，但是同样也会遇到多址干扰的问题。关于消除多址干扰的问题，在研究第三代移动通信系统的过程中已经取得很多成果，串行干扰删除（SIC）也是其中之一。NOMA 在接收端采用 SIC 接收机来实现多用户检测。串行干扰消除技术的基本思想是采用逐级消除干扰策略，在接收信号中对用户逐个进行判断，进行幅度恢复后，将该用户信号产生的多址干扰从接收信号中减去，并对剩下的用户再次进行判断，如此循环操作，直至消除所有的多址干扰。

2. 功率复用

SIC 在接收端消除多址干扰，需要在接收信号中对用户进行判断来排出消除干扰的用户的先后顺序，而判断的依据就是用户信号功率大小。基站在发送端会对不同的用户分配不同的信号功率，来获取系统最大的性能增益，同时达到区分用户的目的，这就是功率复用技术。功率复用技术在其他几种传统的多址方案没有被充分利用，其不同于简单的功率控制，而是由基站遵循相关的算法来进行功率分配。

当然,NOMA 技术的实现依然面临一些难题。首先是非正交传输的接收机相当复杂,要设计出符合要求的 SIC 接收机还有赖于信号处理芯片技术的提高;其次,功率复用技术还不是很成熟,仍然有大量的工作要做。

国内外关于 NOMA 的研究已经取得一些可喜的成果。日本 NTT DoCoMo 公司早在 2010 年就开始了相关研究,并且已经提出了比较系统化的方案,即非正交多址接入 NOMA(Non Orthogonal Multiple Access),ZTE 中兴提出多用户共享接入(Multi User Shared Access,MUSA),华为公司提出稀疏码多址接入(Sparse Code Multiple Access,SCMA),大唐公司提出图样分割多址接入(Pattern Division Multiple Access,PDMA),这些都是典型的非正交多址接入技术,通过开发功率域、码域等用户信息承载资源的方法,极大地拓展了无线传输带宽,使之成为 5G 多址接入技术的重要候选方案。在 NTT DoCoMo 提出的 5G 构想中,各种蜂窝小区中将采用很多新技术。例如,在使用 800 MHz 频带及 2 GHz 频带等的宏蜂窝中采用 NOMA 的接入方式。以前只能为单一的无线资源(如按频率和时间分割的块)分配一个用户,而 NOMA 方式可将一个资源分配给多个用户。该公司通过模拟,验证了在城市地区采用 NOMA 的效果,并已证实,采用该方法可使无线接入宏蜂窝的总吞吐量提高 50% 左右。

NOMA 即非正交多址接入技术,其核心理念是在发送端使用叠加编码(Superposition Coding),而在接收端使用 SIC(Successive Interference Cancelation),借此,在相同的时频资源块上,通过不同的功率级在功率域实现多址接入。这是主流的 NOMA 方案。

NOMA 的优点如下:

①相比于 OMA,有更高的频谱效率。

②可以实现大量的接入。

③低延时与低信令。

④较强的稳健性,抵抗衰落与小区间干扰。

⑤高的边缘吞吐率。

⑥宽松的信道反馈,只需要接收信号的强度,不需要具体的 CSI。

⑦相比于 OMA 在准同步传输中具有灵活性。

任务小结

多址技术是移动通信系统用来区分用户的一大关键技术,本任务主要介绍了 5G 移动通信系统的多址接入方式 NOMA,讲述了 NOMA 与 OFDM 的关系、NOMA 与正交多址接入技术差异,并阐述了 NOMA 非正交多址接入技术的优势。

※ 思考与练习

一、填空题

1.5G 很难像以往一样以某种单一技术为基础形成针对所有场景的解决方案,5G 技术创新主要来源于_____和_____两方面。

2.无线传输增加传输速率一般有两种方法:一是增加_____;二是增加_____。

3.大规模 MIMO 当前的关键技术主要包括信道信息的获取、_____、低复杂度传输技术和实现。

4.双连接不同于载波聚合,主要表现在_____和_____所在的层不一样。

5.NOMA 不同于传统的正交传输,在发送端采用_____,主动引入_____,在接收端通过_____实现正确解调。

二、选择题

1.5G 中 sub 6 GHz 频段能支持的最大带宽为(　　　)。

A.200M　　　　　　B.100M　　　　　　C.80M　　　　　　D.60M

2.在 5G 技术中,用于提升接入用户数的技术是(　　　)。

A. Massive MIMO　　B.SOMA　　　　C. Massive CA　　　D.1mcTTI

3.下面属于 5G 频段的是(　　　)。

A.3 300 ~ 3 400 MHz　　　　　　　B.3 400 ~ 3 600 MHz

C.4 800 ~ 5 000 MHz　　　　　　　D.1 880 ~ 1 900 MHz

4.在 RF 优化调整措施中一般优先考虑采用(　　　)来解决覆盖问题。

A.天馈参数,如下倾角　　　　　　B.功率参数

C.邻区和切换参数　　　　　　　　D.进行整改

5.5G 性能要求支持的移动速度最大可达(　　　)。

A.350 km　　　　B.400 km　　　　C.500 km　　　　D.1 000 km

三、判断题

1.(　　)超密集网络(UDN)是小区增强技术的进一步演进。

2.(　　)所有的传输信道都有一个独立的物理信道与其对应。

3.(　　)option3 的 SA 方式采用了 5GC,可以利用 5GC 新型的网络和业务能力,如切片、支持边缘计算等,是 5GC 产业成熟阶段的目标方案。

4.(　　)BBU 的剩余功能重新定义为 DU,负责处理物理层协议和实时服务。

5.(　　)网络切片是一个完整的逻辑网络,可以独立承担部分或者全部的网络功能。

四、简答题

1.与传统的 MIMO 技术相对,大规模 MIMO 具有哪些优势?

2.简述载波聚合的优势。

3.简述 NOMA 的优点。

4.简述 D2D 通信以及其优势。

5.同时同频双工技术有什么优势?

项目五

分析5G承载网

任务一　分析 5G 承载网架构

🖥️ 任务描述

本任务主要介绍 5G 承载网架构。

📋 任务目标

- 识记：承载网的概念。
- 掌握：承载网的架构。

✍️ 任务实施

一、承载网概述

什么是承载网？顾名思义，承载网就是专门负责承载数据传输的网络。

如果说核心网是人的大脑，接入网是四肢，那么承载网就是连接大脑和四肢的神经网络，负责传递信息和指令，如图 5.1.1 所示。

图 5.1.1　承载网的位置

承载网、接入网、核心网相互协作，最终构成了移动通信网络，如图 5.1.2 所示。

通信网络本来就是一个管道，承载网是"管道中的管道"。承载网看似简单，实际上内部结构非常复杂。从 1G 到 4G，承载网经历了从低带宽到高带宽、从小规模到大规模的巨大变化。

现阶段，承载网融合了 SDH/MSTP、PTN、IPRAN 和 WDM/OTN 多种传输技术，逻辑上可以分为 4 个层次：接入层、汇聚层、核心层和主干层，如图 5.1.3 所示。

图 5.1.2　移动通信网中的承载网

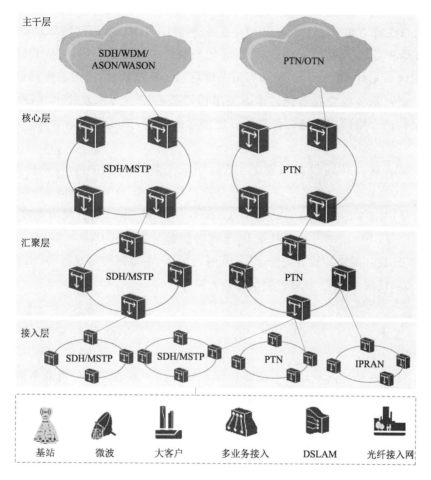

图 5.1.3　承载网层次划分

接入层下连基站和其他接入设备,通过基站,无线信号就能"飞"到用户的手机中了。接入层就好比门前的小路,进进出出都必须走这条小路。小路很窄,所以能容纳的车也少。相似的,接入层的速率都比较低,通常为 155 Mbit/s ~ 1 Gbit/s。

汇聚层在接入层的上面,好比城市的大马路,多条小路汇聚成一条大马路,其能容纳的车也更多一些。因此,汇聚层的速率比接入层要高,通常为 622 Mbit/s ~ 10 Gbit/s。

核心层就如城市的主干道,道路更宽运送的货物更多。核心层的速率通常为 1 ~ 10 Gbit/s。

主干层就如省际高速公路,包括省干和国干。只有跨省的电话才需要进入主干层传输,如果只是打一个市话是不需要进主干层的。主干层的速率在 10 Gbit/s 到 Tbit/s 数量级。

5G 时代,通信网络的指标发生了大幅的变化,有的指标标准甚至提升了十几倍,要达到要求,只靠无线空中接口部分改进是办不到的。

5G 比 4G 的频率高 10 倍,频谱也更宽,好比把马路扩宽了可以容纳更多车是一个道理,所以同时传输更多信息,网速也就越快。但频率高有一个问题,由于衍射现象,高频电磁波不善于绕弯,所以覆盖方面就差一些,要盖的基站比 4G 多很多,但 5G 信号有弥补的办法,就是波束赋形,通过探测设备的位置调整信号发射方向,大大提升传输效率。

与 4G 时代相比,5G 承载网络至少需要解决以下问题:大容量/大带宽,以解决 5G 暴增的流量;低时延,以支持诸如车联网之类 uRLLC 业务;刚性隔离的切片层和网络硬切片,以支持各种垂直应用场景和行业;高精度时间同步,以满足 PTP C 类设备的指标;支持新的 25GE/50GE 接口,与 5G 射频单元对接;低功耗,保证容量倍增后功耗不增加;传统的回传网被逻辑划分为前传、中传和回传,每一段会有不同的承载要求但希望有统一的承载技术和设备;基带处理的虚拟化需要新的专用硬件加速设备来减轻服务器的负荷;能够帮助运营商降低 CAPEX 和 OPEX。

目前运营商在建的传输设备主要是 OTN(Optical Transport Network,光传送网)及 PTN(Packet Transport Network,分组传送网);传输存量设备主要是 SDH(Synchronous Digital Hierarchy,分组传送网)及 DWDM(Dense Wave-length Division Multiplexing,密集型光波复用)。其中 LTE 业务由 OTN 和 PTN 承载,互联网及 IP 承载网数据主要是由 OTN 承载,3G 及 2G 业务由 SDH 及 DWDN 承载。网路架构分为全国一干、省内二干、本地网传输设备等,本地网传输设备分为城域核心层、城城主干层、城域汇聚层和接入层等。

二、PTN

1. PTN 概述

PTN 分组传送网是当前业界为了能够在传送层更加有效地传递分组业务并提供电信级的 OAM 和保护而提出的一种分组传送技术。PTN 分组化传送主要有两种技术:一种是基于以太网技术的 PBB-TE(ProviderBackboneBridge-TrafficEngineering),主要由 IEEE 开发;另一种是基于 MPLS 技术的 T-MPLS/MPLS-TP,由 ITU-T 和 IETF 联合开发。T-MPLS/MPLS-TP 逐渐成为目前 PTN 在传送层唯一的主流技术,并且已在中国移动城域网络中规模部署。

与 SDH 不同,PTN 以分组处理作为技术内核,承载电信级以太网业务为主,兼容 TDM、ATM 等业务的综合传送技术,结合了分组技术与 SDH/MSTP OAM、网络体验优点,在秉承 SDH 的传统优势,包括快速的业务保护和恢复能力、端到端的业务配置和管理能力、便捷的 OAM 和网管能力、严格的 QOS 保障能力等的同时,还可提供高精度的时钟同步和时间同步解决方案,技术优势示意如图 5.1.4 所示。

PTN 设备由数据平面、控制平面、管理平面组成,其中数据平面包括 QoS、交换、OAM、保护、同步等模块,控制平面包括信令、路由和资源管理等模块,数据平面和控制平面采用 UNI 和 NNI 接口与其他设备相连,管理平面还可采用管理接口与其他设备相连。PTN 设备系统结构如图 5.1.5所示。

图 5.1.4　PTN 技术

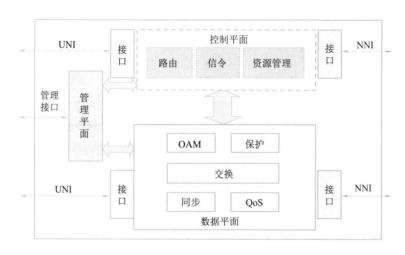

图 5.1.5　PTN 设备系统结构

2. PTN 的主要特点

①采用与现有本地传输网相同的分层网络架构。

②接入层采用环状或链状结构组网,客户侧采用 E1、FE 端口。

③汇聚层及以上可采用环状或 MESH 组网,可承载在波分系统上;上下层相连可采用两点接入方式。

④汇聚层及以上采用大容量 10 Gbit/s 线路侧端口。

⑤可支持多种接入业务类型。

⑥可实现快速部署,适应环境能力更强。

⑦同时充分利用现有资源,保护已有投资提供各种接入方式。

3. PTN 的优点

①创新的高性能电信级分组架构实现了由数据网络向电信网络的跨越。

②端到端 QoS 设计提供精细化的承载和完善的分级质量保障。

③PTN 采用了管道化传送思路、依托 MPLS 的转发机制,可实现 DiffServ 定义的各类功能 [流量分类、流量监管(Policing)、拥塞管理、队列调度、流量整形(Shaping)等]要求,保证了业务带宽及性能等 Qos 指标。

④城域范围内提供小于 50 ms 的业务保护时间。

⑤继承 SDH 端到端管理能力使 IP 网络首次具备了可管理、易维护的属性等。

PTN 技术主要定位于高可靠性、小颗粒的业务接入及承载场景,目前主要应用于城域网各个层面的业务及网络层面,提供 E1、FE、GE、10GE 的带宽颗粒,但由于其处理内核为分组方式,因此对于分组业务的承载优势较大,承载 TDM 业务的能力有限。

PTN 网络如图 5.1.6 所示。

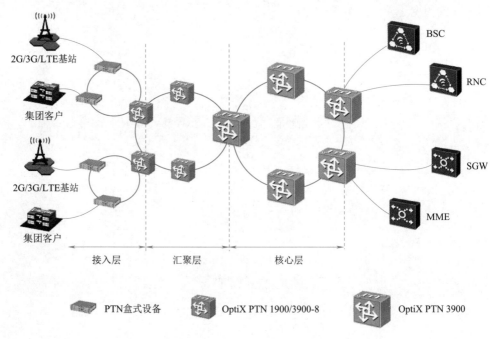

图 5.1.6 PTN 网络

三、OTN

1. OTN 概述

在 5G 承载的需求中,有一些是 OTN 本身固有的,如硬切片。OTN 的通道之间是时分复用的,所以是完全物理隔离的。OTN 交叉,对大容量、大带宽的支持,以及完善的 OAM 机制,都是 OTN 本来就具有的优势。同时,OTN 也在不断演进,OTN 1.0 基于 10 Gbit/s 点对点波分复用(WDM)连接;OTN 2.0 建立在 OTN 交换上,是当今的主流 100 Gbit/s 光连接;OTN 3.0 有助于新的 25GE、50GE、200GE、400GE 和 FlexE 接口通过新的 400G OTN、OTUCn 和 FlexO 交换连接进行传输。面对 5G 承载的诸多需求,OTN 正开启超 100 Gbit/s 速率的 3.0 时代。

OTN 系统演变如图 5.1.7 所示。

OTN 3.0 有两大特征。第一,单波长传输速率超过 100 Gbit/s,并且从以前离散的固定的速率(OTU1/2/3/4),转变成灵活可变的速率(OTUCn)。OTUCn 可以是 100 Gbit/s 以上,以 5 Gbit/s 为增量的任何速率。这极大提高了波长和网络的利用率。比如某段光纤通过相干调制后单波长可以支持 350 Gbit/s 带宽,用 OTU4 的话只能承载 3 个 OTU4 或 300 Gbit/s,剩下

50 Gbit/s 带宽被浪费了。而用 OTUCn 则可以支持 350 Gbit/s 速率,完全利用带宽资源。第二,专门针对移动承载进行优化。比如,优化硬件和软件设计,降低时延至 1 μs 的水平;增加新的 25GE/50GE 客户侧接口,方便接入 5G 射频单元的 eCPRI 信号;提升硬件以支持纳秒级的时间戳精度,并实现在 OTN 上传送高精度时间的机制。

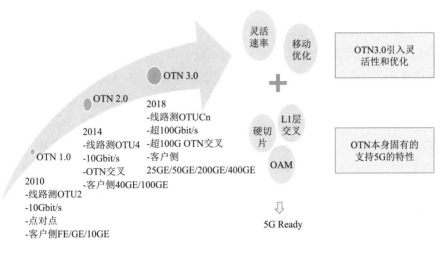

图 5.1.7　OTN 系统演变

通过提升和优化,OTN 3.0 真正能满足 5G 承载中 L1 层的需求,成为 5G 承载中 L1 层的理想选择。它和底下的光层交叉(ROADM)及上面的分组交换或三层路由共同组成了完整的多层次的 5G 承载网。每个层次上可以独立交叉或交换,最大限度地减低了网络时延,扩大了网络容量。

2. OTN 的应用场景

基于 OTN 的智能光网络将为大颗粒宽带业务的传送提供非常理想的解决方案。传送网主要由省际干线传送网、省内干线传送网、城域(本地)传送网构成,而城域(本地)传送网可进一步分为核心层、汇聚层和接入层。相对 SDH 而言,OTN 技术的最大优势就是提供大颗粒带宽的调度与传送,因此,在不同的网络层面是否采用 OTN 技术,取决于主要调度业务带宽颗粒的大小。按照网络现状,省际干线传送网、省内干线传送网以及城域(本地)传送网的核心层调度的主要颗粒一般在 Gbit/s 及以上,因此,这些层面均可优先采用优势和扩展性更好的 OTN 技术来构建。对于城域(本地)传送网的汇聚与接入层面,当主要调度颗粒达到 Gbit/s 量级,亦可优先采用 OTN 技术构建。

(1)国家干线光传送网。

随着网络及业务的 IP 化、新业务的开展及宽带用户的迅猛增加,国家干线上的 IP 流量剧增,带宽需求逐年成倍增长。波分国家干线承载着 2G 长途业务、NGN/3G 长途业务、Internet 国家干线业务等。由于承载业务量巨大,波分国家干线对承载业务的保护需求十分迫切。采用 OTN 技术后,国家干线 IP over OTN 的承载模式可实现 SNCP 保护、类似 SDH 的环网保护、MESH 网保护等多种网络保护方式,其保护能力与 SDH 相当,而且设备复杂度及成本也大大降低。

（2）省内/区域干线光传送网。

省内/区域内的主干路由器承载着各长途局间的业务（NGN/3G/IPTV/大客户专线等）。通过建设省内/区域干线 OTN 光传送网，可实现 GE/10GE、2.5G/10GPOS 大颗粒业务的安全、可靠传送；可组环网、复杂环网、MESH 网；网络可按需扩展；可实现波长/子波长业务交叉调度与疏导，提供波长/子波长大客户专线业务；还可实现对其他业务如 ATM、FE、DVB、STM-1/4/16/64SDH、HDTV、ANY 等的传送。

（3）城域/本地光传送网

在城域网核心层，OTN 光传送网可实现城域汇聚路由器、本地网 C4（区/县中心）汇聚路由器与城域核心路由器之间大颗粒宽带业务的传送。路由器上行接口主要为 GE/10GE，也可能为 2.5G/10GPOS。城域核心层的 OTN 光传送网除可实现 GE/10GE、2.5G/10G/40GPOS 等大颗粒电信业务传送外，还可接入其他宽带业务，如 STM-0/1/4/16/64SDH、ATM、FE、ESCON、FI-CON、FC、DVB、HDTV、ANY 等；对于以太业务可实现二层汇聚，提高以太通道的带宽利用率；可实现波长/各种子波长业务的疏导，实现波长/子波长专线业务接入；可实现 带宽点播、光虚拟专网等，从而可实现带宽运营。从组网上看，还可重整复杂的城域传输网的网络结构，使传输网络的层次更加清晰。

（4）专有网络的建设

随着企业网应用需求的增加，大型企业、政府部门等也有了大颗粒的电路调度需求，而专网相对于运营商网络光纤资源十分贫乏，OTN 的引入除了增加了大颗粒电路的调度灵活性，也节约了大量的光纤资源。在城域网接入层，随着宽带接入设备的下移，ADSL2 +/VDSL2 等 DSLAM 接入设备将广泛应用，并采用 GE 上行；随着集团 GE 专线用户不断增多，GE 接口数量也将大量增加。ADSL2 +设备离用户的距离为 500 ~ 1 000 m，VDSL2 设备离用户的距离以 500 m 以内为宜。大量 GE 业务需传送到端局的 BAS（宽带接入服务器）及交换机上，采用 OTN 传输方式是一种较好的选择，将大大节省因光纤直连而带来的光纤资源的快速消耗，同时，可利用 OTN 实现对业务的保护，并增强城域网接入层带宽资源的可管理性及可运营能力。

3. OTN 的发展前景

OTN 对于应用来说是新技术，但其自身的发展已有多年，已趋于成熟。ITU-T 从 1998 年就启动了 OTN 系列标准的制定，到 2003 年主要标准已基本完善，如 OTN 逻辑接口 G.709、OTN 物理接口 G.959.1、设备标准 G.798、抖动标准 G.8251、保护倒换标准 G.873.1 等。另外，针对基于 OTN 的控制平面和管理平面，ITU-T 也完成了相应主要规范的制定。

除了在标准上日臻完善之外，近几年 OTN 技术在设备和测试仪表等方面也进展迅速。主流传送设备商一般都支持一种或多种类型的 OTN 设备。另外，主流的传送仪表商一般都可提供支持 OTN 功能的仪表。

随着业务高速发展的强力驱动和 OTN 技术及实现的日益成熟，OTN 技术已局部应用于试验或商用网络。预计在未来几年内，OTN 将迎来大规模的发展。

国外运营商对于传送网络的 OTN 接口的支持能力一般已提出明显需求，而实际的网络应用当中则以 ROADM 设备形态为主，这主要与网络管理维护成本和组网规模等因素密切相关。

国内运营商对于 OTN 技术的发展和应用也颇为关注,从 2007 年开始,中国电信、原中国网通和中国移动集团等已经开展 OTN 技术的应用研究与测试验证,而且部分省内网络也局部部署了基于 OTN 技术的传送试验网络,组网节点有基于电层交叉的 OTN 设备,也有基于 ROADM 的 OTN 设备。由于 ROADM 相对于当前的维护体系来说维护成本较高,所以 ROADM 仅仅在部分运营商进行了小范围实验使用,而基于电层交叉的 OTN 设备已经大规模商用于中国移动、电信、联通、广电等各大运营商,以及南方电力、中国石化等大型专网。

作为传送网技术发展的最佳选择,可以预计,在不久的将来,OTN 技术将会得到更广泛应用,成为运营商营造优异的网络平台及拓展业务市场的首选技术。

4. OTN 的特点

OTN 的主要优点是完全向后兼容,它可以建立在现有的 SONET/SDH 管理功能基础上,不仅提供了存在的通信协议的完全透明,而且为 WDM 提供端到端的连接和组网能力,它为 ROADM 提供光层互联的规范,并补充了子波长汇聚和疏导能力。

OTN 概念涵盖了光层和电层两层网络,其技术继承了 SDH 和 WDM 的双重优势,关键技术特征体现为:

(1)多种客户信号封装和透明传输

基于 ITU-TG.709 的 OTN 帧结构可以支持多种客户信号的映射和透明传输,如 SDH、ATM、以太网等。对于 SDH 和 ATM 可实现标准封装和透明传送,但对于不同速率以太网的支持有所差异。ITU-TG.sup43 为 10GE 业务实现不同程度的透明传输提供了补充建议,而对于 GE、40GE、100GE 以太网、专网业务光纤通道(FC)和接入网业务吉比特无源光网络(GPON)等,其到 OTN 帧中标准化的映射方式目前正在讨论之中。

(2)大颗粒的带宽复用、交叉和配置

OTN 定义的电层传输颗粒为光通路数据单元(ODUk,k = 0,1,2,3),即 ODU0(GE,1000M/S)ODU1(2.5 Gbit/s)、ODU2(10 Gbit/s)和 ODU3(40 Gbit/s),光层的带宽颗粒为波长,相对于 SDH 的 VC-12/VC-4 的调度颗粒,OTN 复用、交叉和配置的颗粒明显大很多,能够显著提升高带宽数据客户业务的适配能力和传送效率。

(3)强大的开销和维护管理能力

OTN 提供了和 SDH 类似的开销管理能力,OTN 光通路(OCh)层的 OTN 帧结构大大增强了该层的数字监视能力。另外,OTN 还提供 6 层嵌套串联连接监视(TCM)功能,使得 OTN 组网时,采取端到端和多个分段同时进行性能监视的方式成为可能。为跨运营商传输提供了合适的管理手段。

(4)增强了组网和保护能力

通过 OTN 帧结构、ODUk 交叉和多维度可重构光分插复用器(ROADM)的引入,大大增强了光传送网的组网能力,改变了基于 SDHVC-12/VC-4 调度带宽和 WDM 点到点提供大容量传送带宽的现状。前向纠错(FEC)技术的采用,显著增加了光层传输的距离。另外,OTN 将提供更为灵活的基于电层和光层的业务保护功能,如基于 ODUk 层的光子网连接保护(SNCP)和共享环网保护、基于光层的光通道或复用段保护等,但共享环网技术尚未标准化。

任务小结

本任务学习了 5G 承载网,介绍了 5G 承载网结构,着重介绍了 PTN 与 OTN 两种承载技术,侧重其特点与优势。

任务二 研究 5G 承载网部署

任务描述

本任务主要介绍 5G 承载网部署。

任务目标

掌握:5G 承载网部署。

任务实施

到了 5G 时代,接入网被重构为三个功能实体,分别是 CU(Centralized Unit,集中单元)、DU(Distribute Unit,分布单元)和 AAU(Active Antenna Unit,有源天线单元),如图 5.2.1 所示。

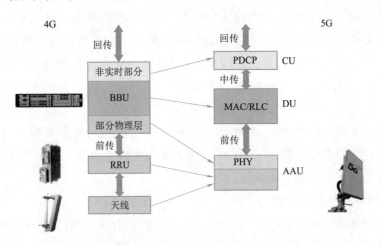

图 5.2.1 BBU + RRU + 天馈 & CU + DU + AAU

- CU:原 BBU 的非实时部分分割出来,重新定义为 CU,负责处理非实时协议和服务。
- DU:BBU 的剩余功能重新定义为 DU,负责处理物理层协议和实时服务。
- AAU:BBU 的部分物理层处理功能与原 RRU 及无源天线合并为 AAU。

之所以要拆分得这么细,是为了更好地调配资源,服务于业务的多样性需求(如降低时延、减少能耗),服务于“网络切片”。

接入网变成 AAU、DU、CU 之后,承载网也随之发生了变化。

5G 接入网的网元之间,也就是 AAU、DU、CU 之间,也是 5G 承载网负责连接的。不同的连接位置,有自己独特的名字:前传、中传、回传,如图 5.2.2 所示。

图 5.2.2　5G 网络中的前传中传回传

前传、中传、回传都属于承载网。现实生活中的 5G 网络,DU 和 CU 的位置并不是严格固定的。运营商可以根据环境需要灵活调整,如图 5.2.3 所示。

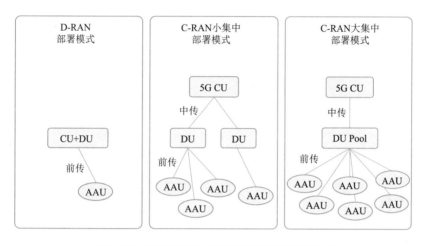

图 5.2.3　5G 接入网、承载网存在多种部署模式

其实在 4G 时期,所谓分布和集中,指的就是 BBU 的分布或集中;5G 时期,指的是 DU 的分布或集中。这种集中还分为“小集中”和“大集中”。

采用 C-RAN 进行集中化的目的是实现统一管理调度资源,提升能效,进一步实现虚拟化。正因为部署模式的多样性,使得前传、中传、回传的位置也随之不同,如图 5.2.4 所示。

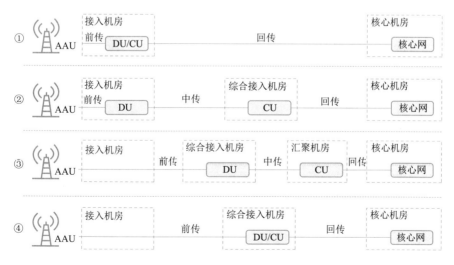

图 5.2.4　不同的接入网部署方式 = 不同的承载网位置

电信运营商在不同的地方有不同等级的机房。例如,大城市的电信大楼机房,往往是核心机房;普通办公楼里面的基站机房,就是站点(接入)机房;小城市或区级电信楼里,也有机房,可能是汇聚机房。

从整体上来看,除了前传之外,承载网主要是由城域网和主干网共同组成的。而城域网,又分为接入层、汇聚层和核心层,如图 5.2.5 所示。

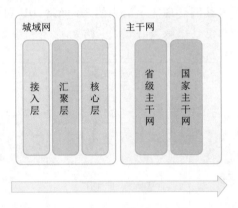

图 5.2.5　承载网的组成

所有接入网过来的数据,最终通过逐层汇聚,到达顶层主干网。

1. 前传部分

前传就是 AAU 到 DU 之间这部分的承载。它包括了很多种连接方式,如光纤直连、无源WDM/WDM-PON、有源设备(OTN/SPN/TSN)和微波。

(1)光纤直连方式

每个 AAU 与 DU 全部采用光纤点到点直连组网,如图 5.2.6 所示。

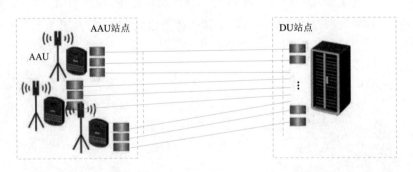

图 5.2.6　光纤直连方式

这种方式简单直接,但是光纤资源占用很多,更适用于光纤资源比较丰富的区域。

这种方式更适合 5G 建设早期。随着 5G 建设的深入,基站、载频数量也会急剧增加,这种方式肯定是不合算的,建设成本偏高。

(2)无源 WDM 方式

将彩光模块安装到 AAU 和 DU 上,通过无源设备完成 WDM 功能,利用一对或者一根光纤提供多个 AAU 到 DU 的连接,如图 5.2.7 所示。

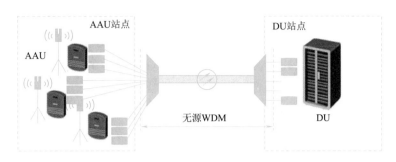

图 5.2.7　无源 WDM 方式

WDM(Wavelength Division Multiplexing,波分复用)是将两种或多种不同波长的光载波信号(携带各种信息)在发送端经复用器(Multiplexer)汇合在一起,并耦合到光线路的同一根光纤中,以此进行数据传输的技术。

彩光模块是光复用传输链路中的光电转换器,也称 WDM 波分光模块。不同中心波长的光信号在同一根光纤中传输是不会互相干扰的,所以,彩光模块实现将不同波长的光信号合成一路传输,大大减少了链路成本。

和彩光(Colored)相对应的,是灰光(Grey)。灰光也称白光或黑白光,它的波长是在某个范围内波动的,没有特定的标准波长(中心波长)。一般客户侧光模块采用灰光模块。

采用无源 WDM 方式,虽然节约了光纤资源,但是存在着运维困难、不易管理、故障定位较难等问题。

(3)有源 WDM/OTN 方式

在 AAU 站点和 DU 机房中配置相应的 WDM/OTN 设备,多个前传信号通过 WDM 技术共享光纤资源,如图 5.2.8 所示。

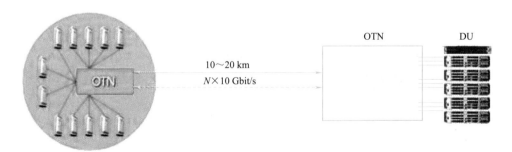

图 5.2.8　有源 WDM/OTN 方式

这种方式相比无源 WDM 方式组网更加灵活(支持点对点和组环网),同时光纤资源消耗并没有增加,从长远来看是非常不错的一种方式。

(4)微波方式

这种方式很简单,就是通过微波进行数据传输,如图 5.2.9 所示非常适合位置偏远、视距空旷、光纤无法到位的情况。

图 5.2.9　微波方式

前传承载四种方式适用场景不一,优缺点如表 5.2.1 所示。

表 5.2.1　前传承载四种方式的优缺点

参　数	光纤直连	无源 WDM/ WDM-PON	有源设备 (OTN/SPN/TSN)	微　波
拓扑结构	点到点	点到点	全拓扑(环带链/ 环状/链状/星状)	点到点
AAU 出彩色	否	是	否	否
CPRI/eCPRI 拉远	否	是	否	否
网络保护	否	否	是(L0/L1)	否
性能监控	否	否	是(L0/L1)	否
远端管理	否	否	是(L0/L1)	否
光纤资源	消耗多	消耗少	消耗少	否
网络成本(与前传规模相关)	低	中	高	高

在 5G 部署初期,前传承载仍然以光纤直驱为主,以无源 WDM 方案为补充。

这里补充介绍两个和前传有关的概念:CPRI 和 eCPRI。

4G 时代,BBU 和 RRU 之间就是 CPRI(Common Public Radio Interface,通用公共无线电接口)。它是一个通用的接口,有多个不同的版本,不同的版本对应不同的网络制式。BBU 和 RRU 之间的 CPRI 光纤如图 5.2.10 所示。

到了 5G 时代,AAU 和 DU 之间的带宽可能会达到数百 Gbit/s,CPRI 已经无法满足要求,所以就升级到了 eCPRI 接口规范(enhanced CPRI,增强型 CPRI),显著提升了接口带宽。

表 5.2.2　CPRI 与 eCPRI 接口

接口标准	主要应用	距离场景(km)	接口带宽(Gbit/s)
CPRI	4G	1.4、10	10
eCPRI	5G	0.1、0.3、10、15、20	25

目前的 4G LTE 网络,主流子载波带宽是 20 MHz,单基站的峰值吞吐量约为 240 Mbit/s。

而 5G 网络,尤其是毫米波频段,空口频宽达到 100～400 MHz,甚至更高。在 Massive MIMO 等空口技术的进一步加持下,单基站的带宽将是 4G 的几十倍。5G 频谱应用如表 5.2.3 所示。

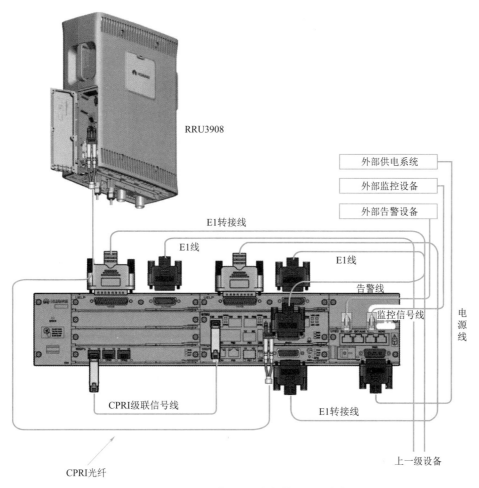

RRU3908

外部供电系统

外部监控设备

外部告警设备

E1转接线

E1线

E1线

告警线

监控信号线

电源线

CPRI级联信号线

E1转接线

CPRI光纤

上一级设备

图 5.2.10　BBU 和 RRU 之间的 CPRI 光纤

表 5.2.3　5G 频谱应用

参　数	5G 低频		5G 高频
频谱资源	3.4G ~ 3.5G,100 MHz 频宽		28G 以上频谱,800 MHz 带宽
基站配置	3 Cells,64T64R	3 Cells,16T16R	3 Cells,4T4R
小区峰值	6 Gbit/s	4 Gbit/s	8.0G
小区均值	1 Gbit/s	400 Mbit/s	2.0G
单站峰值	单位身值 = 单小区峰值 + 均值 × (N - 1)		
	6G + (3 - 1) × 1G = 8G	4G + (3 - 1) × 0.4G = 4.8G	8.0G + (3 - 1) × 2.0G = 12.0G
单站均值	单站均值 = 单小区均值 × N		
	1G × 3 = 3G	0.4G × 3 = 1.2G	2.0G × 3 = 6.0G

　　根据测算结果,在 5G 建设前期,运营商单基站带宽参考值将会采用 10GE 或 25GE 的标准,
如图 5.2.11 所示。4G 时大部分站点的标准只是 1GE。即便如此,前传带宽浪费还是比较
严重。

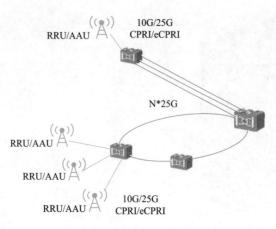

图 5.2.11 承载网 5G 前传带宽标准

接入环节点的带宽将由部署方式和类型决定,5G 热点地区的带宽显然会比一般地区的带宽更大(节点更多,高频站更多)。

2. 中传和回传部分

因为带宽和成本等原因,中回传不能用光纤直连或无源 WDM 方式,微波方式也不现实。由于中传与回传对于承载网在带宽、组网灵活性、网络切片等方面需求是基本一致的,所以可以使用统一的承载方案。

5G 中回传承载方案,主要集中在对 PTN、OTN、IPRAN 等现有技术框架的改造上。

从宏观上来说,5G 承载网的本质,就是在 4G 承载网现有技术框架的基础上,通过"加装升级"的方式实现能力的全面强化。

主要有两种方案:

①分组增强型 OTN + IPRAN。利用分组增强型 OTN 设备组建中传网络,回传部分继续使用现有 IPRAN 架构,如图 5.2.12 所示。

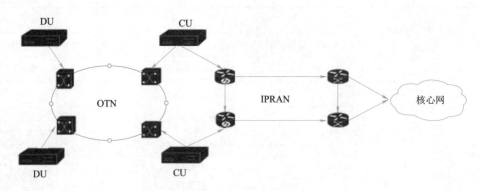

图 5.2.12 分组增强型 OTN + IPRAN

②端到端分组增强型 OTN。中传与回传网络全部使用分组增强型 OTN 设备进行组网,如图 5.2.13 所示。

这里仅仅对承载网做了最简单的讲解,至于承载网中采用的 FlexE 分片技术、减低时延的技术、SDN 架构等,想了解的小伙伴建议自己查一查。

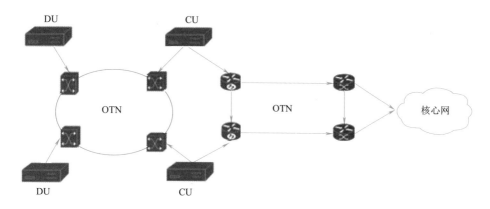

图 5.2.13　端到端分组增强型 OTN

3. 5G 承载网小结

架构:核心层采用 Mesh 组网,L3 逐步下沉到接入层,实现前传回传统一。

分片:支持网络 FlexE 分片

SDN:支持整网的 SDN 部署,提供整网的智能动态管控。

带宽:接入环达到 50GE 以上,汇聚环达到 200GE 以上,核心层达到 400GE。

以国内三大运营商的 5G 中回传承载网方案为例,基本上都是在现有方案上进行加强和改良,从而实现对 5G 的支持。

中国移动认为,SPN(切片分组网)是最适合自己的方案,能够满足自己的所有需求。

中国移动的 4G 承载网是基于 PTN 的。而 SPN 基于以太网传输架构,继承了 PTN 传输方案的功能特性,并在此基础上进行了增强和创新。

中国移动非常看好 SPN,并竭尽全力推动 SPN 的标准立项,还大力扶持 SPN 上下游产业链的发展。在它的努力下,SPN 技术确实发展很快,产业链也日趋完整。

中国电信在 5G 承载领域主推 M-OTN 方案。M-OTN 基于 OTN,是面向移动承载优化的 OTN 技术(Mobile-optimized OTN)。

之所以中国电信会选择 M-OTN,和其拥有非常完善和强大的 OTN 光传送网络有很大的关系。众所周知,中国电信的老本行是固网宽带,在光传输网基础设施方面还是很有家底的,带宽资源也非常充足。

OTN 作为以光为基础的传送网技术,具有的大带宽、低时延等特性,可以无缝衔接 5G 承载需求。而且,OTN 经多年发展,技术稳定可靠,并有成熟的体系化标准支撑。对中国电信来说,可以在已经规模部署的 OTN 现网上实现平滑升级,既省钱又高效。

中国联通采用的是自家的 IPRAN 。

IPRAN 是业界主流的移动回传业务承载技术,在国内运营商的网络上被大规模应用,在 3G 和 4G 时代发挥了卓越的作用,运营商也积累了丰富的经验。

但是,现有 IPRAN 技术是不可能满足 5G 要求的,所以中国联通就研发了 IPRAN 2.0,也就是增强 IPRAN。

IPRAN 2.0 在端口接入能力、交换容量方面有了明显的提升。此外,在隧道技术、切片承载技术、智能维护技术方面也有很大的改进和创新。

中国联通一直都在做 IPRAN 2.0 规范的功能验证和性能测试。

以上,就是国内三大运营商 5G 中回传承载网方案情况。

承载网作为通信网络的躯干,涉及大量的资金投入,运营商肯定会充分考虑资源复用、建设成本及产业成熟度等多方面因素,慎重选择最适合自己的方案。

而面对这样的情况,作为产业链上下游的企业来说,其实难以做到面面俱到。

如果各大方案不能朝融合的方向发展,就会迫使产业链企业选择"站队"。这肯定会制约产业链的扩大和共享,也会影响承载网络建设整体成本的下降。

所以,很多专家都呼吁各大运营商的方案能尽量"融合",最好是殊途同归。这不管是对产业链,还是对运营商,抑或最终用户来说,都是好事。

任务小结

通过本次任务,我们学习了 5G 承载网的部署、承载网常见几种连接方式。

任务三　讨论 5G 承载网方案

任务描述

本次任务将重点讨论 5G 建设初期传输网络技术选择和组网方案的选择,以及各组网方式的特点及优缺点等。

任务目标

掌握:5G 承载网两种方案。

任务实施

下面重点讨论 5G 建设初期传输网络技术选择和组网方案的选择,以及各组网方式的特点及优缺点等。

一、方案一:端到端分组增强型 OTN 组网方案

如图 5.3.1 所示,5G 传输接入层采用 100 Gbit/s 波分组网,汇聚层采用 Tbit/s 级别波分的组网方式。

1. 组网方案

①前传方案:基站通过裸纤与 DU(Distribute Unit,分布单元)连接,满足未来移动用户大带宽、低时延、高可靠信息传送需求。

基站流量预测:5G 基站带宽均值将超过 1 Gbit/s,峰值或超 10 Gbit/s;对 S111 站型,CIR/PIR 将达到 4 Gbit/s/16 Gbit/s。

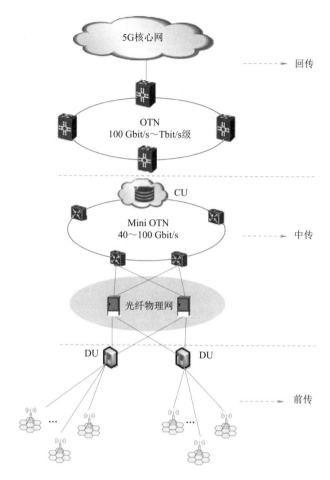

图 5.3.1 波分组网 5G 承载方案

②中传方案:DU 汇聚基站后接入物理网光交配线端子;物理网光交汇聚 DU 上行光缆后, DU 通过物理网光交成环,物理网光交再通过主干光缆或波分设备上传至局端 CU(Centralized Unit,集中单元)。

接入层流量预测:按每接入环 6 个站,一个站达到峰值带宽计算,接入环带宽将达到 40 Gbit/s, 考虑到 5G 基站的密集程度,100 Gbit/s 组网可能性更大。

③回传方案:CU 通过 100 Gbit/s～Tbit/s 级别波分或中继光缆回传至 5G 核心网。

汇聚层流量预测:汇聚层波分环考虑到将汇聚多个接入环,则有可能达到 T 级别组网。

2.方案一的优点

①大带宽:融合分组技术及超 100 Gbit/s 光传送技术,能有效支撑 5G 网络千倍接入速率。

②低时延:融合形态,灵活实现业务穿通节点光层直通,应对 5G 端到端超低时延的巨大挑战。

③物理链路高安全:DU 至光纤物理网光交采用双上行,物理网光交至 MS-OTN 也采用双上行连接,极大地提高了 DU 设备的安全性。

④大容量、少节点:通过 MS-OTN 汇接 DU 后再接入 CU(无线接入控制设备),可以有效收

敛上行光缆,节省 CU 端口,并使 CU 覆盖较大的地域面积,减少 CU 部署点位,有效降低设备组网、传输线路、维护等需求。

⑤线路带宽易升级:MS-OTN 设备只需插卡,线路带宽可轻松从 100 Gbit/s 扩展至 400 Gbit/s,设备不换、机房不改、平滑扩展,实现"超 100 Gbit/s"带宽。

3. 方案一的缺点

①投资大:需搭建两张高速率高性能的 OTN 环网,在利用现网 OTN 设备的基础上,仍需新增较多节点,投资巨大。

②网络较复杂:新建较多的 MS-OTN 设备用以 5G 基站信息传输,增加了网络的复杂性。

二、方案二:固移融合承载方案

固移融合承载方案如图 5.3.2 所示。

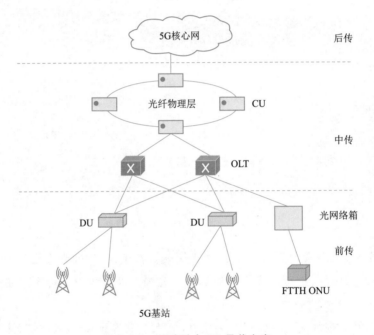

图 5.3.2　固移融合 5G 承载方案

1. 组网方案

①前传方案:基站通过裸纤与 DU 连接,满足未来移动用户大带宽、低时延信息传送需求。室内小基站(RRU + DC 部分)可与 ONU 集成,易于部署。

②中传方案:DU 汇聚基站光缆后接入 OLT 设备 PON 口;OLT 下沉至小区后,同时接入有线 PON 业务及无线 5G 基站;物理网光交汇聚 OLT 上行光缆后,通过主干光缆设备上行至局端 CU。

③回传方案:CU 通过中继光缆回传至 5G 核心网。

2. 方案二的优点

①组网简单:利用现有网络结构,升级 OLT 设备,增加物理网光交数量,即可完成组网;

②固移融合:有线、无线综合承载,提高设备利用效率,有效节省机房空间,节约能耗,且有线无线业务带宽、性能等实现同步升级。

③大带宽传输:除采用超 10 Gbit/s 甚至 100 Gbit/s PON OLT 设备进行 DU 设备承载外,全程光链路直达,支持5G超大带宽应用。

④物理链路高安全:DU(5G无线接入单元)至 OLT 采用双上行,OLT 至物理网光交也尽量采用双上行连接,且物理网光交呈环状结构,极大地提高了 DU 设备的安全性。

⑤线路带宽易升级:OLT 设备可实现平滑升级,设备不换、机房不改、平滑扩展,实现"超100 Gbit/s"带宽。

⑥节省物理网光纤资源:采用 OLT 设备作为 CU、DU 之间的汇聚点,可以起到大幅汇聚基站上行光缆的作用,降低对光纤物理网资源的消耗。

3. 方案二的缺点

①需克服 OLT 时延较大问题:由于 OLT 的上行采用 TDMA 方式,因此上行信息流时延暂时无法满足5G的超低时延需求。因此,如采用 OLT 融合承载无线及有线业务,需要对 OLT 时延进行优化,或者通过端到端 QoS 保障5G基站业务传输低时延、高可靠和大带宽的需求。

②CU 覆盖范围有限:由于 DU 通过光纤物理网直接汇接到 CU,且光纤物理网单环上仅能带 4 ~ 6 个光交,密集城区每个光交覆盖半径为 1 km 左右,这意味着 CU 覆盖范围内能接入的基站数量受覆盖面积限制而容量有限,不能最大限度地发挥 CU 的效能。

三、其他传输方案

除以上两种方案外,还可以采用以下方案:

(1)方案三

以方案一为基本网络架构,结合方案二,具体是将接入层的 MS-OTN 设备作为综合接入设备,MS-OTN 同时接入基站以及 OLT 设备,基站完成无线接入,OLT 设备完成有线接入。

(2)方案四

以方案二为基本网络架构,将 OLT 设备用超低时延交换机替代,采用三层交换机或路由器进行回传。

(3)方案五

以方案二为基本网络架构,将 OLT 设备用高速 IPRAN 设备替代。

(4)方案六

以方案三为基本网络架构,暂时不建设接入层的 MS-OTN 环,DU 直接通过光纤物理网接入CU。此方案占用纤芯资源较多,适用于少量补点,不适用于大规模建设。

四、传输组网方案的选择

在实际的建设过程中,具体采取何种传输组网方案,主要取决于以下条件:

①CU 的定位:CU 在网络层级中的定位,即 CU 位置的选择、覆盖的范围、接入用户规模等。如果 CU 在汇聚层面,覆盖广、容量大,采用方案一更合理;反之,如果 CU 在接入汇聚层面,位置

与 4G BBU 机房位置类似,则可采用方案五。

②资金投入:投资的大小也对网络架构的选择起到重要的影响作用,方案一、方案三投资巨大,但网络架构清晰、合理,能满足 5G 传输各项指标;方案二、三、五投资较低,适用于试点阶段或少量补点建设。

③技术进步:技术进步也可以改变网络建设方式,例如 OLT 设备能解决时延、同步,IPRAN 设备能解决带宽等技术难题。

实际建设时,应根据具体的情况,灵活选取组网方式,以期能达到网络最优、投资最省的效果。

五、SDH、MSTP、OTN 和 PTN 的区别和联系

TDM 就是时分复用,就是将一个标准时长(1 s)分成若干段小的时间段(8 000),每一个小时间段(1 s/8 000 = 125 μs)传输一路信号;SDH 系统的电路调度均以 TDM 为基础,所以很多人认为 SDH 业务就是 TDM 业务,就是传统的电路调度。

但在 SDH 大行其道的时候,另一场以太网和 ATM(异步传输模式)大战中,以太网取得全面胜利,其中又以 IP 最为强势,导致今天很多业务侧都 IP 化的。

问题:SDH 和以太网能否合作一下? 由此诞生了 MSTP 诞生。

在合资公司 MSTP 中的股份分配不太均匀:SDH 占有 70%,以太网占有 20%,其它包括 ATM 占股 10%,掌控的还是 SDH,内核还是 TDM,TDM 的一切劣势都依旧保留,如刚性管道;以太网和 ATM 只是提供相应接口。

随着互联网的大力普及,计算机、手机、电视等终端都能上网了,带宽的需求急剧增加,挑战也来了,以前 1 × 155 Mbit/s 可以供上千人打电话,现在人们在打电话时还要上网,带宽需求增长和现有网络资源出现矛盾。

要解决这个矛盾,要看 SDH 如何处理。SDH 的特质决定它一直都是不与人分享公共资源,独占资源;好比一条路(链路)一个车能拉一个客人(STM-1),那么道路效率就是运送了一个人(155 Mbit/s-STM-1),后来把车吨位升级了,能拉 64 个客人(64 × STM-1),那么效率就是(10 Gbit/s-STM-64),这就是环速率。

如果有个时间段没有人需要运送,那就空跑,这时的效率就是 0,其他道路就是堵死了也和其无关,这种低效率运作方式叫刚性管道。

现在需要运送的客人越来越多了,忙不过来了,解决方法有以下三个途径:

第一种:多修几条路(新建光缆),进行人员分流;缺点:成本和周期太长。如 PASS。

第二种:升级汽车吨位(提高速率);缺点:汽车厂还没研发出更大载重的车辆(电子元器件受限)。如 PASS。

第三种:划分成多个车道(波道),多个车辆共享道路。

综合考虑后:方案三可行,由此诞生了波分 WDM。

波分 WDM 就是将多个车道(波道)的车辆(信号)放到同一条道路(光纤)中进行传送,这里又根据车道间隔大小分为两类:车道间隔为 20 nm 的,为稀疏波分,又称粗波分;车道间隔小

于或等于 0.8 nm 的,为密集波分。

这样带宽成倍增加了,暂时解决了带宽不足的问题。

WDM 得到重用后,各地纷纷仿效,现在的 WDM 不仅在城市主干道里使用(城域波分),还用在跨市、跨省道路上(长途波分)。

它的具体工作方式是各种类型的货物或乘客(业务信号)都被装载到一辆辆汽车中,汽车按照预先分配的车道(波道)行驶,中间汽车需要加油,因此设置了加油站(光放站 OLA),司乘人员需要吃饭休息补充体力,因此为他们设置临时休息区(中继站),当然,还离不开交警系统的支持(光监控 OSC 或电监控 ESC)。

随着人们需求的不断增加,车道数也由刚开始的 16 或 32 扩充到 40、80、160,目前施工水平(制造工艺)已经突破 200 个车道数(波道),但管理水平很低,主要体现在以下几个方面:

①交通管理消息传递不畅(OAM 缺乏):WDM 的初衷就是解决带宽不够问题,没有考虑到带宽提高后管理也要跟上,现在最大的问题是车辆多了,如何对每一辆车的状态做到了如指掌,交警(OSC)感到力不从心;这时会想起 SDH 的好处:SDH 系统都有统一的管理机构,每一辆车上都有司机和售票员,分工明确,还用实时视频监控(在线监测),时刻都能了解每一辆车的运行状况。

②调度不够灵活:WDM 在设计之初就有一个严重缺陷,如一个货物要从西安运到北京,预先分配的车道是 10 车道(第 10 波),那么从西安到北京全程都是第 10 车道,不能更改,除非经过了好几个高速段(光再生段),如西安 – 郑州、郑州 – 北京,那么在郑州可以有一次更换车道的机会,而且这种更换车道的代价是为这次行为专门修一条小路(布放光纤);以前 SDH 遇到类似的情况时就在郑州修一个大的调度中心,所有问题都解决了。

③容易堵死(保护不完善):在城市主干道或省际快速道路上,为了提高效率,在公路设计时就考虑到与普通道路的区别,只设置几个很少的出口,其他全是封闭的,这样带来的后果是一旦发生拥堵或交通事故,乘客就会闹得不可开交(业务中断);如果司机一看到前面拥堵,马上就小路通行,可能会有少量乘客无法到达目的地(少量业务中断),绝大部分都能顺利到达,究其原因有大量可用迂回路由,再加上灵活调度(司机就可决定)。

交通运输局(ITU-T)看到问题所在,从以下几个方面进行改革:

①为所有上路车辆增加监控设备以及必要的安全管理员——增加 OAM 开销。

②在交通枢纽节点增设调度枢纽——增加业务调度[车道间调度(光层调度)和货物或乘客间调度(电层调度)]。

③依托调度枢纽,加上在道路上预留一部分车道或一部分车辆,为所有车辆提供完善的保障——完善保护机制。

这时 SDH 和 WDM 优势互补,一个全新的制度诞生了——OTN。OTN 是在 WDM 基础上,融合了 SDH 的一些优点,如丰富的 OAM 开销、灵活的业务调度、完善的保护方式等。OTN 对业务的调度分为光层调度和电层调度。光层调度可以理解为是 WDM 的范畴;电层调度可以理解为 SDH 的范畴。所以简单地说:OTN = WDM + SDH。

但 OTN 的电层调度工作方式与 SDH 还是有些不同的地方。

OTN 电层调度的工作特点：

①所有车辆的大小、规格、容量均统一，外形尺寸为 4×4 080；

②根据需求提高发车频率。

OTN 电层调度的优点：

①无须不断研发更大容量的车，减低开发成本。

②统一结构，便于管理。

③跨区域运输方便（异厂家互通方便）。

④理论上，可以通过提高发车频率无限提高容量，实现方式简单明了。

与此同时，以太网和 ATM 发展也是稳步推进，并共同发布了一本新协议——多协议标签交换。

多协议标签交换（Multi - Protocol Label Switching，MPLS）是新一代的 IP 高速主干网络交换标准，由因特网工程任务组（Internet Engineering Task Force，IETF）提出。

MPLS 是利用标记（Label）进行数据转发的。当分组进入网络时，要为其分配固定长度的短的标记，并将标记与分组封装在一起，在整个转发过程中，交换节点仅根据标记进行转发。

MPLS 独立于第二和第三层协议，如 ATM 和 IP。它提供了一种方式，将 IP 地址映射为简单的具有固定长度的标签，用于不同的包转发和包交换技术。它是现有路由和交换协议的接口，如 IP、ATM、帧中继、资源预留协议（RSVP）、开放最短路径优先（OSPF）等。MPLS 主要用于解决网路问题，如网路速度、可扩展性、服务质量管理以及流量工程，同时也为下一代 IP 中枢网络解决宽带管理及服务请求等问题。MPLS 最初是为了提高转发速度而提出的。与传统 IP 路由方式相比，它在数据转发时，只在网络边缘分析 IP 报文头，而不用在每一跳都分析 IP 报文头，从而节约了处理时间。

MPLS 起源于 IPv4（Internet Protocol version 4），其核心技术可扩展到多种网络协议，包括 IPX（Internet Packet Exchange）、Appletalk、DECnet、CLNP（Connectionless Network Protocol）等。MPLS 中的 Multiprotocol 指的就是支持多种网络协议。

SDH 的基础速率为 155 Mbit/s，实际能达到的带宽只有 120 Mbit/s，SONET 能提供的带宽还要稍大一些，但是数据流量如果超出这个峰值，就直接丢包。要解决这个问题，需要把存储转发做到端口上去，MSTP 技术应运而生。MSTP 网络内部仍然是 SDH 的电路交叉、绑定、调度，接口换上了 RJ45 口，整个 MSTP 网络就成了一个二层交换机，交换机的各个接口分布在不同的网元上，最后划上 VLAN 分割广播域，这里的 VLAN 在 SDH 网络内部有效，对外透明。为了实现这些功能，MSTP 也使用了一些新技术。

MSTP 需要考虑的是以太帧向 SDH 净荷映射的一个过程，进入接口的以太帧被打上 tag 进行标记识别（注意这个标签只用于 SDH 网络内部对外毫无意义），然后切割封装。一开始，PPP 承担起了封装任务，而相较之下 GFP 同时支持定长帧和变长帧，效率稍高一点，所以 MSTP 也逐渐转向 GFP 封装，目前大部分 MSTP 的实现模式是 mac→GFP→SDH。

虚级联和 LCAS 技术用于解决 SDH 的速率等级与以太网的速率等级不匹配的问题，提高带宽利用率。通过改变设备的交叉结构和新定义开销字节，虚级联拆除了 SDH 传输中固有的复帧结构,而 LCAS 实现了基于 2M 基础单元的带宽动态分配。

最后是服务质量,SDH 中大量未定义字节为服务质量策略的部署提供了良好平台。与 MSTP 插入 tag 的方式相比,CAR 的实现有些不同,通过字节定义出的 CAR 可以基于端口实施限速,也可以和 vlan 绑定基于应用类型进行限速。

为以太帧加标签的技术大大鼓舞了 MSTP 技术的发展。既然加了标签的帧在 SDH 网络内部是被切成小片传输的,那加几层标签都影响不大,挣脱了 mtu 的束缚,各种加标签的技术都被 MSTP 给用上了,当然只在 MSTP 网络内部有效,对外还是透明的。比如 QinQ(是 EoMPLS 的一种)、MPLS VPN、RSVP/TE 等,这些都是分组交换的技术。

而后 ASON 横空出世,MSTP 终于走上三层,不再透明。但是,把 SDH 设备直接做上三层,成本远高于数据网设备,还丧失了 SDH 网络的安全性。在经历了 ASON 的失败,现在的 PTN 出现之后,不少用户都保持了相对谨慎。

对比起 L2TP 的伪线技术,MSTP 网络实现 Any to Any 连接采用的方法还是比较原始,当链路两侧的码率不一致的时候,传输质量要受到其他一些影响,如协议转换、接口电气性能等。

以太网的声势越来越大,再加之 MPLS 助阵,逐渐有了可以抗衡 SDH 的实力,所以才有了 SDH 与以太网的初步融合,诞生了 MSTP,但 MSTP 因为股权问题,还是 SDH 主导,以太网、ATM 只能是配角,以太网发誓要有所改观。

为了对抗 SDH 阵营,以太网大力发展自己的势力范围,先将末端 IP 化(业务侧 IP 化)。IP 可以作为 SDH 的货物,通过 SDH 进行传输,但问题出来了:SDH 当初开发时就对货物有严格的外形要求,必须是"块状结构",而且大小也是标准的,每个座位也是按照这个要求做的,这样运输的效率最高;后来 IP 这种长相奇特(格式不同)的货物越来越多,就算是专门开发出了 MSTP,IP 还是不能很好的运输。原因是 IP 是以太网门下的得力弟子,以太网就是因为简单、无拘无束、尽力而为等特点为其创派宗旨,所以 IP 也有此特性,有的小巧,有的肥大(IP 帧长可变),如 SDH/MSTP 中的 IP 较少,问题不大,如果 IP 占到一半以上,恐怕车辆的改造成本就太大了。

现在的问题是 IP 货物越来越多,我要自己成立运输公司,而且要我说了算,不能再受制于 SDH;同时 SDH 也在想,能不能将车厢分成二层,一层给原来的业务,一层专门给 IP 预留,这样就可以兼顾了。

现在,各种新公司、新技术都涌现了出来。现在 SDH 集团研究后推出 MSTP +(也称 Hybrid MSTP),50/50 股权分配,车辆变成二层,二层分开管理和调度,两套调度体系(双内核交叉),也不失为一种好的补偿措施。

以太网阵营现在出现了两种大的分歧:一种认为自己成立的运输公司不让 SDH 的客户(TDM 业务)上车,如果一定要进来,必须改头换面——伪装(仿真),同时没有时间上的保证(无时间同步),纯粹为以太网服务,公司名叫 IP-RAN;一种认为应该吸收一些 SDH 的客户,SDH 经营了这么多年,它的客户还是很多的(还有很多 TDM 业务需求),同样进来后还是要改头换面——伪装(仿真),公司取名叫 PTN。

无论哪种方式,伪装总少不了,随后就开发了 PWE3 伪装术。

在 PTN 公司中又有两大派别:一派是融合 MPLS、易容术 PWE3 和 MSTP 的产物——MPLS-TP 派别;一派是融合 QinQ 和 MSTP 的产物——PBT 派别。

对于 MPLS-TP 派别,支持者众多,如华为、中兴、烽火、阿朗、爱立信、中国移动等;对于 PBT 派别,支持者仅有北电网络。现在看到的 PTN 绝大部分是 MPLS-TP 派别;

随着相互学习,现在的 IP-RAN 和 PTN 的差别也越来越小了,IP-RAN 的优势是三层无连接服务,但 PTN 现在也可以实现了;以前 PTN 为了传输 SDH 的客户 TDM 业务,专门开发了时间和时钟同步系统(称为 1588 系统),现在使用的是 V2 版本,V3 版本正在试验中,现在 IP-RAN 也支持这一系统。

MSTP +(HybridMSTP)可以看作 SDH 向以太网的妥协方案。

IP-RAN 和 PTN 现在已趋于一致,它们可以看作向 SDH 发起的全面挑战,而且取得了胜利。

任务小结

本次任务学习中,主要介绍了多种 5G 承载网方案,并着重介绍该如何选择合适的方案。

※思考与练习

一、填空题

1. 5G 接入网被重构为三个功能实体:_____、_____ 和 _____。

2. OTN 概念涵盖了 _____ 和 _____ 两层网络,其技术继承了 SDH 和 WDM 的双重优势。

3. 前传就是 _____ 到 _____ 之间这部分的承载。

4. 采用 C-RAN 进行集中化的目的,就是实现 _____ 资源,提升能效,也可以进一步实现虚拟化。

5. 从整体上来看,除了前传之外,承载网就是主要由城域网和 _____ 共同组成的。而城域网,又分为接入层、_____ 和核心层。

二、选择题

1. 以下不属于承载网逻辑上的层次划分的是(　　)。

　　A. 接入层　　　　　　B. 汇聚层　　　　　　C. 控制层　　　　　　D. 核心层

2. 3GPP 于 2008 年 12 月发布 LTE 第一版,(　　)版本为 LTE 标准的基础版本。

　　A. R7　　　　　　　　B. R8　　　　　　　　C. R9　　　　　　　　D. R10

3. 5G 简单来说,就是频率特别高的电磁波,5G 比 4G 的频率高(　　)倍,频谱也更宽。

　　A. 10　　　　　　　　B. 50　　　　　　　　C. 100　　　　　　　D. 200

4. PTN 技术主要定位于高可靠性、小颗粒的业务接入及承载场景,目前主要应用于(　　)各个层面的业务。

　　A. 局域网　　　　　　B. 城域网　　　　　　C. 广域网　　　　　　D. 核心网

5. OTN 的通道之间是(　　)的,所以是完全物理隔离的。

   A. 时分复用　　　　　B. 频分复用　　　　　C. 波分复用　　　　　D. 码分复用

三、判断题

1. (　　)根据目前的情况,在 5G 部署初期,前传承载这部分仍然以光纤直驱为主,以无源 WDM 方案为补充。

2. (　　)采用无源 WDM 方式,虽然节约了光纤资源,但是存在运维困难、不易管理、故障定位较难等问题。

3. (　　)现实生活中的 5G 网络,DU 和 CU 的位置并不是严格固定的。运营商可以根据环境需要灵活调整。

4. (　　)RLC 层负责分段与连接、重传处理,以及对高层数据的顺序传送。

5. (　　)OTN 的通道之间是频分复用的,所以是完全物理隔离的。

四、简答题

1. 简述前传承载光纤直连方式、无源方式、有源设备方式、微波方式等四种方式的优缺点。

2. 简述 PTN 的特点。

3. 简述 OTN 的特点。

4. 什么是承载网以及逻辑上承载网的层次划分?

5. 简述 OTN 的优点。

项目六
讨论5G核心网

任务一　了解移动通信核心网的演进

任务描述

本任务主要介绍移动通信演进过程中的核心网的变化。

任务目标

- 识记:2G/3G 时代的核心网。
- 掌握:5G 核心网结构。

任务实施

从图 6.1.1 可以看出,2G 组网非常简单,MSC 就是核心网的最主要设备。HLR、EIR 和用户身份有关,用于鉴权。

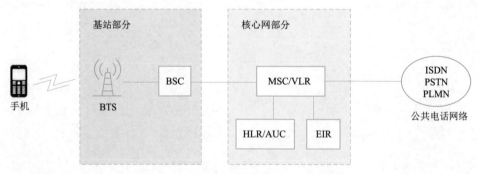

图 6.1.1　2G 网络架构

之所以图上面写的是"MSC/VLR",是因为 VLR 是一个功能实体,但是物理上,VLR 和 MSC 是同一个硬件设备。相当于一个设备实现了两个角色,所以画在一起。HLR/AUC 也是如此,HLR 和 AUC 物理合一。

2G 和 3G 之间,还有一个 2.5G——GPRS,如图 6.1.2 所示。在之前 2G 打电话、发短信的基础上,有了 GPRS,就开始有了数据(上网)业务。

图 6.1.2　2G 网络演进

于是,核心网有了大变化,开始有了 PS(Packet Switch,分组交换,包交换)核心网,如图 6.1.3 所示。

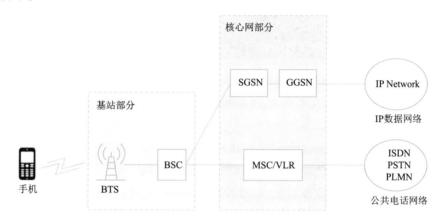

图 6.1.3　2.5G 核心网

SGSN(Serving GPRS Support Node,服务 GPRS 支持节点)和 GGSN(Gateway GPRS Support Node 网关 GPRS 支持节点)都是为了实现 GPRS 数据业务。

很快,基站部分跟着变,2.5G 到了 3G,网络结构如图 6.1.4 所示:

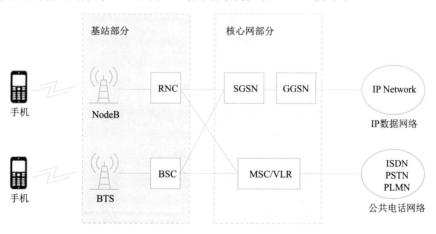

图 6.1.4　2G/3G 核心网

(为了简单,HLR 等网元略过)

3G 基站由 RNC 和 NodeB 组成。

到了 3G 阶段,设备商的硬件平台进行彻底变革升级。

3G 除了硬件变化和网元变化之外,还有两个很重要的思路变化。

第一个思路变化是 IP 化。以前是 TDM 电路,就是 E1 线,中继电路。IP 化,就是 TCP/IP,以太网。网线、光纤开始大量投入使用(见图 6.1.5),设备的外部接口和内部通信,都开始围绕 IP 地址和端口号进行。

图 6.1.5　设备面板光纤连接

第二个思路变化是分离。具体来说,就是网元设备的功能开始细化,不再是一个设备集成多个功能,而是拆分开,各司其事。

3G 阶段是分离的第一步,称为承载和控制分离。

在通信系统里面,就是用户面和控制面,如图 6.1.6 所示。

用户面,就是用户的实际业务数据,如语音数据、视频流数据。

控制面,就是管理数据走向的信令、命令。

这两个面在通信设备内部,相当于两个不同的系统。

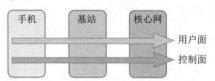

图 6.1.6　控制面与用户面

2G 时代,用户面和控制面没有明显分开。3G 时代,把两个面进行了分离,如图 6.1.6 所示。

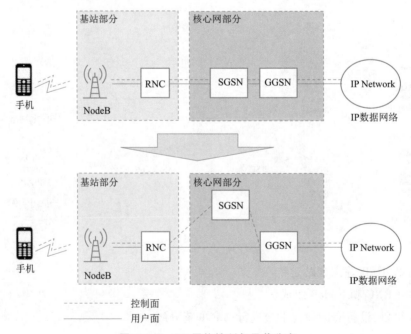

图 6.1.7　3G 网络控制与承载分离

接着,SGSN 变成 MME(Mobility Management Entity,移动管理实体),GGSN 变成 SGW(Serving Gateway,服务网关)/PGW(PDN Gateway,PDN 网关),也就演进成了 4G 核心网。

4G LTE 网络架构基站里面的 RNC 没有了,为了实现扁平化,功能一部分给了核心网,一部分给了 eNodeB。

演进到 4G 核心网之前,硬件平台也提前升级了。

在 3G 到 4G 的过程中,IMS 出现,取代传统 CS(也就是 MSC 那些),提供更强大的多媒体服务(语音、图片短信、视频电话等)。IMS 使用的也主要是 ATCA 平台。

前面所说的 V3 平台,实际上很像一台计算机,有处理器(MP 单板),有网卡(以太网接口卡,光纤接口卡)。而 V4 的 ATCA 平台更像一台计算机了,其名字就叫"先进电信计算平台"。

确切说,ATCA 里面的业务处理单板,本身就是一台单板造型的"小型化计算机",有处理器、内存、硬盘,俗称"刀片"。

图 6.1.8　ATCA 业务处理板——"刀片"

软件上,设备商基于 Openstack 这样的开源平台,开发自己的虚拟化平台,把以前的核心网网元,"种植"在这个平台之上。

网元功能软件与硬件实体资源分离。

虚拟化平台不等于 5G 核心网。也就是说,并不是只有 5G 才能用虚拟化平台,也不是用了虚拟化平台就是 5G。

按照惯例,设备商先在虚拟化平台部署 4G 核心网,也就是在为后面 5G 做准备,提前实验。硬件平台永远都会提前准备,如图 6.1.9 所示。

图 6.1.9　移动通信平台演进

2G/3G/4G 时代,我们一走进交换机房,可以清晰地辨别出哪些设备是 MSC 或 HLR,但是到了 5G 时代,它们虚拟化地存在于通用的物理/虚拟资源之中,很难通过物理特征来辨别。

为了满足 5G 万物互联的需求,人们致力于贯穿于 5G 网络的基站、核心网、编排管理、传输等各部分的实现。对于核心网而言,基于传统思维的设计模式显然已经不足以面向未来。因此,5G 核心网有了更方便、更灵活引入垂直行业的架构,即基于服务化的架构(Service Based Architecture,SBA)。

5G 无线接入网络架构,主要包括 5G 接入网和 5G 核心网,其中 NG-RAN 代表 5G 接入网,

5GC 代表 5G 核心网。

5G 网络结构如图 6.1.10 所示。

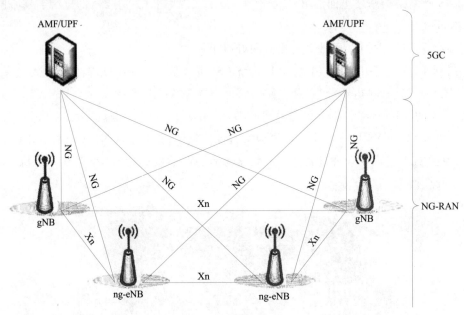

图 6.1.10　5G 网络结构

5G 核心网主要包括 AMF、SMF、UPF。

AMF(Access and Mobility Management Function,接入和移动管理功能):终端接入权限和切换等由它来负责。

SMF(Session Management Function,会话管理功能):提供服务连续性,服务的不间断用户体验,包括 IP 地址和/或锚点变化的情况。

UPF(User Plane Function,用户面管理功能):与 UPF 关联的 PDU 会话可以由(R)AN 节点通过(R)AN 和 UPF 之间的 N3 接口服务的区域,而无须在其间添加新的 UPF 或移除/重新–分配 UPF。

5G 的系统构架图如图 6.1.11 所示。

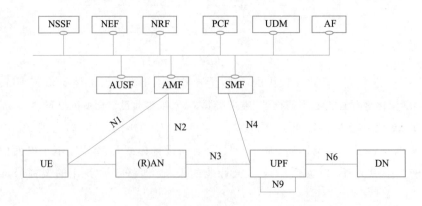

图 6.1.11　5G 的系统构架图

AMF/SMF/UPF 处于主体的作用。

（1）AMF 承载的功能

在 AMF 的单个实例中可以支持部分或全部 AMF 功能：

- 终止 RAN CP 接口（N2）。
- 终止 NAS（N1），NAS 加密和完整性保护。
- 注册管理、连接管理、可达性管理、流动性管理。
- 合法拦截（适用于 AMF 事件和 LI 系统的接口）。
- 为 UE 和 SMF 之间的 SM 消息提供传输。
- 用于路由 SM 消息的透明代理。
- 接入身份验证、接入授权。
- 在 UE 和 SMSF 之间提供 SMS 消息的传输。
- 安全锚功能（SEAF）。
- 监管服务的定位服务管理。
- 为 UE 和 LMF 之间以及 RAN 和 LMF 之间的位置服务消息提供传输。
- 用于与 EPS 互通的 EPS 承载 ID 分配。
- UE 移动事件通知。

无论网络功能的数量如何，UE 和 CN 之间的每个接入网络只有一个 NAS 接口实例，终止于至少实现 NAS 安全性和移动性管理的网络功能之一。

除了上述 AMF 的功能之外，AMF 还可以包括以下功能以支持非 3GPP 接入网络：

- 支持 N2 接口。在该接口上，可以不应用通过 3GPP 接入定义的一些信息（如 3GPP 小区标识）和过程（如与切换相关），并且可以应用不适用于 3GPP 接入的非 3GPP 接入特定信息。
- 管理通过非 3GPP 接入连接或通过 3GPP 和非 3GPP 同时连接的 UE 的移动性，认证和单独的安全上下文状态。
- 支持协调的 RM 管理上下文，该上下文对 3GPP 和非 3GPP 访问有效。
- 支持针对 UE 的专用 CM 管理上下文，用于通过非 3GPP 接入进行连接。

需要注意的是，并非所有功能都需要在网络片的实例中得到支持。

（2）UPF 承载的功能

在 UPF 的单个实例中可以支持部分或全部 UPF 功能：

- 用于 RAT 内/RAT 间移动性的锚点（适用时）。
- 外部 PDU 与数据网络互连的会话点。
- 分组路由和转发（如支持上行链路分类器以将业务流路由到数据网络的实例，支持分支点以支持多宿主 PDU 会话）。
- 数据包检查（如基于服务数据流模板的应用程序检测以及从 SMF 接收的可选 PFD）。
- 用户平面部分策略规则实施（如门控、重定向、流量转向）。
- 合法拦截（UP 收集）、流量使用报告。
- 用户平面的 QoS 处理（如 UL/DL 速率实施、DL 中的反射 QoS 标记）。
- 上行链路流量验证（SDF 到 QoS 流量映射）。

- 上行链路和下行链路中的传输级分组标记。
- 下行数据包缓冲和下行数据通知触发。
- 将一个或多个"结束标记"发送和转发到源 NG-RAN 节点。
- ARP 代理和/或以太网 PDU 的 IPv6 Neighbor Solicitation Proxying。UPF 通过提供与请求中发送的 IP 地址相对应的 MAC 地址来响应 ARP 和/或 IPv6 邻居请求。

(3)SMF 承载的功能

在 SMF 的单个实例中可以支持部分或全部 SMF 功能：

- 会话管理,例如会话建立,修改和释放,包括 UPF 和 AN 节点之间的隧道维护。
- UE IP 地址分配和管理(包括可选的授权)。
- DHCPv4(服务器和客户端)和 DHCPv6(服务器和客户端)功能。
- ARP 代理和/或以太网 PDU 的 IPv6 Neighbor Solicitation Proxying。SMF 通过提供与请求中发送的 IP 地址相对应的 MAC 地址来响应 ARP 和/或 IPv6 邻居请求。
- 选择和控制 UP 功能,包括控制 UPF 代理 ARP 或 IPv6 邻居发现,或将所有 ARP／IPv6 邻居请求流量转发到 SMF,用于以太网 PDU 会话。
- 配置 UPF 的流量控制,将流量路由到正确的目的地。
- 终止接口到策略控制功能。
- 合法拦截(用于 SM 事件和 LI 系统的接口)。
- 收费数据收集和支持计费接口。
- 控制和协调 UPF 的收费数据收集。
- 终止 SM 消息的 SM 部分。下行数据通知。
- AN 特定 SM 信息的发起者,通过 AMF 通过 N2 发送到 AN。
- 确定会话的 SSC 模式。
- 漫游功能。
- 处理本地实施以应用 QoS SLA(VPLMN)。
- 计费数据收集和计费接口(VPLMN)。
- 合法拦截(在 SM 事件的 VPLMN 和 LI 系统的接口)。
- 支持与外部 DN 的交互,以便通过外部 DN 传输 PDU 会话授权/认证的信令。

任务小结

通过本任务的学习,可以认识到 2G 到 3G、3G 到 4G、4G 到 5G 的整个核心网的演进过程,并着重介绍了 5G 的核心网结构及构成。

任务二 分析 5G 核心网架构

任务描述

本任务主要介绍 5G 核心网架构。

任务目标

- 识记:4G 核心网架构。
- 掌握:5G 核心网架构。

任务实施

在经历了 2G 时代的一无所有、3G 时代登上舞台、4G 时代基本并跑,中国在 5G 时代已经有了与其他国家和地区谈判合作的实力。

当前核心网 EPC(Evolved Packet Core,演进的分组核心网)的一大缺陷就是耦合问题:控制平面和用户平面的耦合、硬件和软件的耦合。

EPC 中有四大组件,如图 6.2.1 所示。

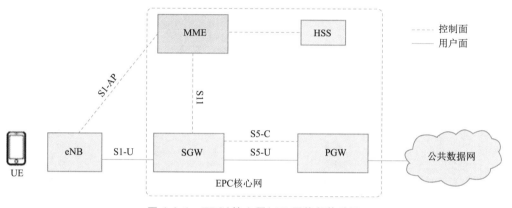

图 6.2.1　EPC(核心网)4G 网络架构略图

MME:移动管理实体,负责网络连通性的管理,主要包括用户终端的认证和授权、会话建立以及移动性管理。

HSS:归属用户服务器,作为用户数据集为 MME 提供用户相关的数据,以此来协助 MME 的管理工作。

SGW:服务网关,负责数据包路由和转发,将接收到的用户数据转发给指定的 PGW,并将返回的数据交付给 eNB。

PGW:PDN 网关,负责为接入的用户分配 IP 地址以及进行用户平面 QoS 的管理,并且是 PND 网络的进入点。

从图 6.2.1 中的虚线和实线标记可以看出,MME 仅承担控制面功能,但是 SGW 和 PGW 既承担大部分用户平面功能,又承担一部分控制平面功能,这就使得用户平面和控制平面严重耦合,从而限制了 EPC 的开放性和灵活性。在这种架构下,很多网络元素必须运行于配备专用硬件的多个刀片式服务器上,这对于运营商来说是极大的开销。

为此,5G 网络架构中引入了 SDN(软件定义网络)和 NFV(网络功能虚拟化)这两种技术来解决 EPC 存在的耦合问题。

通过图 6.2.2,我们更能清晰的看到核心网的变化历程。

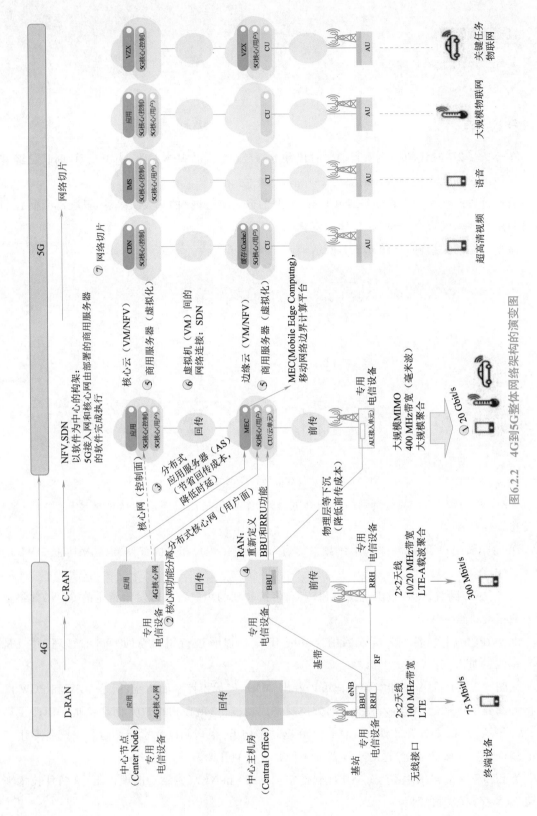

图6.2.2　4G到5G整体网络架构的演变图

① 5G 网络空口至少支持 20 Gbit/s 速率,用户 10 s 就能够下载一部 UHD(超高清,分辨率 4 倍于全高清,9 倍于高清)电影。

② 核心网功能分离,核心网用户面部分功能下沉至 CO(中心主机房,相当于 4G 网络的 eNodeB),从原来的集中式的核心网演变成分布式核心网,这样,核心网功能在地理位置上更靠近终端,减小时延。

③ 分布式应用服务器(AS),AS 部分功能下沉至 CO(中心主机房,相当于 4G 网络的 eNodeB),并在中心机房部署 MEC(Mobile Edge Computing,移动网络边界计算平台)。MEC 类似于 CDN(内容分发网络)的缓存服务器功能,但不仅于此。它将应用、处理和存储推向移动边界,使得海量数据可以得到实时、快速处理,以减少时延、减轻网络负担。

④ 重新定义 BBU 和 RRU 功能,将 PHY、MAC 或者 RLC 层从 BBU 分离下沉到 RRU,以减小前传容量,降低前传成本。

⑤ 通过 NFV 技术,就是将网络中的专用电信设备的软硬件功能(如核心网中的 MME、S/P-GW 和 PCRF,无线接入网中的数字单元 DU 等)转移到虚拟机(Virtual Machines,VM)上,在通用的商用服务器上通过软件来实现网元功能。

⑥ 5G 网络通过 SDN 连接边缘云和核心云里的 VM(虚拟机),SDN 控制器执行映射,建立核心云与边缘云之间的连接。网络切片也由 SDN 集中控制。

SDN、NFV 和云技术使网络从底层物理基础设施分开,变成更抽象灵活的以软件为中心的构架,可以通过编程来提供业务连接。

⑦ 网络切片。得益于 NFV/SDN 技术,5G 网络将面向不同的应用场景,超高清视频、虚拟现实、大规模物联网、车联网等,不同的场景对网络的移动性、安全性、时延、可靠性,甚至是计费方式的要求是不一样的,因此,需要将物理网络切割成多个虚拟网络,每个虚拟网络面向不同的应用场景需求。虚拟网络间是逻辑独立的,互不影响。

5G 核心网构架详解如图 6.2.3 所示。

- Authentication Server Function (AUSF):认证服务器功能。
- Core Access and Mobility Management Function (AMF):接入和移动管理功能。
- Data network (DN):数据网,比如运营商服务、互联网接入和三方服务。
- Structured Data Storage network Function (SDSF):结构化数据存储功能。
- Unstructured Data Storage network Function (UDSF):非结构化数据存储功能。
- Network Exposure Function (NEF):网络能力开放功能。
- NF Repository Function (NRF):网络存储功能。
- Policy Control Function (PCF):策略控制控制。
- Session Management Function (SMF):会话管理功能。
- Unified Data Management (UDM):统一数据管理。
- User plane Function (UPF):用户面功能。
- Application Function (AF):应用功能。
- User Equipment (UE):用户终端。

- （Radio）Access Network [（R）AN]：无线接入网。

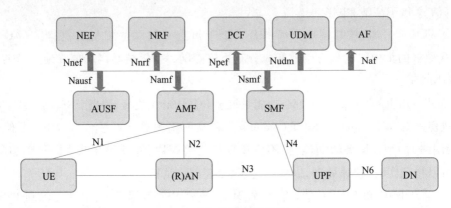

（a）5G系统服务架构

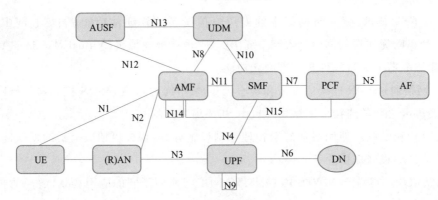

（b）非漫游5G系统架构参考点

图 6.2.3　5G 核心网构架详解

这个 5G 核心网基础构架正是基于云原生的微服务构架设计原则，以模块化、软件化的构建方式来构架 5G 核心网，以高效执行不同服务类型的网络切片。图 6.2.3 中网络节点名称后面都带有 Function（功能），这些功能是基于软件化的，以便动态灵活调整网络。

5G 核心网架构为用户提供数据连接和数据业务服务，基于 NFV 和 SDN 等新技术，其控制面网元之间使用服务化的接口进行交互。5G 核心网系统架构主要特征如下：

①承载和控制分离：承载和控制可独立扩展和演进，可集中式或分布式灵活部署。

②模块化功能设计：可以灵活和高效地进行网络切片。

③网元交互流程服务化：按需调用，并服务可重复使用。

④每个网元可以与其他网元直接交互，也可通过中间网元辅助进行控制面的消息路由。

⑤无线接入和核心网之间弱关联：5G 核心网是与接入无关并起到收敛作用的架构，3GPP 和非 3GPP 均通过通用的接口接入 5G 核心网。

⑥支持统一的鉴权框架。

⑦支持无状态的网络功能，即计算资源与存储资源解耦部署。

⑧基于流的 QoS：简化了 QoS 架构，提升了网络处理能力。

⑨支持本地集中部署的业务的大量并发接入,用户面功能可部署在靠近接入网络的位置,以支持低时延业务、本地业务网络接入。

其中5G核心网涉及的主要网元和功能如下:

①AMF(接入和移动性管理功能):负责用户的接入和移动性管理。

②SMF(会话管理功能):负责用户的会话管理。

③UPF(用户面功能):负责用户面处理。

④AUSF(认证服务器功能):负责对用户的3GPP和非3GPP接入进行认证。

⑤PCF(策略控制控制):负责用户的策略控制,包括会话的策略、移动性策略等。

⑥UDM(统一数据管理):负责用户的签约数据管理。

⑦NSSF(网络切片选择功能):负责选择用户业务采用的网络切片。

⑧NRF(网络功能注册功能):负责网络功能的注册、发现和选择。

⑨NEF(网络能力开放功能):负责将5G网络的能力开放给外部系统。

⑩AF(应用功能):与核心网互通来为用户提供业务。

UPF属于用户面,除了UPF之外的5G核心网网元都属于控制面。控制面网元全部都采用服务化架构设计,彼此之间通信采用服务化接口;用户面继续采用传统架构和接口。控制面和用户面之间的接口(N4)目前还是传统接口,控制面和无线网以及控制面与终端之间也是传统接口(N2和N1)。

将5G核心网与4G核心网EPC进行比较,可以看出5G相比4G在基本功能(如认证、移动性管理、连接、路由等)方面不变,但是方式和技术手段发生了变化,更加灵活。主要体现在:移动性管理(AMF)和会话管理(SMF)分离,AMF和SMF的部署可层级分开;承载与控制分离,UPF和SMF的部署层级也可以分开;AMF和UPF根据业务需求、信令和话务流量以及传输资源灵活部署;采用服务化架构设计,网元功能进行了模块化解耦,接口进行了简化。总体上看,5C核心网的组网更加灵活,但部署灵活性也对传输、以及网络规划、网络运营管理等能力提出更高的要求。

从无线网与核心网的关系角度看,主要的方式有两大类:SA(Standalone,独立组网)和NSA(Non-Standalone,非独立组网)。这两大类又有多种具体的无线网与核心网的组合选择(option)。对于国内运营商近期的组网选择,主要有两种:采用option2的SA,此时5G无线网(NR)与5G核心网(5GC)直接连接;采用option3的NSA,此时NR与4G核心网(EPC)连接,不需要5G核心网,终端与NR和4G无线网(eNB)采用双连接机制,如图6.2.4所示。

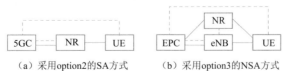

（a）采用option2的SA方式 （b）采用option3的NSA方式

图6.2.4 5G常见组网方式

option3的NSA方式核心网继续采用EPC而没有采用5GC,是5GC还没有成熟阶段的过渡方案,立足于尽快部署5G无线网络。NSA方式需要终端支持在4G和5G无线之间的双连接,这对终端也有较高要求,并且4G和5G无线网需要厂家部署。由于没有5GC,NSA方式在业务方面只是继承了传统的移动宽带业务。option2的SA方式采用了5GC,可以利用5GC新型的网络和业务能力,如切片、支持边缘计算等,是5GC产业成熟阶段的目标方案。目前不同运营商对于5G商用初期采用option2的SA还是option3的NSA有各自不同的考虑,取决于5G商用的时间点、5GC的成熟度、对5G网络的业务诉求等综合因素。

当前业界部署的EPC主要是传统设备,并不具备向云化的5GC升级的能力。从EPC向5GC演进,主要有两种方案。一种是直接在云资源池部署5GC,传统EPC随着4G用户逐步迁移到5G而退网。另一种是先在云资源池部署vEPC,满足近期4G业务发展需求,并积累云化运营经验,然后适时将vEPC升级为5GC。采用哪种方案取决于运营商自身的业务和网络发展规划,并且都需要考虑EPC与5GC/vEPC如何协同组网。

5G核心网架构与传统核心网架构的显著区别在于:

①控制面网络功能摒弃传统的点对点通信方式,采用统一的基于服务化架构和接口。

②控制面与媒体面分离。

③移动性管理与会话管理解耦。

④核心网对接入方式的感知,各种接入方式都通过统一的机制接入网络,例如非3GPP方式也通过统一的N2/N3接口接入5G核心网,3GPP与非3GPP统一认证等。

服务化架构是5G核心网区别于传统核心网的显著差异。5G核心网服务化架构四大特征如图6.2.5所示。

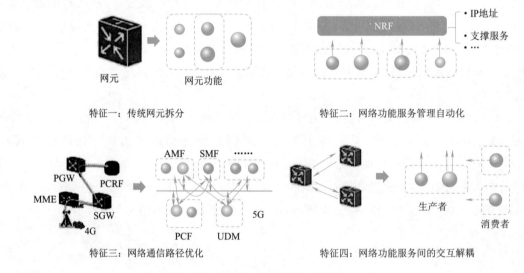

图6.2.5　5G核心网服务化架构四大特征

(1)传统网元拆分

伴随着虚拟化技术运用在电信领域,传统意义上的核心网实现了软硬件解耦,软件部分称为网络功能(Network Function)。3GPP定义的服务化结构将一个网络功能进一步拆分成若干自包含、自管理、可重用的网络功能服务（NF Service），这些网络功能相互之间解耦，具备独立升级、独立弹性的能力，具备标准接口与其他网络功能服务互通，并且可通过编排工具根据不同的需求进行编排和实例化部署。这种网元拆分与微服务架构有着相似的理念，而 3GPP 进行了标准化定义，并为每个 5G 网络功能定义了一组具备对外互通标准接口的网络功能服务。

（2）网络功能服务管理自动化

网络功能被拆分成多个网络功能服务后，维护工程师会从面对几个网元改变为面对几十个网络功能服务，如果仍然依靠传统核心网的手工维护方式，那无异于一场灾难。因此，5G 核心网的网络功能服务需要能够做到自动化管理，NRF（射频信号芯片）就是这样的一个网络功能。NRF 支持以下主要功能：

①网络功能服务的自动注册，更新或去注册；每个网络功能服务在上电时会自动向 NRF 注册本服务的 IP 地址、域名、支持的能力等相关信息，在信息变更后自动同步到 NRF，在下电时向 NRF 进行去注册。NRF 需要维护整个网络内所有网络功能服务的实时信息，类似一个网络功能服务实时仓库。

②网络功能服务的自动发现和选择。在 5G 核心网中，每个网络功能服务都会通过 NRF 来寻找合适的对端服务，而不是依赖于本地配置方式固化通信对端。NRF 会根据当前信息向请求者返回对应的响应者网络功能服务列表，供请求者进行选择。这种方式一定程度上类似于 DNS 机制，从而实现网络功能服务的自动发现和选择。

③网络功能服务的状态检测。NRF 可以与各网络功能服务之间进行双向定期状态检测，当某个网络功能服务异常时，NRF 将异常状态通知到与其相关的网络功能服务。

④网络功能服务的认证授权。NRF 作为管理类网络功能，需要考虑网络安全机制，以防止被非法网络功能服务劫持业务。

（3）网络通信路径优化

传统核心网的网元之间有着固定的通信链路和通信路径。例如，在 4G 网络中，用户的位置信息必须从无线基站上报给 MME，然后由 MME 通过 S-GW 传递给 P-GW，最终传递给 PCRF 进行策略更新。而在 5G 核心网服务化架构下，各网络功能服务之间可以根据需求任意通信，极大地优化了通信路径。同样的以用户位置信息策略为例，PCF 可以提前订阅用户位置信息变更事件，当 AMF 中的网络服务功能检测到用户发生位置变更时，发布用户位置信息变更事件，PCF 可直接实时接收到该事件，无须其他网络功能服务进行中转。

（4）网络功能服务间的交互解耦

传统核心网的网元之间的通信遵循请求者和响应者的点对点模式，这是一种相互耦合的传统模式。5G 核心网架构下的网络功能服务间通信机制进一步解耦为生产者和消费者模式，生产者发布相关能力，并不关注消费者是谁，在什么地方。消费者订阅相关能力，并不关注生产者是谁，在什么地方。这是一种从 IT 业借鉴过来的通信模式，非常适用于通信双方的接口解耦。

5G 核心网的服务化架构是 5G 时代在网络架构方面的一个重大变革，具备灵活可编排、解耦、开放等传统网络架构所无法比拟的优点，是 5G 时代迅速满足垂直行业需求的一个重要手段。依托于服务化架构的 5G 核心网，移动通信网络一定会在未来的万物互联之路上展现出巨大的能力。

（5）控制面

控制面被分为 AMF 和 SMF：单一的 AMF 负责终端的移动性和接入管理；SMF 负责对话管理功能，可以配置多个。

基于灵活的微服务构架的 AMF 和 SMF 对应不同的网络切片，如图 6.2.6 所示。

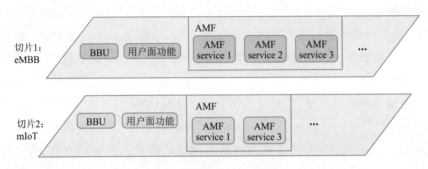

图 6.2.6　基于灵活的微服务构架的 AMF 对应不同的网络切片

AMF 和 SMF 是控制面的两个主要节点，配合它们的还有 UDM、AUSF、PCF，以执行用户数据管理、鉴权、策略控制等。另外还有 NEF 和 NRF 这两个平台支持功能节点，用于帮助 expose 和 publish 网络数据，以及帮助其他节点发现网络服务。

（6）用户面

5G 核心网的用户面由 UPF（用户面功能）节点掌控大局，UPF 也代替了原来 4G 中执行路由和转发功能的 SGW 和 PGW。

比较一下 2G/3G/4G 核心网构架，如图 6.2.7 和图 6.2.8 所示。

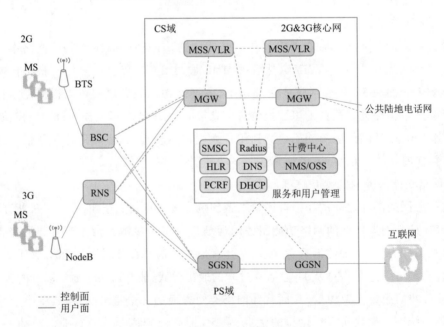

图 6.2.7　简化的 2G&3G 网络构架

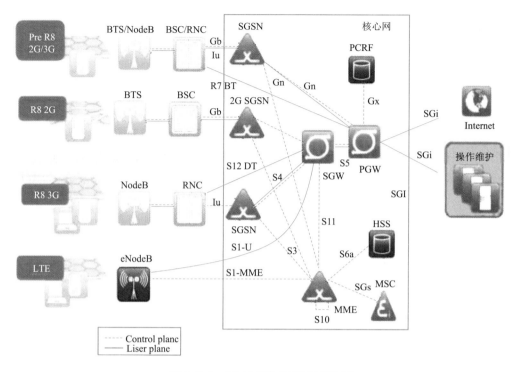

图 6.2.8　4G 通用的 LTE 网络构架

4G 时代,核心网构架再次发生了变化,这一次引入了移动管理实体(MME)和分组数据网关(PGW)等网元。

4G 核心网中的 MME、SGW 和 PGW 消失了。4G 中 MME 的功能被分解到 AMF(接入和移动管理功能)和 SMF(会话管理功能)中,SGW 和 PGW 被 UPF 替代。

从 2G 时代的 MSC/HLR 到软交换,再到 4G 时代引入 MME 和 GW,总体来说,核心网一直沿着分离和软件化方向演进。

5G 时代更加彻底。传统"黑盒"硬件被解耦,网络功能软件进一步分解为微服务,以灵活构建网络功能,网络功能运行于通用 COTS 服务器或迁移至云,实现灵活的网络切片。总的来说,是一次化整为零、由硬变软的彻底演进。

🔧 **任务小结**

通过比较 4G 与 5G 的核心网,讲述 5G 核心网的演进、5G 系统架构以及主要特征。

任务三　学习 5G 核心网的关键技术

💻 **任务描述**

本任务主要介绍 5G 核心网的关键技术。

任务目标

- 识记:5G 有哪些核心网技术。
- 掌握:SDN 和 NFV。

任务实施

5G 核心网构架主要包含四大关键技术:网络功能虚拟化(NFV)、软件定义网络(SDN)、网络切片及多接入边缘计算(MEC),这是最终实现化整为零、由硬变软的彻底演进,如图 6.3.1 所示。

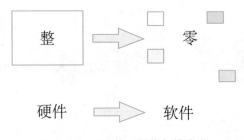

图 6.3.1　5G 核心网构架的演进

一、NFV 和 SDN

网络虚拟化可以给运营商带来巨大的好处,最大限度地提高网络资源配置、开发最优的管理系统以及降低运营成本等。虚拟化后统一的硬件平台将能够给系统的管理、维护、扩容、升级带来便利。这将使得运营商可以更好地支持多种标准,更好地应对网络中不同地区、不同业务的潮汐效应 。因此,在未来的 5G 网络中,将会出现基于实时任务虚拟化技术的云架构集中式基带池,大大提高资源利用率。目前主要采取了两种虚拟化技术:网络覆盖虚拟化和数据中心的服务器虚拟化。

网络覆盖虚拟化:此时不再固定地属于哪个 RRU,用户不再关心使用的是哪家接入技术(2G、3G、LTE、Wi-Fi 等),即是小区虚拟化。RRU 上传数据分组后,本地云平台基带池立即启用调度算法,分配到合适的 BBU 处理。

服务器虚拟化:后台服务器组成专用虚拟物联网、虚拟 OTT 网、虚拟运营商等,虚拟专用网最大的优势是根据业务对时延、差错率的敏感度不同充分利用网络资源。服务器虚拟化在全球已经开展了广泛的研究。

目前主要有两种解决方案实现虚拟化功能 SDN(Software Defined Network,软件定义网络)和 NFV(Network Functions Virtualization,网络功能虚拟化)。

1. SDN

SDN 的控制层和转发层相分离,并提供一个可编程的控制层。SDN 网络架构主要包括基础设施层、控制层和应用层,如图 6.3.2 所示。

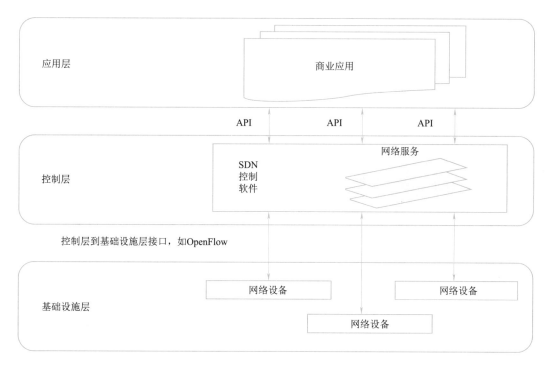

图 6.3.2 SDN 架构

SDN 的基本原理是将控制面和数据面分拆(也称基础设施层和用户面),网络智能的逻辑集中化,以及将物理网络通过标准接口从应用和服务中抽象出来。不仅如此,网络控制集中到控制层(控制面),而网络设备(如处理数据的交换机和路由器)则分布在基础设施层的拓扑结构中。

控制层北向接口通过标准化的应用编程接口(API)与应用和服务互动,南向接口通过标准化的 OpenFlow 指令集与物理网络互操作。API 实现路由器、安全性和带宽管理等服务。Open-Flow 允许直接接入网络设备面,如多厂商交换机和路由器。基于每一个线程的网络可编程能力,提供了极端颗粒控制,能够响应不断变化的应用层实时需求,从而避免缓慢复杂的人工网元配置。从拓扑结构的角度而言,属于控制和基础设施层的 NF 可以被集中化部署,也可以根据需要进行分布式部署。

基础设施层包含所有的网络设备。与传统网络交换设备不同,SDN 的网络交换设备不具备网络控制功能,控制功能被统提升至控制层,网络基础设施通过 SDN 控制器的南向接口与控制层连接;控制层由多个 SDN 控制器组成,网络所有的控制功能被集中设置在此层,SDN 控制器同时管理底层的物理网络和设置的虚拟网络,通过北向 API 接口向上层提供服务。控制层向上层服务提供抽象的网络设备,屏蔽了具体物理设备的细节;在应用层,网络管理和应用开发人员通过可编程接口实现业务需求,包括路由管理、接入控制、带宽分配、流量工程、QoS、计算和存储优化等,有效避免了传统网络依靠手工操作造成的配置错误。

OpenFlow 是连接 SDN 控制层和基础设施层的协议,为网络控制层操作基础设施层的路由器、交换机等设备提供链路通道。OpenFlow 协议支持控制器——交换机消息、异步消息和对称消息,每种消息有多个类型的子消息,通过南向标准化接口实现SDN控制器对数据转发设备流表的装载和拆除。

在现有的无线网络架构中,基站、服务网关、分组网关除完成数据平面的功能外,还需要参与一些控制平面的功能,如无线资源管理、移动性管理等,在各基站的参与下完成,形成分布式的控制功能,网络没有中心式的控制器,使得与无线接入相关的优化难以完成,并且各厂商的网络设备,如基站等往往配备制造商自己定义的配置接口,需要通过复杂的控制协议来完成其配置功能,并且其配置参数往往非常多,配置和优化以及网络管理非常复杂,使得运营商对自己部署的网络只能进行间接控制,业务创新方面能力严重受限。

SDN将传统网络软硬件的一体化逐渐转变为底层高性能存储/转发和上层高智能灵活调定的架构,对传统网络设备的要求是更简单的功能、更高的性能,上层的智能化策略和功能则以软件方式提供。也就是说,SDN在承载网上可以增强现有网络能力、加速网络演进、促进云数据中心/云应用协同,从而在基础设施演进和客户体验提升两大维度上发挥重大作用。这一点与移动通信系统的整体发展趋势一致。运营商可以利用这优点实现通信网虚拟化、软件化。

因此,将SDN的概念引入无线网络,形成软件定义无线网络,是无线网络发展的重要方向。SDN作为未来网络演进的重要趋势,已经得到业界的广泛关注和认可。

此外,随着接入网的演进和发展,可以利用SDN预留的标准化接口,针对不同网络状况开发对应的应用,从而进一步提升系统性能和用户感知。

在2015年,SDN网络技术得到初步的应用实验,这对于我国的互联网技术发展而言是一次技术层面上质的飞跃。之前标准化的网络协议架构中,虽然ONF主导整个标准化进程,但是并不完全等于SDN。在网络核心技术层面,管控分离的核心在于通过编程的可操作性提高信息传输的灵活配置,提高网络架构的资源利用效率。

在当前SDN网络架构协议的试运行阶段,虽然网络标准化协议还有待进一步放开,但由几大运营商主导的核心技术试验应用已经到了初步商业化的阶段。这不仅使得SDN技术的发展更加迅速,也对进一步调整互联网架构、优化资源配置提供了无限的可能。在SDN南向接口协议中,由运营商主导的Opendaylight可以说是一种互联网技术发展的尝试和探索,这不仅对当前的网络架构协议是一种很好的突破,而且为进一步提升网络安全打下了良好的基础。当前阶段,这一关键技术依然处在商业初步探索阶段,但其发展前景却被普遍看好。

2. NFV

当前运营商的网络包括了大量越来越多的硬件设备。引入新业务往往需要集成复杂的专用硬件,包括昂贵的过程设计和随之而来的推后的上线时间。同时,硬件的生命周期由于技术和服务加速创新而变短。2012年年底,网络运营商发起了NFV倡议。NFV的目标是将不同网络设备整合到工业标准的大量服务器上。这些服务器可以位于不同的网络节点,也可以部署在用户办公地点。这里的NFV依赖于传统的服务器虚拟化,但又不同于传统的服务器虚拟化。其不同之处在于虚拟网络功能(VNF)可能由一个或者多个虚拟机组成,为了取代定制的硬件设备,虚拟机需要运行不同的软件和进程(见图6.3.3)。一般来说,通常多个VNF需要依次使用,才能够为用户提供有用的服务。

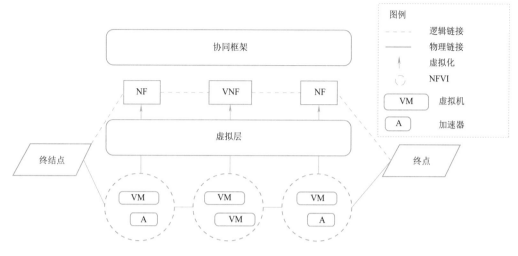

图 6.3.3　NFV 框架

例如,空中接口分布在层层叠加的不同的协议层中。为了实现连接服务,射频处理、物理层、媒体接入层、无线链路控制层和包数据融合协议层等按照顺序依次排列。

NFV 需要一个编排的框架,对 VNF 和网络功能(NF)(如调制、编码、多址接入、加密等)进行适当的实例化并进行监视和运行。事实上,NFV 框架包括实现网络功能的软件、通常被称为 NFV 基础设施(NFVI)的硬件(符合工业标准的大量服务器)、虚拟化管理和编排架构框架。为了满足实时需求,一些网络功能需要添加硬件加速器。加速器承担密集运算和有严格时间要求的任务,而这些无法由 NFVI 实现。这样既可以从 NFVI 分流,也可以满足时延要求。如图 6.3.3 所示,虚拟化在端点(如终端)之间的物理和逻辑的路径需要加以区分。

NFV 最为重要的优势是在降低资产和运营开销的同时,缩短功能发布时间。但是,获得这些优势的前提条件是不同厂商的 VNF 是可移植的,并且可以在网络硬件平台共存。

简单总结来说:虚拟化,就是网元功能虚拟化(Network Function Virtualization,NFV)。

硬件上,直接采用 HP、IBM 等 IT 厂家的 x86 平台通用服务器(目前以刀片服务器为主,节约空间,也够用),如图 6.3.4 所示。

　　(a)传统厂家专有硬件　　　　　　　　　(b)IT业界通用硬件

图 6.3.4　传统硬件和 NFV 通用硬件

软件上,设备商基于 openstack 这样的开源平台,开发自己的虚拟化平台,把以前的核心网网元,"种植"在这个平台之上。

网络虚拟化技术:

(1)虚报专用网络(VPN)

VPN 是指在公用通信网络上建立起来的虚拟专用通信网络,它是在公用网络供应商所提供的物理网络之上的隧道技术实现站点间的互联,以达到共享物理网络资源的目的。每个虚拟专用网包括一个或多个用户边缘设备,这些设备会连接到提供商边缘路由器上。VPN 按照互连方式可以划分为三大类:一层 VPN、二层 VPN 和三层 VPN。虽然 VPN 能够完成一个物理网络上构建多个虚拟网络,但是与网络虚拟化相比,VPN 还存在一些不足。首先,所有的 VPN 网络都是基于相同的技术和协议栈,因此限制了多种组网方案的共存。其次,基于 VPN 技术建立的多个并存的虚拟网络之间无法实现真实的隔离。最后,基于现有网络架构的 VPN 技术,没有能够实现网络服务提供者与网络设施提供者的功能分离,而网络虚拟化的概念中将这两个功能进行了分离。

(2)自动可编程网络(APN)

APN 技术是希望将物理网络的资源通过网络可编程接口的形式暴露出来,使得用户可以自定义指定报文的处理方式。APN 实现方式上主要包括两大类:第一类是利用电信技术中的信令方式将网络中传输和控制层面区分开来,抽象出来的控制层面就可以开放网络的可编程接口,允许服务提供控制网络的状态;第二类利用网络本身的资源,将控制信息封装在报文内部,路由器在收到报文时再按照其带内信息处理,达到自定义处理报文的目的。不难看出,第二类以报文为处理单位的方式带给 APN 更多的灵活性,更加适应复杂的网络模型。

(3)虚拟局域网络(VLAN)

VLAN 是一种通过将局域网内的设备逻辑而不是物理划分成一个个网段从而实现虚拟工作组的技术。在传统的以太网中 ,单一的广播域使得网络对资源的管理手段有限。VLAN 技术的出现使得网络管理人员可以将同一物理局域网内的用户划分到不同的逻辑子网中,具有加强广播控制、简化网络管理、降低建设成本、提高网络安全等方面的作用。传统的 VLAN 基本上基于第二层构建。一个 VLAN 中的所有帧在 MAC 头中具有一个共同的 VLAN ID,支持 VLAN 的交换机使用目的的 MAC 地址和 VLAN ID 转发帧。多个交换机上不同的 VLAN 可以通过中继的方法连接起来。除此之外,VLAN 基于端口、基于 IP 其至是基于用户自定义的方式。

(4)叠加网络

叠加网络是一种在现有网络物理拓扑结构之上构建的虚拟拓扑结构,利用隧道或封装等技术将感知节点互连起来,报文只在感知节点上处理,而在感知节点之外透明传输,从而实现基于已经存在的网络设施去经济地实现新的网络服务。叠加网络不受地理位置限制,网络中的节点通过虚拟链路相连接。可以看出,叠加网络技术无须特定的底层网络支持,也无须改变网络的任何特性,因此常用在部署新的网络服务或者优化现有网络服务,例如,路由器的性能和利用率、多播、服务质量、服务供给的保护、内容分发、文件共享和存储系统等。但是,叠加网络技术不能实现路径分离,同时只能在基于 IP 层之上的应用层进行部署和设计,因此不能支持异构的网络架构。

（5）基于 SDN 的网络虚拟化

SDN 技术的出现,为网络虚拟化实现提供了一个全新的思路。SDN 是基于技术增强网络节点设施的可编程性,实现网络功能与硬件的解耦。OpenFlow 则是基于 SDN 的技术,是针对网络设施（路由器、交换机等）的协议,通过 OpenFlow 可以实现基于流的控制,从而可以通过外部集中控制实现网络虚拟化,如图 6.3.5 所示。

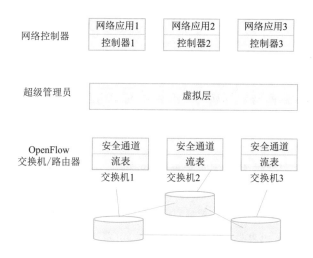

图 6.3.5　基于 OpenFlow 网络虚拟化架构

由此可见,基于 OpenFlow 的网络虚拟化可以通过超级管理员（Hypervisor）。例如,FlowVisor 可以用来实现多个 OpenFlow 控制器共享同一物理资源,该机制可以有效支持多个虚拟网络控制和管理各自的切片。虚拟网络间相互隔离,主要包括带宽、拓扑、数据流、计算资源、转发表等。其中超级用户每分配一个切片（Slice）,需要对应一个流的属性空间和客户控制器（Guest Cotoller）。而超级管理器在虚拟网络控制器与物理资源之间是透明的。

因此,从某一虚拟网络的角度看,相当于整个分配的切片资源是它独享的。从网络节点（物理资源）的角度看,超级管理用户相当于唯一的控制器。通过上述机制,虚拟网络控制器相当于从网络设施中抽象出来,且超级管理用户负责不同虚拟网络切片资源的冲突解决。

3. SDN 与 NFV 的关系

SDN 是一种新型的网络架构,它的核心思想是将网络的控制平面与数据转发平面进行分离,并实现可编程化控制。SDN 由应用层、控制层和基础设备层组成,其三大特征是控制转发分离、控制层进行逻辑集中控制、控制层向应用层开放 API。符合这三个特征的 SDN 架构可能影响和改变运营商网络的方方面面,是目前通信产业非常关注的技术。

NFV 与 SDN 来源于相同的技术基础,即通用服务器、云计算以及虚拟化技术等。同时 NFV 与 SDN 又是互补关系,二者相互独立,没有依赖关系,SDN 不是 NFV 的前提,如图 6.3.6 所示。SDN 的目的是生成网络的抽象,从而快速地进行网络创新,重点在集中控制、开放、协同、网络可编程。NFV 是运营商为了减少网络设备成本,以及场地占用、电力消耗等运维成本,而建立的快速创新和开放的系统,重在高性能转发硬件和虚拟化网络软件。SDN 与 NFV 共同被认为是未来网络创新的重要推动力量。

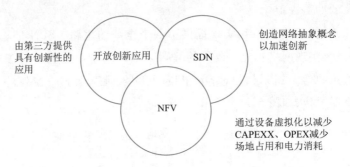

图 6.3.6　NFV 和 SDN 的关系

　　根据分析可知,以控制面与数据面分离和控制面集中化为主要特软件定义网络(SDN)技术,以及以软件与硬件解耦为特点的网络功能虚拟化技术,能够使未来 5G 网络具备开放能力、可编程性、灵活性和可扩展性。

　　在 5G 网络中,这两个技术将起到重要赋能的作用,实现网络灵活性、延展性和面向服务的管理。考虑经济的原因,网络不可能按照峰值需求来建设,灵活性是指按需可用、量身定制的功能实现。延展性是指满足相互矛盾的业务需求的能力,例如,通过引入适合的接入过程和传输方式,支持大规模机器类通信(mMTC)、超可靠 MTC(uMTC)和极限移动宽带服务。面向服务的管理将通过基于线程的控制面,以及基于 NFV 和 SDN 联合框架的用户面来实现。

二、SBA

　　5G 核心网的控制面采用服务化架构(Service Based Architecture,SBA)设计,借鉴 IT 系统服务化的理念,通过模块化实现网络功能间的解耦和整合,各解耦后的网络功能(服务)可以独立扩容、独立演进、按需部署;各种服务采用服务注册、发现机制,实现了各自网络功能在 5G 核心网中的即插即用、自动化组网;同一服务可以被多种 NF 调用,提升服务的重用性,简化业务流程设计。关键技术点如下:

　　①服务的提供通过生产者(Producer)与消费者(Consumer)之间的消息交互来达成。交互模式简化为两种:Request-Response、Subscribe-Notify,从而支持 NF 之间按照服务化接口交互,如图 6.3.7 所示。

　　Request-Response 模式下,NF_A(网络功能服务消费者)向 NF_B(网络功能服务生产者)请求特定的网络功能服务,服务内容可能是进行某种操作或提供一些信息;NF_B 根据 NF_A 发送的请求内容,返回相应的服务结果。

　　Subscribe-Notify 模式下,NF_A(网络功能服务消费者)向 NF_B(网络功能服务生产者)订阅网络功能服务。NF_B 对所有订阅了该服务的 NF 发送通知并返回结果。消费者订阅的信息可以是按时间周期更新的信息,或特定事件触发的通知(如请求的信息发生更改、达到了阈值等）。

②实现了服务的自动化注册和发现。NF 通过服务化接口,将自身的能力作为一种服务暴露到网络中,并被其他 NF 复用;NF 通过服务化接口的发现流程,获取拥有所需 NF 服务的其他 NF 实例。这种注册和发现是通过 5G 核心网引入的新型网络功能 NRF（射频芯片）来实现的: NRF 接收其他 NF 发来的服务注册信息,维护 NF 实例的相关信息和支持的服务信息;NRF 接收其他 NF 发来的 NF 发现请求,返回对应的 NF 示例信息。

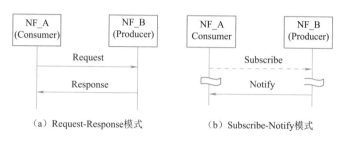

图 6.3.7　两种简化的交互模式

③采用统一服务化接口协议。R15 阶段在设计接口协议时,考虑了适应 IT 化、虚拟化、微服务化的需求,目前定义的接口协议栈从下往上在传输层采用了 TCP,在应用层采用 HTTP 2.0,在序列化协议方面采用了 JSON,接口描述语言采用 OpenAPI 3.0,API 的设计方式采用 RESTful。

可以看出,目前 5G 核心网采用服务化架构的接口协议栈与传统移动核心网的协议相比,变得更加复杂。如果用同样的硬件来实现,其性能相对传统协议是下降的,因此需要通过高性能的云资源来抵消接口性能的损失。对于服务化架构的自动化组网,目前能力也还不完善,如在容灾和过载控制方面和在多 NRF 级联方面。这都需要在标准组织进行进一步的推动和研究,在实际网络部署和运营中也需要加以注意。

SBA（Service Based Architecture）即基于服务的架构。它基于云原生构架设计,借鉴了 IT 领域的"微服务"理念。

众所周知,传统网元是一种紧耦合的黑盒设计,NFV（网络功能虚拟化）从黑盒设备中解耦出网络功能软件,但解耦后的软件依然是"大块头"的单体式构架,需进一步分解为细粒度化的模块化组件,并通过开放 API 接口来实现集成,以提升应用开发的整体敏捷性和弹性。

为此,业界提出了基于 Cloud Native 的设计原则。

Cloud Native 的使命是改变世界如何构建软件,其主要由微服务架构、DevOps 和以容器为代表的敏捷基础架构几部分组成,如图 6.3.8 所示。其目标是实现交付的弹性、可重复性和可靠性。

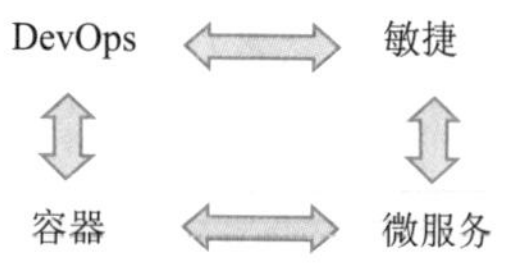

图 6.3.8　Cloud Native
的组成

微服务就是指将 Monolithic（单体式应用程序）拆分为多个粒度更小的微服务,微服务之间通过 API 交互,且每个微服务独立于其他服务进行部署、升级、扩展,可在不影响客户使用的情况下频繁更新正在使用的应用,如图 6.3.9 所示。

图 6.3.9 微服务构架与单体式构架

正是基于这样的设计理念,传统网元先是转换为网络功能(NF),然后 NF 再被分解为多个"网络功能服务",如图 6.3.10。

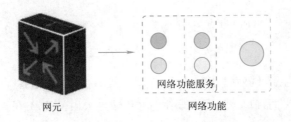

图 6.3.10 网元和网络功能

SBA = 网络功能服务 + 基于服务的接口。网络功能可由多个模块化的"网络功能服务"组成,并通过"基于服务的接口"来展现其功能,因此"网络功能服务"可以被授权的 NF 灵活使用。

其中,NRF(NF Repository Function,NF 存储功能)支持网络功能服务注册登记、状态监测等,实现网络功能服务自动化管理、选择和可扩展。

三、CUPS

CUPS(Control and User Plane Separation),即控制与用户面分离。目的是让网络用户面功能摆脱"中心化"的囚禁,使其既可灵活部署于核心网(中心数据中心),也可部署于接入网(边缘数据中心),最终实现可分布式部署。

事实上,核心网一直沿着控制面和用户面分离的方向演进。比如,从 R7 开始,通过 Direct Tunnel 技术将控制面和用户面分离,在 3G RNC 和 GGSN 之间建立了直连用户面隧道,用户面数据流量直接绕过 SGSN 在 RNC 和 GGSN 之间传输。到了 R8,出现了 MME 这样的纯信令节点,如图 6.3.11 所示。

移动性管理实体(MME)的主要功能是支持 NAS(非接入层)信令及其安全、跟踪区域(TA)列表的管理、P-GW 和 S-GW 的选择、跨 MME 切换时进行 MME 的选择、在向 2G/3G 接入系统切换过程中进行 SGSN 的选择、用户的鉴权、漫游控制以及承载管理、3GPP 不同接入网络的核心网络节点之间的移动性管理,以及 UE 在 ECM_IDLE 状态下可达性管理(包括寻呼重发的控制和执行)。

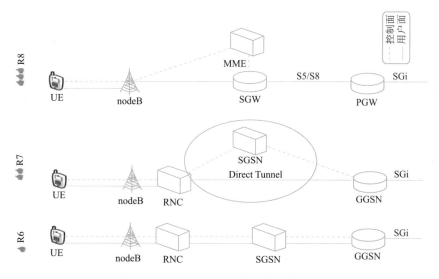

图 6.3.11　R6、R7、R8 版本核心网变化

到了 5G 时代,这一分离的趋势更加彻底,也更加必要。其中一大原因就是为了满足 5G 网络毫秒级时延的 KPI,如图 6.3.12 所示。

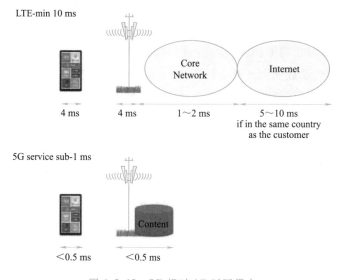

图 6.3.12　5G 相对 4G 时延很小

光纤传播速度为 200 km/ms,数据要在相距几百千米以上的终端和核心网之间来回传送,显然是无法满足 5G 毫秒级时延的。物理距离受限,这是硬伤。

因此,需将内容下沉和分布式的部署于接入网侧(边缘数据中心),使之更接近用户,降低时延和网络回传负荷。

四、网络切片

在了解 5G 网络切片之前,首先要知道什么是网络切片。实际上,网络切片就是将一个物理切割成多个虚拟的端到端的网络,每一个都可获得逻辑独立的网络资源,且各切片之间可相互绝缘。因此,当某一个切片中产生错误或故障时,并不会影响其他切片。

网络切片是一个完整的逻辑网络,可以独立承担部分或者全部的网络功能。不同类型应用场景对网络的需求是差异化的,有的甚至是相互冲突的。通过单一网络同时为不同类型应用场景提供服务,会导致网络架构异常复杂、网络管理效率和资源利用效率低下。5G 网络切片技术通过在同一网络基础设施上虚拟独立逻辑网络的方式为不同的应用场景提供相互隔离的网络环境,使得不同应用场景可以按照各自的需求定制网络功能和特性。5G 网络切片要实现的目标是将终端设备、接入网资源、核心网资源以及网络运维和管理系统等进行有机组合,为不同商业场景或者业务类型提供能够独立运维的、相互隔离的完整网络。而 5G 切片,就是将 5G 网络切出多张虚拟网络,从而支持更多业务。

网络切片的优势在于其能让网络运营商选择每个切片所需的特性,例如低延迟、高吞吐量、连接密度、频谱效率、流量容量和网络效率,这有助于提高创建产品和服务效率,提升客户体验。运营商无须考虑网络其余部分的影响就可进行切片更改和添加,既节省了时间又降低了成本支出,也就是说,网络切片可以带来更好的成本效益。

从 2G 到 4G 网络只是实现了单一的电话或上网需求,却无法满足随着海量数据而来的新业务需求,而且传统网络改造起来非常麻烦;而 5G 可以说是为了应用而生,需要面向多连接与多样化业务,需要部署更灵活,还要分类管理,而网络切片正是这样一种按需组网的方式。

就像图 6.3.13 所展示的那样,运营商在同一的基础设施上"切"出多个虚拟网络,每个网络切片从无线接入网到承载网再到核心网,都是逻辑上隔离,且每个网络切片至少包括无线子切片、承载子切片和核心网子切片,以适配各类业务与应用。可以说,网络切片做到了端到端的按需定制并保证隔离性。切片的资源隔离特性增强了整体网络。

图 6.3.13　网络切片

那么,如何实现端到端的网络切片呢? NFV 是先决条件。比如核心网,NFV 先从传统网络设备中分离软硬件,硬件由通用服务器统一管理,软件则由不同的 NF 承担,以实现灵活满足业务需求,如图 6.3.14 所示。这样看来,"切"这个动作实际上就是在进行资源重组。

重组的依据是什么呢? 其实,是根据 SLA(服务等级协议)指定的通信服务类型,选择所需要的虚拟和物理资源。这里,SLA 包括了用户数、QoS、带宽等多项参数,且不同的 SLA 将定义不同的通信服务类型。

当然,这并不是说需要为每个服务都建一个专用网络,因为网络切片技术在一个独立的物理网络上,可以切分出多个逻辑网络,所以它真的非常节省成本。因此,在一个网络中,切片越多加载的应用越多,意味着其网络价值越大,性价比也就越高。

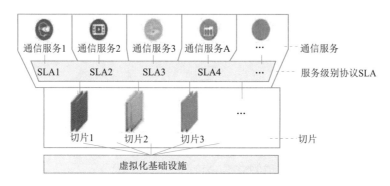

图 6.3.14 端到端的网络切片

5G 服务是多样化的,包括车联网、大规模物联网、工业自动化、远程医疗、VR/AR 等。

这些服务对网络的要求是不一样的,比如工业自动化要求低时延、高可靠但对数据速率要求不高;高清视频无须超低时延但要求超高速率;一些大规模物联网不需要切换,部分移动性管理对之而言是信令浪费,等等,为此,5G 需要满足差异化的网络服务。

于是,需要把网络切成多个虚拟且相互隔离的子网络,以分别应对不同的服务。

当然,这么灵活的切片工作不是传统大块头的黑盒设备能担当的,自然要虚拟化、软件化,再将网络功能进一步细粒度模块化,才能实现灵活组装业务应用。

目前,5G 几个主流的应用场景,包括 eMBB、uRLLC、mMTC 三个通信服务类型,以及 VR、AR、自动驾驶、无人机、智能电网、无线医疗,5G 将提供适配不同领域需求的网络连接特性,推动各行业的能力提升与转型。

例如,在自动驾驶中,其所依赖的 V2X 通信,需要的是低延迟却不一定需要高吞吐量,在汽车行驶时观看的媒体服务需要高吞吐量且容易受到延迟影响,两者都可以通过虚拟网络切片上的相同公共物理网络传送,以优化物理网络的使用。

又如,在智能电网,用 5G 网络切片承载电网业务是一种全新的尝试,将运营商的网络资源以相互隔离的逻辑网络切片,按需提供给电网公司,可以应用在智能电网用电信息采集、分布式电源、电动汽车充电桩控制精准负荷控制等关键业务中,满足电网不同业务对通信网络能力的差异化需求。

在低时延的场景中(如自动驾驶),核心网的部分功能要更靠近用户,放在基站那边,这就是"下沉"。

部分核心网功能,"下沉"到了 MEC。

下沉不仅可以保证"低时延",更能够节约成本。

网络切片是 5G 网络的重要使能技术,实现了基于业务场景按需定制网络,不同的网络切片之间可共享资源也可以相互隔离。网络切片是端到端的逻辑子网,涉及核心网(控制平面和用户平面)、无线接入网、IP 承载网和传送网,需要多领域的协同配合。目前来看,核心网切片的标准相对进展更快,5G 核心网网络和终端支持切片的功能、流程基本完成,但是切片管理还不完善。无线网切片由于具有一定的技术难度,业界还在进行技术和方案研究。承载网切片目前相对独立发展,缺乏与移动网跨专业间的联动。

5G 切片的定制和自动化部署是通过切片管理来完成的,网络切片管理架构如图 6.3.15 所示。

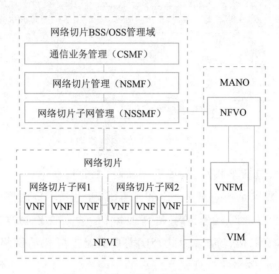

图 6.3.15　网络切片管理架构

网络切片管理架构包括通信业务管理、网络切片管理、网络切片子网管理。其中通信业务管理功能(CSMF)实现业务需求到网络切片需求的映射;网络切片管理功能(NSMF)实现切片的编排管理,并将整个网络切片的 SLA 分解为不同切片子网(如核心网切片子网、无线网切片子网和承载网切片子网)的 SLA;网络切片子网管理功能(NSSMF)实现将 SLA 映射为网络服务实例和配置要求,并将指令下达给 MANO,通过 MANO 进行网络资源编排。对于承载网络的资源调度,将通过与承载网络管理系统的协同来实现。

可以看出,切片是在 NFV/SDN 之上的一种业务,其运维难易程度与 NFV/SDN 技术的成熟度相关,因此需要尽快促进 NFV/SDN 技术的落地和运营。鉴于 5G 网络端到端的切片还不成熟,当前需要加强网络切片的设计、编排以及管理方面的研究,例如网络切片管理/网络切片子网管理与 MANO 的相互协同、切片管理与 OSS/BSS 的融合、切片的跨专业(核心网、无线、承载)协同。由于任何 UE 都需要在网络切片框架下使用 5G 网络,在初期可以先提供简单的 eMBB 核心网切片,掌握 5G 网络的基本运营能力,然后再逐步细分切片,面向垂直市场打造行业切片,提供差异化的网络服务,充分挖掘切片的商业价值。

在 5G 时代,移动网络服务的对象不再是单纯的移动手机,而是各种类型的设备,如平板电脑、固定传感器、车辆等。应用场景也多样化,如移动宽带、大规模互联网、任务关键型互联网等。需要满足的要求也多样化,如移动性、安全性、时延性、可靠性等。这就为网络切片提供了用武之地,通过网络切片技术在一个独立的物理网络上切分出多个逻辑网络,可以避免为每一个服务建设一个专用的物理网络,这是非常节省成本的。

要实现网络切片,NFV 是先决条件。网络采用 NFV 和 SDN 后,网络切片才能真正实施。

网络切片是一个端到端的复杂的系统工程,实现起来相当复杂,需要经过三个穿透的网络:接入网络、核心网络、数据和服务网络。

在接入网面向用户侧的主要挑战是:某些终端设备(比如汽车)需要同时接入多个切片网络,另外还涉及鉴权、用户识别等问题。

接入网与核心网间的切片配对如图 6.3.16 所示。

网络切片有三种典型部署方式:

①方式 1:多个网络切片在逻辑上完全隔离,只在物理资源上共享,每个切片包含完整的控制面和用户面功能。终端可以连接多个独立的网络切片,终端在每个核心网切片可能有独立的网络签约。

②方式 2:多个网络切片共享部分控制面功能,一般而言,考虑到终端实现的复杂度,可对移动性管理等终端粒度的控制面功能进行共享(如 MM、AU),而业务粒度的控制和转发功能则为各切片的独立功能(如 SM、UP),实现切片特定的服务。

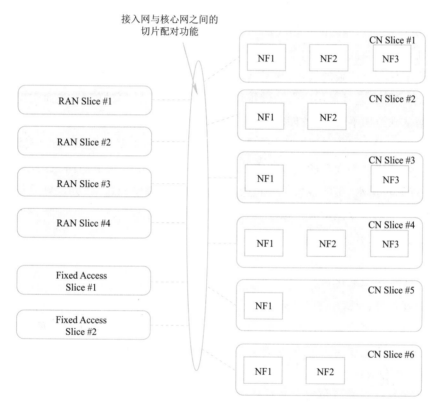

图 6.3.16　接入网与核心网间的切片配对

③方式 3:多个网络切片之间共享所有的控制面功能,用户面功能是切片专有的。

现阶段关于网络切片达成的共识如下:

①网络切片是一个完整的逻辑网络,提供电信服务和网络功能,它包括接入网(AN)和核心网(CN)。AN 是否切片将在 RAN 工作组进一步讨论。AN 可以多个网络片共用,切片可能功能不同,网络可以部署多个切片实例提供完全相同的优化和功能为特定 UE 群服务。

②UE 可能提供由一组参数组成的切片选择辅助信息(NSSAI)选择 RAN 和 CN 网络切片

实例。如果网络部署切片,它可以使用 NSSAI 选择网络切片,也可以使用 UE 能力和 UE 用户数据。

③UE 可以通过一个 RAN 同时接入多个切片。这时切片共享部分控制面功能。CN 部分网络切片实例由 CN 选择。

④针对从 NGC 切片到 DCN(数据通信网络)的切换,没必要一对一映射。UE 应能将应用与多个并行 PDU 会话之一相关联。不同的 PDU 会话可能属于不同切片。UE 在移动性管理中可能提交新的 NSSAI 导致切片变更,切片变更由网络侧决定。

⑤网络用户数据包括 UE 接入切片信息。在初始附着过程中采用公共控制网络功能(Comme Control Network Functions,CCNF)为 UE 选择切片须重定向。

未来,从人们直接相关的虚拟现实、增强现实,到自动驾驶、智能交通及无人机,再到物流仓储、工业自动化,作为信息化的基础设置,5G 将提供适配不同领域需求的网络连接特性,推动各行业的能力提升及转型。

5G 网络所提供端到端的网络切片能力,可以将所需的网络资源灵活动态地在全网中面向不同的需求进行分配及能力释放,并进一步动态优化网络连接,降低成本,提升效益。

网络切片不是一个单独的技术,它是基于云计算、虚拟化、软件定义网络、分布式云架构等几大技术群而实现的,通过上层统一的编排让网络具备管理、协同的能力,从而实现基于一个通用的物理网络基础架构平台,能够同时支持多个逻辑网络的功能。

相较于 2G/3G/4G 网络,5G 网络的 CP/UP 分离,使得网络部署更加集约、灵活,控制面的重构让会话管理和移动管理功能可以按需独立部署,不再是仅满足于面向人类、车辆移动状态的通信,也可以满足用水、用电抄表等静止类业务的机器类会话;移动边缘计算更是把网络能力向靠近用户的分布式云数据中心推进。

五、多接入边缘计算

1. 多接入边缘计算概述

多接入边缘计算(MEC)就是位于网络边缘的、基于云的 IT 计算和存储环境。它使数据存储和计算能力部署于更靠近用户的边缘,从而降低了网络时延,可更好地提供低时延、高宽带应用。MEC 可通过开放生态系统引入新应用,从而帮助运营商提供更丰富的增值服务,如数据分析、定位服务、AR 和数据缓存等。

边缘计算就是将运营商和第三方业务部署在靠近 UE 接入点的地方,这样可以减少端到端的传输时延和降低传输网络的负载,从而实现高效的业务传输,如图 6.3.17 所示。

边缘计算可应用于非漫游和漫游场景。

5G 核心网会基于 UE 的订阅数据、UE 的位置、AF 的信息、策略,以及其他相关的业务规则,选择靠近 UE 的 UPF,并通过 N6 接口执行从 UPF 到本地数据网络的流量控制。

5G 核心网将其网络信息和能力暴露给 ECAF(Edge Computing Application Function,边缘计算应用功能)。

根据运营商的部署,可以允许某些 AF(Application Function)直接与需要与之交互的核心网控制平面网元进行交互,而其他 AF 需要通过 NEF 使用外部暴露框架去交互。

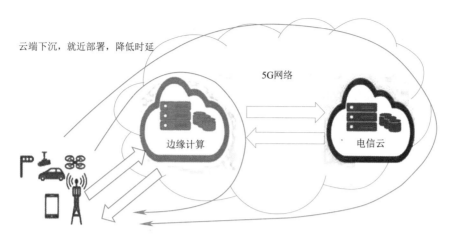

云端下沉，就近部署，降低时延

5G网络

边缘计算

电信云

图 6.3.17　边缘计算

对于 5GC 而言,支持边缘计算的本质就是其根据各种信息进行权衡后选择一个靠近 UE 应用服务器来给 UE 提供服务。

移动边缘计算技术以其本地化、近距离、低时延等特点迅速普及成为 5G 网络基础架构的核心特征之一。边缘计算能够将无线网络和互联网技术有效地融合在一起,为无线接入网侧的移动用户提供 IT 和云计算能力。边缘计算可以有效提升网络响应速度,缩短网络时延,因此,在如今虚拟现实、高清视频、物联网、自动化、工业控制等日益发环境下,边缘计算将是未来网络时代不可缺少的一个重要环节。

除了本地化、近距离、低时延的优势外,对位置的感知和对网络上下文信息的获取也是边缘计算的重要特点,有别于传统的移动宽带业务能力,实时获知小区的负载、带宽信息、用户位置等信息,网络可根据这些上下文信息,进一步提供其他相关的业务和应用。对于应用开发者和内容提供商来说,无线接入网的边缘提供了一个低时延、高带宽,实时访问无线网络的内容、业务和应用加速的业务环境。运营商可以向第三方开放无线网络边缘,允许第三方快速部署创新的业务及应用,更好地为移动用户、企业及其他垂直行业服务。

2. 移动边缘计算系统平台的基本架构

边缘计算系统平台作为承载移动边缘应用的业务服务平台,其最显著的特点是更加用户侧,平台的部署位置可以根据具体的网络情况和运营需求确定,例如部署在无线节侧、基站的聚合节点侧或者核心网边缘节点处(如分布式数据中心)来提供相应业务服务。

部署于无线接入网络边缘的计算服务器面向各种上层应用及业务开放实时的无线及网络信息(如处于移动状态下的用户所在的具体位置、基站实时负载情况等),实现无线网络条件及位置等上下文信息的实时感知,以便提供各种与情境相关的服务,使业务对网络条件的改变做出及时响应,高效应对业务流量增加等情况,更好地优化网络和业务运管,提高用户业务体验的同时提升网络资源利用率。业务方面,边缘计算平台应可以针对不同的业务需求和用户偏好定制具体的业务应用,让业务类型多样化、个性化,丰富移动宽带业务的用户体验。

　　边缘计算可最大限度地应用 NFV 虚拟化架构和管理模式。NFV 技术聚焦于网络功能的虚拟化,强调从传统基于设备的配置向通用硬件和云架构的变迁,不同的虚拟化功能可以连接起来共同完成通信服务。与 NFV 技术不同的是,边缘计算强调在 RAN 侧创造第二方应用和业务的集成环境,为各领域提供大量的新颖用例,其聚焦的角度和商业目标与 NFV 技术有所不同。

　　目前 ETSI 已经讨论并明确了边缘计算系统(MEC)平台的基本架构,如图 6.3.18 所示。

图 6.3.18　MEC 平台的基本架构

　　移动边缘计算系统平台设计主要涉及两部分:移动边缘系统层(Mobile Edge System Level)和移动边缘服务器层(Mobile Edge Server Level)。

　　移动边缘系统层是在运营商网络或子网络中,运行各类移动边缘应用所需的移动边缘主机和移动边缘管理实体的集合。系统层包含运营商的运营支持系统和移动边缘编排器,完成运营商的管理和控制,对系统可用资源、业务和拓扑的全视图管理以及应用的上线管理等工作。运营支撑系统由运营商进行管理和控制操作,可从外部的实体(如 User APP LCM 代理、CFS portal)为应用实例接收相关请求,决定该请求是否执行,并发送请求到编排器。编排器可呈现整个系统和移动边缘服务器、可用资源、业务和拓扑的总体视图,主要作用包括应用的上线,例如检查应用的完整性并完成鉴权、应用规则和要求的生效及调整(如根据运营商策略的不同进行调整)、上线包记录的保存以及 VIM 处理应用的准备等。编排器基于具体的要求、规则、可用资源为应用示例选择合适的服务器,完成应用实例的触发和终结。

　　服务器层主要包含移动边缘服务器(Mobile Edge Server)和移动边缘平台管理(Mobile Edge Platform Manager)两部分,主要负责提供移动边缘业务、广告、消费等环境,完成业务的注册、鉴权,并进行平台业务应用的生命周期管理及应用的规则管理等。移动边缘服务器是以通用硬件为虚拟化资源的移动边缘应用平台,主要包括业务平台本身以及部署在平台上的移动边缘业务应用。业务平台提供移动边缘业务的发现、业务的注册、广告等业务环境,在 SDN 架构下基于流量规则进行用户面数据的控制,并根据从管理平台得到的 DNS 记录进行 DNS 代理服务器的配置,同时提供持续存储和精确时间信息的入口。移动边缘平台管理单元负责管理业务平台的各部分,包括应用的生命周期管理如通知编排器相关应用的生命周期事件,应用规则的管理如业务授权、流量控制、DNS 配置、冲突解决等,同时还会从 VIM 接收虚拟资源错误报告和性能测量并进行处理。

MEC技术通过对传统无线网络增加MEC平台功能/网元,使其具备提供业务本地化及近距离部署的能力。然而,MEC功能/平台的部署方式与具体应用场景相关,主要包括室外宏基站场景及室内微基站场景。

①室外宏基站。由于室外宏基站具备一定的计算和存储能力,此时可以考虑将MEC平台功能直接嵌入宏基站中,从而更有利于降低网络时延、提高网络设施利用率、获取无线网络上下文信息以及支持各类垂直行业业务应用(如低时延要求的车联网等)。

②室内微基站考虑到微基站的覆盖范围以及服务用户数,此时MEC平台应该是以本地汇聚网关的形式出现。通过在MEC平台上部署多个业务应用,实现本区域内多种业务的运营支持,如物联网应用场景网关汇聚功能、企业/学校本地网络的本地网关功能以及用户/网络大数据分析功能等。

因此,为了让MEC更加有效地支持各种各样的移动互联网和物联网业务,需要MEC平台的功能根据业务应用需求逐步补充完善并开放给第三方业务应用,从而在增强网络能力的同时改善用户的业务体验,并促进创新型业务的研发部署。

综上所述,MEC技术的应用场景适用范围取决于MEC平台具有的能力。

①MEC平台基础设施层。该层基于用服务器,为MEC应用平台提供底层硬件的计算、存储等物理资源。

②MEC应用平台层。该层由MEC的虚拟化管理和应用平台功能组件组成。其中,MEC虚拟化管理采用以基础设施作为服务(Infrastructure as a Service,IaaS)的思想,为应用层提供一个灵活高效、多个应用独立运行的平台环境。MEC应用平台功能组件主要包括数据分流、无线网络信息管理、网络自组织(Self-organizing Network,SON)管理、大数据分析、网络加速以及业务注册等功能,并通过开放的API向上层应用开放。

③MEC应用层。该层基于网络功能虚拟化VM应用架构,将MEC应用平台功能组件进一步组合封装成虚拟的应用(本地分流、无线缓存增强现实、业务优化、定位等应用),并通过标准的接口开放给第三方业务应用或软件开发商,实现无线网络能力的开放与调用。

除此之外,MEC平台物理资源管理系统、MEC应用平台管理系统及MEC应用管理系统则分别实现IT物理资源、MEC应用平台功能组件/API及MEC应用的管理和向上开放。

可以看出,无线网络基于MEC平台可以提供诸如本地分流、无线缓存、增强现实、业务优化、定位等能力,并通过向第三方业务应用商/软件开发商开发无线网络能力,促进创新型业务的研发部署。需要注意的是,本地分流是业务应用的本地化、近距离部署的先决条件,也因此成为MEC平台最基础的功能之一,从而使无线网络具备低时延、高带宽传输的能力。

3. MEC的关键技术

MEC的关键技术包括业务和用户感知、跨层优化、网络能力开放、C/U分离等5G趋势技术。

(1)业务和用户感知

传统的运营商网络是"哑管道",资费和商业模式单一,对业务和用户的管控能力不足。面对该挑战,5G网络智能化发展趋势的重要特征之一就是内容感知。通过对网络流量的内容分析,可以以增加网络的业务黏性、用户黏性和数据黏性。

同时,业务和用户感知也是 MEC 的关键技术之一,通过在移动边缘对业务和用户进行识别,可以优化本地网络资源,提高网络服务质量,并且可以对用户提供差异化服务,带来更好的用户体验。

其实,为了改变哑管道的不利地位,部分运营商目前已经在现网 EPC 中开展了业务和用户识别的部分相关工作,主要依靠深度包解析(DPI)得到的 URL 信息进行关键字段匹配,目前第三方后向收费的资费模式也正处在尝试和逐步推进的过程中。与核心网的内容感知相比,MEC 的无线侧感知更加分布化和本地化,服务更靠近用户,时延更低,同时业务和用户感知更有本地针对性。但是,与核心网设备相比,MEC 服务器能力更受限。对于 DPI 的计算开销能否承受,怎样减小开销(如采用终端或核心网辅助解析的方式将部分应用层信息传递到低层协议头中)等问题,都有待研究。此外,对 HTTPS 加密数据的 DPI 目前还不成熟,相关的解析标准也还在制定中。

MEC 对业务和用户的感知,将促进运营商传统的哑管道向 5G 智能化管道发展。

(2)跨层优化

跨层优化在学术界已经有相当多的研究工作,但该思想应用于现网还相对不多,MEC 为此提供了契机。MEC 可以获取高层信息,同时由于靠近无线侧而容易获取无线物理层信息,十分适合进行跨层优化。跨层优化是提升网络性能和优化资源利用率的重要手段,在现网以及 5G 网络中都能起到重要作用。目前 MEC 跨层优化的研究主要包括视频优化、TCP 优化等。

移动网中视频数据的带宽占比越来越高,这个趋势在未来 5G 网络中将更加明显。当前对视频数据流的处理是将其当作 Internet 一般数据流处理,有可能造成视频播放出现过多的卡顿和延迟。而通过靠近无线侧的 MEC 服务器估计无线信道带宽,选择适合的分辨率和视频质量来进行吞吐率引导,可大大提高视频播放的用户体验。

另一类重要的跨层优化是 TCP 优化。TCP 类型的数据目前占据 Internet 流量的 95% ~ 97%。但是,目前常用的 TCP 拥塞控制策略并不适用于无线网络中快速变化的无线信道,造成丢包或链路资源浪费,难以准确跟踪无线信道状况变化。通过 MEC 提供无线低层信息,可帮助 TCP 降低拥塞率,提高链路资源利用率。

其他跨层优化还包括对用户请求的 RAN 调度优化(如允许用户临时快速申请更多的无线资源),以及对应用加速的 RAN 调度优化(如允许速率遇到瓶颈的应用程序申请更多的无线资源)等。

(3)网络能力开放

网络能力开放旨在实现面向第三方的网络友好化,充分利用网络能力,互惠合作,是 5G 智能化网络的重要特征之一。除了 4G 网络定义的网络内部信息、QoS 控制、网络监控能力、网络基础服务能力等方面能力的对外开放外,5G 网络能力开放将具有更加丰富的内涵,网络虚拟化、SDN 技术以及大数据分析能力的引入,也为 5G 网络提供了更为丰富的可以开放的网络能力。

由于当前各厂商设备不同,缺乏统一的开放平台,导致网络能力开放需要对不同厂商的设备分别开发,加大了开发工作量。ETSI 对于 MEC 的标准化工作很重要的一点就是网络能力开放接口的标准化,包括对设备的南向接口和对应用的北向接口。MEC 将对 5G 网络能力开放起到重要支撑作用,成为能力开放平台的重要组成部分,从而促进能力可开放网络的发展。

（4）C/U 分离

MEC 由于将服务下移,流量在移动边缘就进行本地化卸载,计费功能不易实现,也存在安全问题。而 C/U 分离技术通过控制面和用户面的分离,用户面网关可独立下沉至移动边缘,自然就能解决 MEC 计费和安全问题。所以,作为 5G 趋势技术之一的 C/U 分离同时也是 MEC 的关键技术,可为 MEC 计费和安全提供解决方案。MEC 相关应用的按流量计费功能和安全性保障需求,将促使 5G 网络的 C/U 分离技术的发展。

网络切片作为 5G 的网络关键技术之一,目的是区分出不同业务类型的流量,在物理网络基础设施上建立起更适应于各类型业务的端到端逻辑子网络。MEC 的业务感知与网络切片的流量区分在一定程度上具有相似性,但在流量区分的目的、区分精细度、区分方式上都有所区别,如表 6.3.1 所示。

表 6.3.1　网络切片与 MEC 的流量区别比较

比 较 内 容	网 络 切 片	MEC
流量区分目的	逻辑上区分为网络的不同切片	仅决定是否进行流量卸载
流量区分精细度	按业务类型区分（如 eMBB 类型、uRLLC 类型、mMTC 类型等）	按业务、服务提供商、用户区均可支持（精细度更高）
流量区分方式	一般认为按 PDN 连接类型（APN）进行流量区分	依赖 L3/L4 信息（典型如 IP 五元组）以及应用区分数据流

MEC 与网络切片的联系还在于,MEC 可以支持对时延要求最为苛刻的业务类型,从而成为超低时延切片中的关键技术。MEC 对超低时延切片的支持,丰富了实现网络切片技术的内涵,有助于驱使 5G 网络切片技术加大研究力度,加快发展。

4. MEC 典型应用场景

MEC 典型应用场景主要的技术指标特征是高带宽和低时延,同时在本地具有一定的计算能力;商业模式特征主要包括通过业务和用户识别使能的第三方业务区别化（对不同的第三方业务差异化地提供网络资源、开放网络能力）、用户个性化（对不同用户差异化的前向或后向收费）,以及与具体的部署、服务位置有关的本地情境化。表 6.3.2 归纳了 MEC 的几种应用案例及其所具有的 MEC 典型特征。

表 6.3.2　几种应用案例及其所具有的 MEC 典型特征

MEC 应用案例	技术指标特征			商业模式特征		
	高带宽	低时延	本地高计算能力	第三方业务区别化	用户个性化	本地情境化
视频缓存与优化	√	√		√	√	
本地流量爆发	√	√				√
监控数据分析	√	√	√			√
增强现实	√	√	√	√	√	√
大型场所的新型商业模式	√			√	√	√

(1)视频缓存与优化

该应用的目的在于视频播放加速,提高用户体验,尤其有助于4K/8K超高清视频和VR等对带宽要求高的内容源,涉及如下三种可能应用到的技术。

①本地缓存。将内容缓存到靠近无线侧的MEC服务器上,用户发起内容请求,MEC服务器检查本地是否有该内容,如果有则直接服务;否则去Internet服务提供商处获取,然后内容可缓存至本地供其他用户访问。该技术的核心问题在于内容的命中率,从而决定缓存设备的投资回报率。

②基于无线物理层吞吐率引导的跨层视频优化。实质是下层信息传递给上层,根据物理层无线信道的质量,MEC服务器决定为UE发送视频的清晰度、质量等,在减小网络拥塞率的同时提高链路利用率,从而提高用户体验。

③用户感知。通过在移动边缘的用户感知,可以确定用户的服务等级,实现对用户差异化的无线资源分配和数据包时延保证,合理分配网络资源提升整体的用户体验。当然,差异化的用户等级服务也可实现比如前向免流量、后向收费等新的资费和商业模式。

(2)本地流量爆发和超低延迟的业务

本地IP流量爆发类应用特别适合于本地超高带宽和超低延迟的业务。当UE附着网络并从核心网获取IP地址后,UE为某项业务应用初始化IP请求。接入网可以通过识别数据包的地址、端口(IP五元组)或UE ID,并且基于这些信息与本地数据服务器建立IP连接。

典型场景如球场、赛场等实时直播,多角度拍摄的视频经过MEC服务器向本地用户转发,用户可以随意选择观看,实时多角度观察了解赛事状况。类似的场景还有热点区域实时路况的视频转发等。

(3)监控数据分析

当前的视频监控采用以下两种典型的数据处理方式。

①由摄像头处理,缺点是要求每个摄像头都具备视频分析功能,会大大提高成本。

②由服务器处理,缺点是需要将大量的视频数据传到服务器,增加核心网负担且延迟较大。

使用具有较高计算能力的MEC服务器来处理,可降低摄像头的成本,同时不会对核心网造成负担,并且延迟较低。

典型应用包括车牌检测(收费站、停车场等)、防盗监控等需要视频数据分析的应用。

(4)增强现实

增强现实(AR)是当前的关注热点。AR将真实世界和虚拟世界的信息集成,在三维尺度的空间中增添虚拟物体和信息,具有实时交互性。AR的应用场景涵盖了军事、医疗、娱乐教育、影视等诸多领域。

AR的技术指标要求首先包括高数据量和低时延,此外,对数据库的匹配等计算还要求本地有一定的计算能力。可能的商业模式利润间接来自用户(含在旅游景点、博物馆门票中或类似方式),以及在移动边缘进行广告等内容推送。

(5)大型场所的新型商业模式

MEC的该类型应用大体上可分为商场和办公楼(工业园区)两种场景。商场需要关注盈利模式,盈利手段可以是与所在位置商场或消费区域的商家高度相关的广告、优惠券打折等信息推送,以及对于特定商家特定账户的免费服务(类似于 1 h 免费手机电影),以吸引顾客。对运营商的优势在于提供了基于大数据分析的多元化客户服务,有助于拓宽运营商盈利途径。

办公楼(工业园区)可以通过与物业所有者(公司)之间类似于"通信服务换配合建网运维"的共赢模式(比如提供一定数量的本地流量免费账户),缓解了运营商在室内网络建设和维护中与物业所有者的协商困难,降低了网建和日常运维成本(电费等开销)。另外,通过企业移动网络的整合,提高了用户黏度。而对于企业,MEC 相对于目前更常见的 WLAN 室内覆盖,提高了网络安全性。总体来说,可以让运营商、企业、物业多方受益。

5. MEC 应用于本地分流

(1)基于 MEC 的本地分流方案

为实现业务应用在无线网络中的本地化、近距离部署以及低时延、高带宽的传输能力,无线网络需要具备本地分流的能力。

①本地业务。用户可以通过 MEC 平台直接访问本地网络,本地业务数据无须经过核心网,直接由 MEC 平台分流至本地网络。因此,本地业务分流不仅降低业务访问时延,提升了用户的业务体验。换句话说,基于 MEC 的本地分流目标是实现类似 Wi-Fi 的 LTE 本地局域网。

②公网业务。用户可以正常方问公网业务。包括两种方式:一是 MEC 平台对所有公网业务数据流采用透传的方式直接发送至核心网;二是 MEC 平台对于特定 IP 业务/用户通过本地分流的方式以本地代理服务器接入 Internet。

③终端/网络。本地分流方案需要在 MEC 平台对终端以及网络透明部署的前提下,完成本地数据分流。也就是说,基于 MEC 的本地分流方案无须对终端用户与核心网进行改造,降低 MEC 本地分流方案现网应用部署的难度。为了实现上述目标,基于 MEC 的本地分流的详细技术方案如下。

第一,本地分流规则。MEC 平台需具备 DNS 查询以及根据指定 IP 地址进行本地分流的功能。例知,终端通过 URL(www. Localltranet. com)访问本地网络时,会触发 MEC 平台进行 DNS(Domain Name System,域名系统)查询,查询 www. Localltranet. com 对应服务器的 IP 地址,并将相应 IP 地址反馈给终端用户。因此,需要 MEC 平台配置 DNS 查询规则,将需要配置的本地 IP 地址与其本地域名对应起来。MEC 平台收到终端的上行报文,如果是指定本地子网的报文,则转发给本地网络,否则直接透传给核心网。同时,MEC 平台将收到的本地网络报文返回给终端用户。可以看出,在本地分流规则中,DNS 查询功能不是必需的。当设有 DNS 查询功能时,终端用户可以直接采用本地 IP 地址访问的形式进行,MEC 平台根据相应的 IP 分流规则处理相应的报文即可。除此之外,也可以配置相应的公网 IP 分流规则。实现对于特定 IP 业务/用户通过本地分流的方式从本地代理服务器接入分组网络,实现对于公网业务的选择性 IP 数据分流。

第二,控制面数据处理。MEC 平台对于终端用户的控制面数据即 S1-C,采用直接透传的方式发给核心网,完成终端正常的鉴权、注册、业务发起、切换等流程,与传统的 LTE 网络无区别。即无论是本地业务还是公网业务,终端用户的控制依然在核心网进行,保证了基于 MEC 的本地分流对现有网络是透明的。

第三,上行用户面数据处理。公网上行业务数据经过 MEC 平台透传给运营商的核心网 SGW

设备,而对于符合本地分流规则的上行数据分组,则通过 MEC 平台路由转发至本地网络。

第四,下行用户面数据处理。公网下行业务数据经过 MEC 平台透传给基站,而对于来自本地网络的下行数据分组,MEC 平台需要将其重新封装成 GTP-U 的数据分组发送给基站,完成本地网络下行用户面数据分组的处理。

基于 MEC 的本地分流方案通过在传统的 LTE 基站和核心网之间部署 MEC 平台(串接),根据 IP 分流规则的设定,从而实现本地分流的功能。MEC 平台对控制面数据(SI-C)直接透传给核心网,仅对用户面数据根据相关规则进行分流处理,由此保障了基于 MEC 的本地分流方案对现有 LTE 网络的终端以及网络是透明的,即无须对现有终端及网络进行改造。因此,基于 MEC 的本地分流方案可以在对终端及网络透明的前提下,实现终端用户的本地业务访问,为业务应用的本地化、近距离部署提供可能,实现了低时延、高带宽的 LTE 的本地局域网。同时,由于 MEC 对终端公网业务采用了透传的方式,因此不影响终端公网业务的正常访问,使得基于 MEC 的本地分流方案更易部署。

上述基于 MEC 的本地分流方案可广泛应用在企业、学校、商场以及景区等需要本地连接以及本地大流量业务传输(高清视频)等需求的应用场景。以企业/学校为例,基于 MEC 的本地分流可以实现企业/学校内部高效办公、本地资源访问、内部通信等,实现免费/低资费、高体验的本地业务访问,使得大量本地发生的业务数据能够终结在本地,避免通过核心网传输,降低回传带宽和传输时延。对于商场/景区等,可以通过部署在商场/景区的本地内容,实现用户免费访问,促进用户最新资讯(商家促销信息等)的获取以及高质量音视频介绍等,同时企业/校园/商场/景区的视频监控也可以通过本地分流技术直接上传给部署在本地的视频监控中心,在提升视频监控部署便利性的同时降低了无线网络回传带宽的消耗。除此之外,基于 MEC 的本地分流也可以与 MEC 定位等功能结合,实现基于位置感知的本地业务应用和访问,改善用户业务体验。

(2)基于 LIPA/SIPTO 的本地分流方案

沃达丰等运营商在 2009 年 3GPP 的 SA#44 会议上联合提出 LIPA(本地 IP 存取)/SIPTO(选择 IP 流量卸载),其目标与上面描述的本地分流目标相同。经过 R10、R11 等持续研究推进,LIPA/SIPTO 目前存在多种实现方案,下面仅介绍确定采用且适用于 LTE 网络的方案。

①家庭/企业 LIPA/SIPTO 方案。经过讨论,确定采用 L-S5 的本地方案实现 LIPA 本地分流,它适用于 HeNB(家庭演进基站)LIPA 的业务分流,3GPP 家庭企业 LIPA/SIPTO 方案如图 6.3.19 所示。该方案在 HeNB(家庭演进基站)处增设了本地网关(LGW)网元,LGW 与 HeNB 可以合设也可以分设,LGW 与 SGW 间通过新增 L-S5 接口连接,HeNB 与 MME、SGW 之间通过原有 S1 接口连接。此时,对于终端用户访问本地业务的数据流,在 LGW 处分流至本地网络中,并采用专用的 APN 来标识需要进行业务分流的 PDN(分组数据网)。同时,终端用户原有公网业务则采用与该 PDN 不同的原有 PDN 连接进行数据传输,即终端用户须采用原有 APN 标识其原有公网业务的 PDN。

除此之外,需要注意的是,LGW 与 HeNB 分设时,需要在 LGW 与 HeNB 间增加新的接口 Sxx。如果 Sxx 接口同时支持用户面和控制面协议,则和 LGW 与 HeNB 合设时类似,对现有核心网的网元以及接口改动较少。如果 Sx 仅支持用户面协议,则 LIPA 的实现类似于直接隧道的建立方式,对现有核心网的网元影响较大。

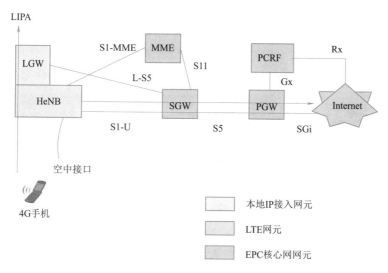

图 6.3.19　家庭企业 LIPA/SIPTO 方案

②宏网络 SIPTO 方案。对于 LTE 宏网络 SIPTO 方案,3GPP 最终确定采用 PDN 连接的方案(本地网关)进行,如图 6.3.20 所示。该方案通过将 SGW 以及 L-PGW 部署在无线网络附近,SGW 与 L-PGW 间通过 S5 接口(L-PGW 与 SGW 也可以合设),SIPTO 数据与核心网数据流先经过同一个 SGW,然后采用不用的 PDN 连接进行传输,实现宏网络的 SIPTO。

其中,用户是否建立 SIPTO 连接由 MME 进行控制,通过用户的签约信息(基于 APN 的签约)来判断是否允许数据本地分流。如果 HS 签约信息不允许,则 MME 不会执行 SIPTO,否则 SIPTO 网关选择为终端用户选择地理/逻辑上靠近其接入点的网关,包括 SGW 以及 L-PGW。其中,SGW 的选择在终端初始附着和移动性管理过程中建立的第一个 PDN 连接时进行,L-PGW 的选择则是在建立 PDN 连接时进行。为了能够选择靠近终端用户的 L-PGW,其中 L-PGW 的选择通过使用 TAI、NodeB ID 来进行 DNS 查询。

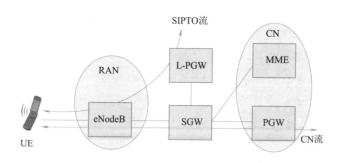

图 6.3.20　宏网络 SIPTO 方案

任务小结

本任务主要介绍 5G 核心网的关键技术,NFV 、SDN、SBA、CPSU、网络切片以及边缘计算,特别是网络切片和边缘计算。

※ 思考与练习

一、填空题

1.按照 3GPP 的时间表,5G 标准第一阶段重点是确定_____。也就是说,先满足人联网的要求。

2.随着_____标准冻结,规模试验也已经在各国展开,5G 正式商用已进入倒计时。

3.5G 无线接入网络架构,主要包括 5G 接入网和 5G 核心网,其中_____代表 5G 接入网,_____代表 5G 核心网。

4.3GPP 已指定 5G NR 支持的频段列表,5G NR 频谱范围可达_____。

5.从无线网与核心网的关系角度看,5G 组网方式主要有两大类:_____和_____。

二、选择题

1.3GPP 已指定 5G NR 支持的频段列表,5G NR 频谱范围可达(　　　)。

　　A.200 MHz　　　　　　B.10 GHz　　　　　　C.100 GHz　　　　　　D.1 000 GHz

2.C-RAN 架构适于采用(　　　),能够减小干扰,降低功耗,提升频谱效率。

　　A.编码技术　　　　　　B.加密技术　　　　　　C.协同技术　　　　　　D.调制技术

3.在大规模 MIMO 中,基站配置大多(　　　)根天线,同一时段资源同时服务若干用户。

　　A.4　　　　　　　　　　B.8　　　　　　　　　　C.16　　　　　　　　　　D.几十到几百

4.以下属于 NSA 组网主要优势的是(　　　)。

　　A.部署比较平稳,业务连续性好　　　　　　B.一步到位,整体投资经济

　　C.可以与 4G 解耦　　　　　　　　　　　　D.全面支持 5G 业务

5.(　　　)是一种在系统的控制下,允许终端之间通过复用小区资源直接进行通信的新型技术,它能够增加蜂窝通信系统频谱效率,降低终端发射功率。

　　A.大规模 MIMO　　　B.B2B　　　　　　　C.D2D　　　　　　　　D.C-RAN

三、判断题

1.(　　　)将 NFV 的概念引入无线网络,形成软件定义无线网络,是无线网络发展的重要方向。

2.(　　　)NFV 的目标是将不同网络设备整合到工业标准的大量服务器上。

3.(　　　)网络覆盖虚拟化:后台服务器组成专用虚拟物联网、虚拟 OTT 网、虚拟运营商等,虚拟专用网最大的优势是根据业务对时延、差错率的敏感度不同充分利用网络资源。

4.(　　　)用户中心虚拟小区的目标是实现无障碍的网络结构。

5.(　　　)5G 核心网网元包括 AMF、SMF、UPF、NEF、MSC、MGW、eNB(eNode B)等。

四、简答题

1.EPC 中有哪四大组件? 简述其功能。

2.简述 5G 核心网涉及的主要网元。

3.简述 5G 核心网服务化架构四大特征。

4.简述 SDN 的基本原理。

5.简述我国在全球 5G 技术的地位。

应用篇

5G在各领域中的应用

2017 年 2 月 9 日,国际通信标准组织 3GPP 宣布了 5G 的官方 Logo。

2017 年 11 月 15 日,中国工信部发布《关于第五代移动通信系统使用 3300－3600 MHz 和 4800－5000 MHz 频段相关事宜的通知》,确定 5G 中频频谱,能够兼顾系统覆盖和大容量的基本需求。

2017 年 11 月下旬,中国工信部发布通知,正式启动 5G 技术研发试验第三阶段工作,并力争于 2018 年年底前实现第三阶段试验基本目标。

2017 年 12 月 21 日,在国际电信标准组织 3GPP RAN 第 78 次全体会议上,5G NR 首发版本正式冻结并发布。

2017 年 12 月,发改委发布《关于组织实施 2018 年新一代信息基础设施建设工程的通知》,要求 2018 年将在不少于 5 个城市开展 5G 规模组网试点,每个城市 5G 基站数量不少 50 个,全网 5G 终端不少于 500 个。

2018 年 2 月 23 日,在世界移动通信大会召开前夕,沃达丰和华为宣布,两公司在西班牙合作采用非独立的 3GPP 5G 新无线标准和 Sub 6 GHz 频段完成了全球首个 5G 通话测试。

2018 年 2 月 27 日,华为在 MWC2018 大展上发布了首款 3GPP 标准 5G 商用芯片巴龙 5G01 和 5G 商用终端,支持全球主流 5G 频段,包括 Sub 6 GHz(低频)、mmWave(高频),理论上可实现最高 2.3 Gbit/s 的数据下载速率。

2018 年 6 月 13 日,3GPP 5G NR 标准 SA(Standalone,独立组网)方案在 3GPP 第 80 次 TSG RAN 全会正式完成并发布,这标志着首个真正完整意义的国际 5G 标准正式出炉。

2018 年 6 月 14 日,3GPP 全会(TSG#80)批准了第五代移动通信技术标准(5G NR)独立组网功能冻结。加之 2017 年 12 月完成的非独立组网 NR 标准,5G 已经完成第一阶段全功能标准化工作,进入了产业全面冲刺新阶段。

2018 年 6 月 28 日，中国联通公布了 5G 部署：将以 SA 为目标架构，前期聚焦 eMBB，5G 网络于 2020 年正式商用。

2018 年 11 月 21 日，重庆首个 5G 连续覆盖试验区，建设完成，5G 远程驾驶、5G 无人机、虚拟现实等多项 5G 应用同时亮相。

2018 年 12 月 7 日，工信部同意联通集团自通知日至 2020 年 6 月 30 日使用 3 500～3 600 MHz频率，用于在全国开展 5G 系统试验。12 月 10 日，工信部正式对外公布，已向中国电信、中国移动、中国联通发放了 5G 系统中低频段试验频率使用许可。这意味着各基础电信运营企业开展 5G 系统试验所必须使用的频率资源得到保障，进一步推动我国 5G 产业链的成熟与发展 。

2019 年 6 月 6 日，工信部正式向中国电信、中国移动、中国联通、中国广电发放 5G 商用牌照，中国正式进入 5G 商用元年。

2019 年 9 月 10 日，中国华为公司在布达佩斯举行的国际电信联盟 2019 年世界电信展上发布《5G 应用立场白皮书》，展望了 5G 在多个领域的应用场景，并呼吁全球行业组织和监管机构积极推进标准协同、频谱到位，为 5G 商用部署和应用提供良好的资源保障与商业环境。

2019 年 10 月，5G 基站入网正式获得了工信部的批准。工信部颁发了国内首个 5G 无线电通信设备进网许可证，标志着 5G 基站设备将正式接入公用电信商用网络。随着 5G 即将商用，北京移动副总经理李威介绍，在金融方面，市民能体验到建行等银行推出的 5G＋无人银行；交通方面，5G 自动驾驶方兴未艾；在民生领域，远程医疗等 5G＋医疗和 5G＋环保等应用也已经闪亮登场。2019 年 10 月 19 日，北京移动助力 301 医院远程指导金华市中心医院完成颅骨缺损修补手术；在北京水源地密云水库，北京移动通过 5G 无人船实现了水质监测、污染通量自动计算、现场数据采集以及海量检测结果的分析和实时回传等。凡此种种，都是 5G 技术在各行各业落地的最新应用案例。

2019 年 10 月 31 日，三大运营商公布 5G 商用套餐，并于 11 月 1 日正式上线 5G 商用套餐。

学习目标

- 掌握 ZXSDR B8300 设备实现理论与安装注意事项。
- 掌握 LTE 网管网络数据配置。
- 具备业务测试和故障处理等能力。

项目七

学习中国电信5G
行业场景案例集

任务　了解5G行业场景案例

任务描述

通过学习本任务了解5G技术在各领域的应用并附相关现实生活中的案例。

任务目标

了解:5G在多个领域的应用。

任务实施

目前5G在技术标准、网络部署等方面均取得了阶段性进展,新的应用场景与市场化探索也逐渐显现。

本任务选取目前国内外已实施的典型应用案例,在此基础上提炼媒体直播、工业互联网、视频安防、智慧医疗、智能教育、智慧交通、智慧物流等服务。

一、5G媒体直播

5G改变直播模式,大幅降低成本,带来更多直播商机,如图7.1.1所示。

①采播环节更高效,成本大幅降低:

- 摄像机无线化:避免有线/微波的活动范围限制(比如HDMI最大10 m)。
- 去集成:避免多节点、多盒子,轻便4 K采集场景。
- 省去租用微波车和聘请微波技术员成本。

②编辑环节大幅降低成本,创新商业模式:

- 云制作:高效制作且节省导播车费用(成本5 000万元,出车成本每次20万元)。
- 节省卫星车及链路费用$[60/(\min \cdot 8\mathrm{M})]$。

- 可创新:中国电信可利用边缘计算(MEC)创建云化导播平台,提供新商业模式。

图 7.1.1 5G 对直播产生的变化

1. 央视 5G 直播中华龙舟大赛福州站比赛

项目背景:

- 继央视在春晚与电信成功进行 4K 直播后,在中华龙舟大赛直播期间,央视再次联合电信通过 5G 网络提供 4K 高清直播。

- 本次直播是央视首次实现移动机位高清视频回传,观众可通过装置在龙舟船头的高清摄像机及 CPE Pro 设备,以第一视角感受龙舟大赛的激情与魅力,如图 7.1.2 所示。

图 7.1.2 福州中华龙舟大赛直播

业务需求:

- 通过 5G 利用移动机位直播龙舟赛活动过程。

- CPEPro 设备在数百米河道上需要涉及 5G 基站连接切换,直播不丢帧不卡顿。

客户价值:

- 通过 5G 实现直播机位快捷部署,提高新闻报道过程中的响应速度。

- 验证了在直播过程中跨多 5G 基站时,4K 视频直播不丢帧不卡顿。

解决方案:

- 基于 5G 上行大带宽能力将龙舟赛直播过程的 4K 视频回传到导播台,满足 4K 直播过程中的时延和带宽需求。

- 预制好5G基站切换方案,保障CPE跨基站连接过程不丢包,如图7.1.3所示。

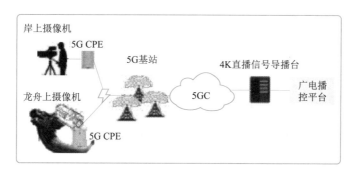

图 7.1.3 龙舟直播组网结构

2. 70周年国庆活动5G背包+5G专线+4K直播

2019年10月1日,70周年国庆活动为央视、北京卫视提供5G背包+5G专线+4K直播技术及网络方案。

项目方案:

- 采用4K 5G背包进行直播拍摄,提供移动化直播拍摄工具。
- 采购5G专线作为网络通道,提供端到端的网络切片保障。
- 提供4K清晰度直播,如图7.1.4所示。

图 7.1.4 70周年现场直播

行业价值:

- 北京台采购北京公司5G背包产品,实现北京第一笔5G创收,15万元/天。
- 实现国庆活动首次5G背包+4K直播,并实现5G专线首先商用。

3. 天河体育中心5G直播

广州恒大淘宝足球俱乐部和广东电信深度合作,天河体育中心建设首个智慧球场,进一步推动中国体育产业的数字化、信息化、智慧化建设。

业务需求:

- 现场上网困难,到场球迷超4万,造成天河体育中心附近网络"超负荷"。
- 观赛难看清,天河体育场并非标准足球赛场,田径赛道拉远了与观众距离。

- 无法到场观赛,焦点赛事一票难求,无法购票到场观赛。

解决方案:

解决方案如图 7.1.5 所示。

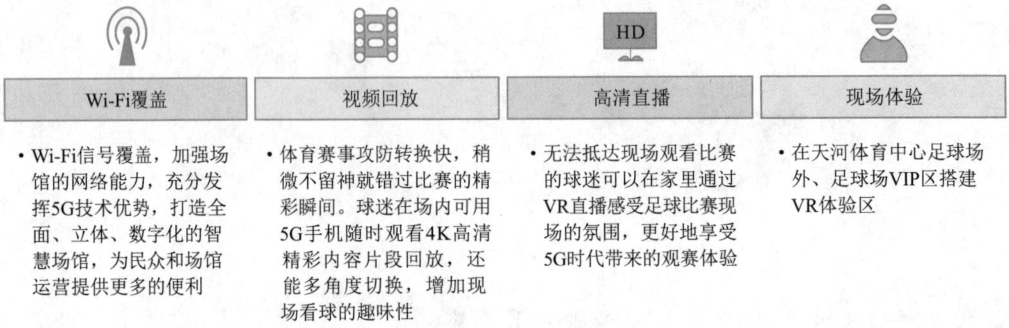

Wi-Fi覆盖	视频回放	高清直播	现场体验
·Wi-Fi信号覆盖,加强场馆的网络能力,充分发挥5G技术优势,打造全面、立体、数字化的智慧场馆,为民众和场馆运营提供更多的便利	·体育赛事攻防转换快,稍微不留神就错过比赛的精彩瞬间。球迷在场内可用5G手机随时观看4K高清精彩内容片段回放,还能多角度切换,增加现场看球的趣味性	·无法抵达现场观看比赛的球迷可以在家里通过VR直播感受足球比赛现场的氛围,更好地享受5G时代带来的观赛体验	·在天河体育中心足球场外、足球场VIP区搭建VR体验区

图 7.1.5　解决方案

MEC 部署方式:

- 5G 网络覆盖,全景摄像机完成视频采集、拼接处理。
- 通过连入 5G 网络的 CPE 将 4K 全景视频通过上行链路传输到推流服务器中。
- 将视频流传输到 MEC 进行实时转码,拉流分路显示至屏幕。

二、5G 工业互联网

政策背景:

2017 年 11 月 27 日,《国务院关于深化"互联网 + 先进制造业"发展工业互联网的指导意见》出台,要求协同推进 5G 在工业企业的应用部署,到 2025 年,面向工业互联网接入的 5G 网络等基本实现普遍覆盖,在智能联网产品应用方面融合 5G 等技术,满足典型需求。

2018 年 6 月 7 日,工业和信息化部印发《工业互联网发展行动计划(2018 – 2020 年)》,重点任务包括升级建设工业互联网企业外网络,建设一批基于 5G 等新技术的测试床。

2018 年 12 月 19 日,中央经济工作会议在北京举行。会议确定要发挥投资关键作用,加大制造业技术改造和设备更新,加快 5G 商用步伐,加强人工智能、工业互联网、物联网等新型基础设施建设。

2019 年 10 月 18 日,习近平致 2019 工业互联网全球峰会的贺信指出,当前,全球新一轮科技革命和产业革命加速发展,工业互联网技术不断突破,为各国经济创新发展注入了新动能,也为促进全球产业融合发展提供了新机遇。中国高度重视工业互联网创新发展,愿同国际社会一道,持续提升工业互联网创新能力,推动工业化与信息化在更广范围、更深程度、更高水平上实现融合发展。

2019 年 11 月 22 日,工业和信息化部印发《"5G + 工业互联网"512 工程推进方案》,到 2022 年,突破一批面向工业互联网特定需求的 5G 关键技术,如图 7.1.6 所示。

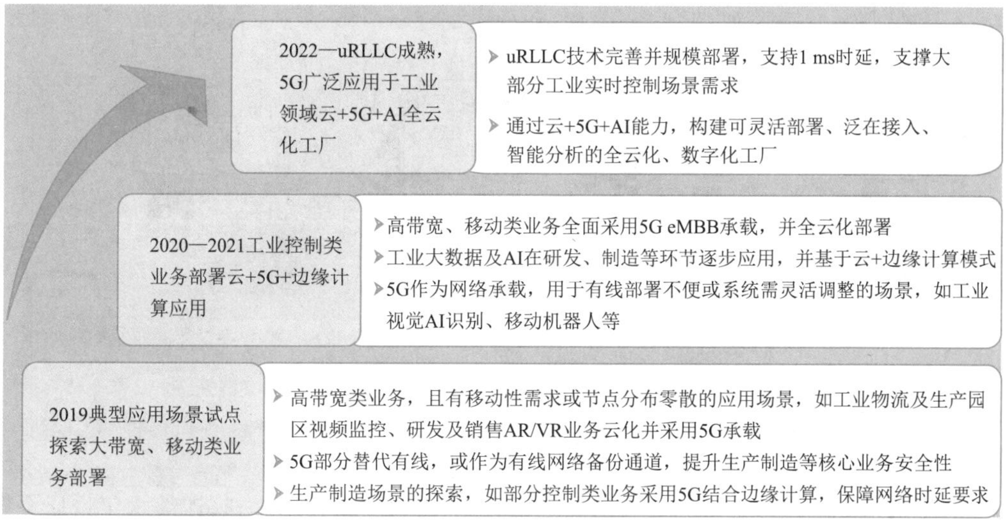

2022—uRLLC成熟，5G广泛应用于工业领域云+5G+AI全云化工厂	▶ uRLLC技术完善并规模部署，支持1 ms时延，支撑大部分工业实时控制场景需求 ▶ 通过云+5G+AI能力，构建可灵活部署、泛在接入、智能分析的全云化、数字化工厂
2020—2021工业控制类业务部署云+5G+边缘计算应用	▶ 高带宽、移动类业务全面采用5G eMBB承载，并全云化部署 ▶ 工业大数据及AI在研发、制造等环节逐步应用，并基于云+边缘计算模式 ▶ 5G作为网络承载，用于有线部署不便或系统需灵活调整的场景，如工业视觉AI识别、移动机器人等
2019典型应用场景试点探索大带宽、移动类业务部署	▶ 高带宽类业务，且有移动性需求或节点分布零散的应用场景，如工业物流及生产园区视频监控、研发及销售AR/VR业务云化并采用5G承载 ▶ 5G部分替代有线，或作为有线网络备份通道，提升生产制造等核心业务安全性 ▶ 生产制造场景的探索，如部分控制类业务采用5G结合边缘计算，保障网络时延要求

图 7.1.6 "5G + 工业互联网"在探索逐渐走向成熟

1. 柳工集团实现 5G 远程操控工程机械

业务需求：

柳工集团希望借助 5G 技术实现工程车辆的远程驾驶，实时操控位于矿区的无人驾驶挖掘机，同步回传真实作业场景及全景视频实况。

项目方案：

• 远程控制端和挖掘机上部署 5G CPE。

• 挖掘机上的摄像头实时采集图像，并经过 5G 网络回传到控制端的屏幕。

• 控制端操作人员通过手柄操控挖掘机内的控制系统，实现远程驾驶，如图 7.1.7 所示。

客户价值：

• 产品应对复杂环境竞争力提升。

• 提升工作效率，降低事故率。

图 7.1.7 智能挖掘机

解决方案：

解决方案如图 7.1.8 所示。

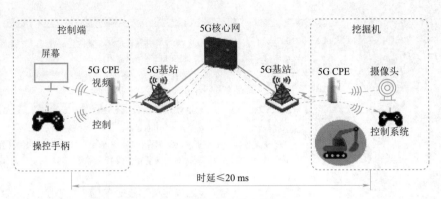

图 7.1.8　解决方案

2. 中建钢构 5G + 智慧停车库

项目背景：

• 中建钢构有限公司是中国最大的钢结构企业、国家高新技术企业,连续六年位居全国钢结构行业榜首。

• 钢结构产品的新能源立体停车库属于公共服务领域的基础设施,社会对立体停车库的使用、安全与可靠性提出越来越高的要求。

客户需求：

• 售后服务跟不上:特种设备频繁出现事故,维保市场混乱,没有统一有效的售后平台,且维保成本高,配件采购难。

• 设备维保要求高:大量运营投入,巡检人力消耗巨大,人员成本居高不下,且影响安全的因素多,维保质量要求高。

• 用户使用体验差:用户停、取车麻烦,效率低下,等候时间长,且隐患频繁,事故影响大。

解决方案：

• 园区覆盖 5G 网络。

• 高清可移动监控。

• AR 视频回传。

• 设备故障预警,关键零部件失效预测。

失效预测：

• 故障原因远程诊断。

• 对误入做业区人员及时报警。

• 实时识别车辆。

3. 海尔:5G + 工业互联网开拓新空间

项目需求：

海尔天津洗衣机工厂、海尔工业智能研究院联合中国电信,天津大学共同打造基于 5G 的天津海尔洗衣机互联工厂,是全球目前唯一的 5G 波轮滚筒柔性生产工厂。围绕数据采集、办公管理、智慧物流、生产质量管理、智能装备应用、智能安防六大场景、打造信息化与 5G 业务融合的示范标杆,是真正遍布"智能 +5G"的智慧园区,如图 7.1.9 所示。

落地场景：

一个园区,多个厂房,从生产数字化到 AGV、叉车无人自动化,监控视频化、5G 化,典型工业内网 + 云 + DICT 应用,具体落地场景如图 7.1.10 和图 7.1.11 所示。

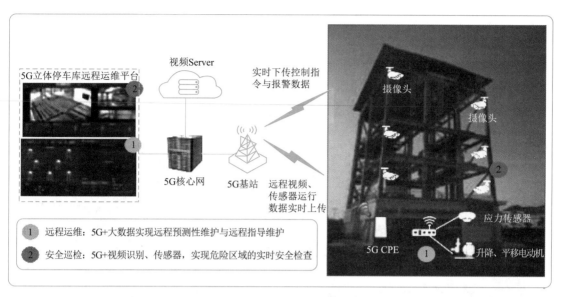

图 7.1.9　5G + 智慧停车库

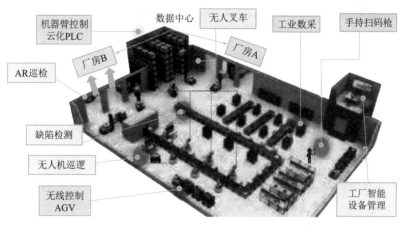

图 7.1.10　工业园全景图

图 7.1.11　工业园分类场景

三、5G 视频安防

视频安防领域整体架构如图 7.1.12 所示。

图 7.1.12 视频安防领域整体架构

1.5G 助力浙江消防总队探索智慧消防应用

浙江省消防总队与浙江电信联合发布智慧消防智能管控平台,研究探索 5G 物联网技术在险情识别、灭火救援方面的应用。

应用场景:

● 2019 年 4 月浙江省消防总队牵头在杭州、嘉兴、金华三地开展 5G + 智慧消防的实战演练。

● 依托 5G 大连接、低时延、大带宽及垂直维度空间覆盖更好的特性实现:万物联网全方位消防监控;消防机器人远程辅助灭火;多路高清画面实时回传协助指挥调度;无人机倾斜摄影实时建模。

客户价值:

针对重点消防场景,借助 5G 构建空地一体化消防防控体系,打造全范围、全覆盖消防防控圈,提升消防救援效率。

2.5G + X 打造深圳立体巡防智慧派出所

业务需求:

基于深圳电信与深圳公安基于 4G 警务云终端的优秀实践,期望在 5G 进一步合作创新。

客户价值:

● 立体巡防,全方位高清监控,弥补警力资源不足。

● 实现实时高效协同以及快速识别嫌疑人的实时报警及快速锁定,提升综合执法效率。

解决方案:

● 充分将 5G 大带宽能力和警务的无人机以及摩托车视频监控、AR 巡逻、AI 人脸识别/车牌识别、综合情报指挥系统等结合,实现立体化巡防。

- 将固定视频延伸至移动视频立体无缝监控,结合公安的 AI 人脸识别和综合情报指挥系统,如图 7.1.13 所示。

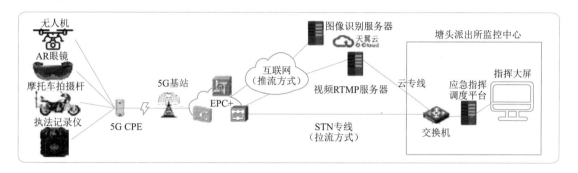

图 7.1.13　智慧派出所解决方案

3. 雄安新区 5G 智慧工地

项目概况:

基于 5G 网络的智慧工地,通过高性能移动边缘计算服务器(MEC)和 4K 高清视频等,将 BIM 平台、渣土车管理平台、建设管理平台等应用融合,实时提供人脸识别、行为分析等多项服务。

项目实施:

- 采用运营模式提供租赁服务。
- 天空地三位一体无死角监管;无盲点、全覆盖、大场景的超高清实时监控,实现画面结构化分析,支持联动多个 AR 云眼球机进行多维度细节监控,实现重点区域的全息监测、全局展示和全面管控。

四、5G 智慧医疗

医疗行业客户的需求和痛点:

①远程医疗水平待提升:

- 基层医疗机构资源匮乏,医生水平不足,诊疗能力亟待提升,信息化需求日益增长。
- 远程医疗及急救领域对于超高清视频传输、AR/VR 等协同及教学、远程操控等技术的需求较为迫切,现有 4G 网络难以满足大带宽、低时延等要求。

②院内设备管理及医疗业务有效协同。医院内部对于大量设备需要有效管理、监控及业务分析,传统 Wi-Fi 通信方式存在易干扰、切换和覆盖能力不足等问题,需要安全、稳定、大容量的网络支撑。

③医院人工成本高,部分环境存在健康风险。

- 传统的物资配送、消毒、患者引导由人工的方式进行,耗费大量人力,医院工作人员任务重。
- 部分场景如放射、传染病区的物资配送和消毒工作安全风险较大,易对工作人员造成职业伤害。

5G 医疗行业总体总视图如图 7.1.14 所示。

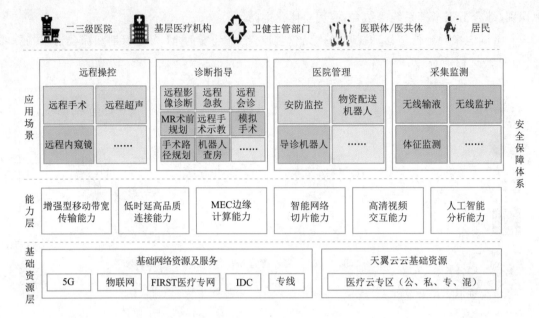

图 7.1.14 5G 医疗行业总体总视图

1. 上海仁济医院 5G 智慧医疗机器人

项目背景及客户需求：

仁济医院东院科研综合楼即将建成并投入使用，但存在下列问题：

• 核医学护理领域，放化疗病人体内存在一定辐射，需减轻现有护理人员辐射伤害，同时提升病人感知。

• 提升对于高值手术耗材及受管控药物的运输、统计、管理效率。

• 传染科病房、手术室消毒管理，需降低病区内交叉感染的概率并提升对医护人员的职业防护。

项目整体解决方案：

• 场景 1：核医学服务机器人为放化疗病人提供生命体征采集、药品配送、远程视频沟通服务。

• 场景 2：院感控制及远程消毒机器人实现远程控制室内消毒。

• 场景 3：物资配送机器人实现手术高值耗材、试剂等物资运输。

• 场景 4：访客引导机器人，对医院大楼、病区、科研楼访客进行引导。

客户价值：

• 大带宽视频交互：5G 下行速率达千兆级，移动机器人接收信息、任务指令更加高效快捷，医学服务机器人可更好地通过 5G 通道实现与病人的视频交互。

• 室内定位及位置管理：结合 5G 室内分布，可以为机器人提供有效的室内定位，与机器人激光雷达形成相互补充。

• 5G MEC 边缘计算探索：依托高效能网络转移运算需求到云端，减轻依托于机器人本体的离线分析和运算压力，使机器人的体积、质量、功耗、成本及价格都因此而降低。

2. 中科大附一院远程急救

项目背景及客户需求：

● 国内各地方政府和卫生行政部门加大对院前急救事业的重视,卫健委起草《院前急救规范》文件,对于院前急救的方式和急救内容进行规范。

● 院前急救目标:缩短急救半径,减少急救反应时间。

● 急救医护人员缺乏现场救治指导,院前院内信息缺乏有效衔接和配合。

● 4K 高清视频回传对网络上行带宽要求为 20 ~ 40 Mbit/s,4G 网络上行带宽难以满足实际要求。

解决方案:

完成移动 ICU 改造测试,实现:

● 4K 高清全景画面实时回传,实现多方远程医疗会诊,如图 7.1.15 所示。

● 病理数据等移动 ICU 关键数据实时传输。

● 患者电子病历的随时调阅。

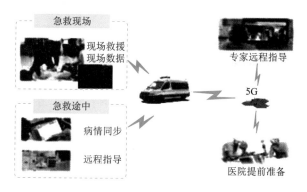

图 7.1.15 远程急救

客户价值:

● 提升远程急救能力和时效性。

● 解决远程急救过程中无法实现高清视频回传、无法实时进行远程指导的难题。

● 提升危重病患者存活率。

3. 北京积水潭医院 5G 远程手术

项目背景:

2019 年 6 月 27 日,北京积水潭医院田伟院长在机器人远程手术中心,通过远程系统控制平台,与嘉兴市第二医院和烟台市烟台山医院同时连接,成功完成了全球首例骨科手术机器人多中心 5G 远程手术。

客户需求:

要求信号传输流畅,借助 5G 网络高速率、大连接、低时延的优势,上千公里的远程操控距离会导致信号卡顿、处理不及时、反馈迟钝等问题,借助 5G 网络高速率、低时延的优势,实现:

● 快速传输高清 4K 画面。

● 实时稳定传输手术机器人远程控制信号,两个分中心手术核心环节交替进行,要求手术切换简便易行、操作精确,如图 7.1.16 所示。

图 7.1.16 远程手术

解决方案：

• 4K 直播远程会诊、指导、教学：积水潭医院主会场可以通过手术室现场的多机位 4K 视频，进行患者问诊、手术指导及远程医生手术教学。

• 5G＋AI 远程手术规划：通过 5G 网络将嘉兴及烟台的透视和三维影像实时传送到北京主会场桌面，利用 AI 手术规划软件进行手术规划。

• 实时远程操控骨科手术机器人：手术中，远程交替操控两台异地机器人进行了手术三维定位、操控机器人精确运动至规划位置。

五、5G 智慧教育

教育信息化"十三五"规划：

• 云计算、大数据、物联网、移动计算等新技术逐步广泛应用，全面提升教育质量、在更高层次上促进教育公平、加快推进教育现代化进程等重要任务对教育信息化提出了更高要求。

• 积极利用云计算、大数据等新技术，创新资源平台、管理平台的建设、应用模式。

• 要依托信息技术营造信息化教学环境，推进信息技术在日常教学中的深入、广泛应用。

5G 助力推进教育现代化：

• 教育事业发展的战略选择：教育信息化引领和推动教育现代化。

• 教育信息化跨越式发展：云计算、大数据、人工智能、5G 等新技术推动教育服务智能化、教育应用场景化，是教育信息化的核心驱动力。

教育信息化应用普及度更高：无线、有线网络的高质量普遍覆盖大幅提升基础设施能力，助力教师、学生信息化应用能力的普遍提升。

教育管理趋向智能化、自治理：教育数据的采集、协同分析、智能感知使得教育管理更好地为教育教学服务。

5G、云计算、大数据等重构教育信息化格局：大数据、云计算、人工智能在 5G 的加持下赋能到更多信息化场景，推进教育信息化进程从而促进教育教学模式的转型。

1. 清华大学 5G＋MEC＋AI 迎新

客户核心需求：

实现迎新现场的高清视频流畅传输，人脸识别实时准确，借助 5G 网络高速率、广连接的优势体现校园迎新科技感。

实现的功能点：

- 利用 5G 大带宽将 4K 摄像头高清视频实时回传。
- 通过边缘计算，进行学生人脸信息识别、比对和分析统计。
- 动态图表展示各时间段、各学院报到人数。
- 人型机器人与新生友好互动，体现科技感，如图 7.1.17 所示。

5G+AI迎宾
迎宾机器人利用5G网络进行低时延的人机互动，支持人脸识别和人体形态模拟。

5G+MEC+AI+4K识别统计
无人车搭载4K摄像头，通过5G网络将实时校园视频推送至MEC边缘服务器进行学生人脸信息识别、比对和分析统计，通过人脸识别，动态图表展示各时间段、各学院报到人数，并通过5G网络将4K高清视频投放至大屏幕。

5G+AI零售
无人零售车沿设定的路线低速行驶，招手即停，通过车身顶部触摸屏操作选择所需商品，并完成支付购买。

图 7.1.17　现场实景

客户价值：

- 全时域监控辅助迎新管理：同时通过 5G 无人巡逻车，搭载多种安防硬件设备及软件系统，实现全时域监控，实时监测重要区域人流情况，可主动识人脸、车辆，为管理人员提供有效的辅助决策信息。
- 新技术融合提供更好服务：新技术为迎新现场增加了贴近时代的科学创新氛围，校方可据此了解有多少新生来到学生社区，学生能够更方便、更智能地得到服务。

场景方案如图 7.1.18 所示。

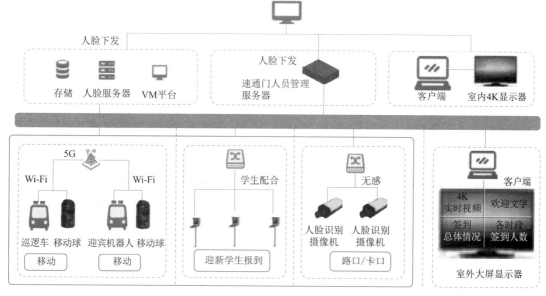

图 7.1.18　场景方案：5G + MEC + AI

2. 西工大"5G + 远程支教"项目

客户核心需求:

• 西工大全面探索新技术与教育教学工作的深度融合,希望结合 5G 网络实现 5G + 无人机微课、5G + 远程支教、5G + 思政课等教学场景,提升师生信息化素养,推动"5G + 智慧校园"建设,加快构建"互联网 +"条件下的人才培养新模式。

• 陕西省渭南市线王小学地处山区,是西工大对口教育帮扶学校。传统教学网络不能保证师生互动及时高效,希望借助 5G 技术实现教育资源与贫困山区的高效对接,如图 7.1.19 所示。

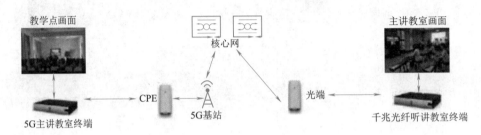

图 7.1.19 场景方案:远程支教

实现的功能点:

• 5G + 光网构建校园双千兆融合超高速网络,满足高频次、低延时的网络远程支教需求,实现校园高速网络基础环境建设,满足校园信息化建设需求。

• 光纤进班,5G 覆盖,实现双千兆融合,音视频画面及时回传、高效互动。

客户价值:

• 本次"5G + 远程支教"教育精准扶贫创新实践在全国"5G + 智慧教学"具有标杆效应和规模推广价值,探索出 5G 环境下教学应用新路径新方法,推动教育扶贫从"输血"式扶贫向"造血"式的精准教育扶贫转变。

• 通过 5G 高速率、低延时和 ET 远程高清视频会议系统,解决了以往教育扶贫、高校科普、支教受时间、地域限制无法长期开展的普遍问题。

3. 南京信息职业技术学院案例

客户核心需求:

南京信息职业技术学院(见图 7.1.20)的传统网络现状不能满足日常教学科研需求,急需更高网络质量保障。

图 7.1.20 南京信息职业技术学院

• 教学资源匮乏,本地教学资源未能得到充分利用。

• 学校通信实验室、实训教室较少,不能满足大批量学生同时实训、考核等需求。

• 学校管理信息化手段欠缺,如校内监控、门禁、电源、网络等。

解决方案：

5G + 教育云：5G + 光网构建校园双千兆融合超高速网络，结合天翼云，构建集约的云化能力，打造云网融合、云物联动的校园信息化基础环境，如图 7.1.21 所示。

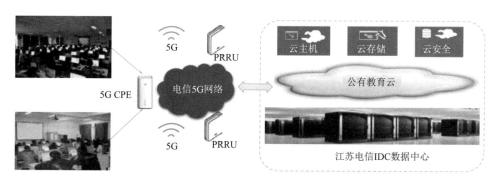

图 7.1.21　5G + 教育云

客户价值：

• 5G 教学深度融合，校企全面合作：探索 5G、云计算、大数据等新技术与教育行业的深度融合，在教育行业信息化应用、教学标准制定、专业人才培养、教育教学资源开发、技术科研等层面进行校企全面合作。

• 助力双高院校建设目标：推进 5G 智慧校园建设，提升信息化育人水平，打造引领全国高水平专业群，为实现双高院校建设总体目标打下坚实的基础。

六、5G 智慧交通

交通行业 5G 市场发展如图 7.1.22 所示。

图 7.1.22　交通行业 5G 市场发展

1. 无锡硕放机场 5G + 旅客服务

项目背景与客户需求：

• 提升出行旅客的服务感知，特别是提升候机旅客的服务感知。

● 无锡有丰富的旅游资源,机场作为城市宣传窗口,需要更好地宣传城市旅游资源。

解决方案:

● 5G 室内站点布放 +5G 体验厅 +5G 智慧触摸屏。

● T1、T2 航站楼实现 5G 站点全布放。

● 5G 体验厅:5G + VR 全景设备,切实感受无锡寄畅园现场实景。

● 5G 智慧触摸屏:机场旅客出口处,接入本地"美丽无锡"的视频资源,5G 网络实时传输,如图 7.1.23 所示。

图 7.1.23　5G + 旅客服务

项目价值:

提升旅客网络感知,对外更好展示无锡本地旅游资源。

2. 广东珍宝巴士 5G 智慧公交

项目背景及客户需求:

● 客户希望通过在人(司机、乘客)、车(公交车)、路(道路、公交站亭、公交场站)等部署智能公交基础设施,形成丰富的基础应用能力,给政府、企业、市民提供各种各样的应用服务。

● 公交车上各类车载终端各自为政,数据无法互联互通、冗余严重;无法实现 12 路视频同时实时回传监控;缺乏技术手段高效管理人车路协同。

解决方案:

● 实时监控:车上 12 路摄像头以及车载信息系统大数据传送到监控中心,如图 7.1.24 所示。

● 司机监测:通过可穿戴式设备,实现对司机血压、心率等远程实时监测。

● 黑名单分析:通过人脸抓拍设备自动分析检测出可疑人员并及时预/报警。

● 娱乐体验:4K IPTV 高清视频移动场景直播点播。

● 人车路协同应用:LCD 大屏感知路测节点内容、乘客与本车和正在行经点的信息服务互动。

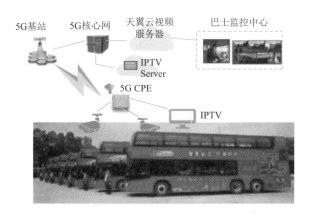

图 7.1.24　5G + 智能巴士

项目价值:

● 解决车载大数据所有权旁落问题,为客户节省 SAAS 平台服务支出;统一数据接口,降低运维管理成本,提升管理效能。

● 实时可视化监管,强化综合运营、安全、应急管理,提高公交信息化、智能化管理水平。

3. 开沃汽车 5G 远程驾驶/无人驾驶场景

项目背景与需求:

● 开沃汽车集团原来使用 4G 网络测试无人驾驶和远程操控,但由于网络速率和延时达不到要求,导致此项目一直处于实验室理论分析和模拟测试状态。

● 4G 网络无法满足远程驾驶的高速率和低时延需求,开沃集团希望借助 5G 网络研发和测试无人驾驶、远程操控车辆运行情况。

实现功能:

● 远程操控。

● 无人驾驶。

解决方案:

● 建设 5G 基站实现厂区 5G 网络无缝覆盖,实现车辆数据、路况视频上传和车辆远程控制。

● 利用天翼云为开沃汽车无人驾驶(见图 7.1.25)影像数据提供存储。

图 7.1.25　无人驾驶汽车

项目价值:

厂区测试完成后,开沃汽车在真实公交路线上加载 5G 无人驾驶功能,实现远程辅助驾驶,提高公交驾驶安全性。

七、5G 智慧物流

物流行业 5G 需求场景如图 7.1.26 所示。

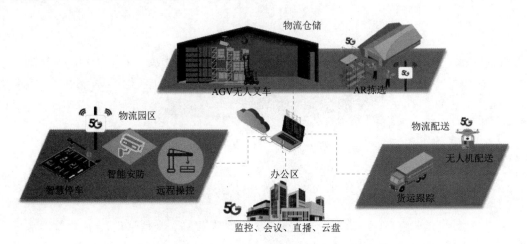

图 7.1.26　物流行业 5G 需求场景

物流行业细分场景描述如表 7.1.1 所示。

表 7.1.1　物流行业细分场景描述

场景分类	细分场景	需求描述	5G 诉求
物流园区	园区智能安防	超高清 4K 摄像监控,结合 5G 网络实现多路高清视频回传,提高安全监控级别,实现包含电子巡检、巡逻、监控、人脸识别、车辆识别等功能的智能全景监控服务	高带宽
	智慧停车	通过 5G 高速网络将现场多路摄像头的高清视频以及系统设备运行的关键数据传输到平台,对车库关键设备的运行状态进行实时监控以及异常报警	高带宽、低时延
	远程操控	以 5G/MEC 覆盖园区道路,通过 5G 网络将生产设备的作业视频以及运输设备的驾驶视频回传至控制中心,并且将控制、调度信号下传至作业设备,实现远程操控	高带宽、高可靠、低时延
物流仓储	AGV 无人车	AGV 分拣设备对无线网络依赖较高,然而其通常在仓库和室外作业,网络部署存在覆盖死角和速率限制问题,如使用工业级 Wi-Fi 则面临传输时延大、部署点位密、设备连接数量受限、维护成本高等问题。5G 网络的速率和可靠性可以减少因为通信故障导致的作业中断,提高生产效率	高带宽、高可靠、低时延
	AR 拣选	5G 网络连接 AR 终端与服务器,根据终端采集图像自动识别作业环境和商品信息,辅助拣选员快速完成作业,提高拣选效率与正确率	高带宽、低时延
物流配送	无人机配送	无人机挂载 5G CPE 终端和 4K 摄像头,实现精准定位、智能感知、路线规划、人脸识别、视频监控回传等功能	高带宽、高可靠、低时延
	货运跟踪	传统物流行业在货运过程中无法实现包裹实时追踪,基于 5G 高带宽特性可以实现实时跟踪物流包裹送进度,并对货运过程中是否存在安全隐患等问题进行监控	高带宽

1. 杭州传化公路港智慧之眼

项目背景:

传化公路港已逐步构建包含公路港城市物流中心服务、供应链服务、智能信息服务、金融服务等内容的"传化网",并通过这张网来服务生产制造企业。杭州传化公路港积极布局5G技术应用试点,利用智能方式对人、车、货、场各个物流环节实现监控和管理,保障园区高效运转,吸引企业入驻。

解决方案:

- 全景监控:为园区提供全景视频监控和AR可视化控制技术,实现对整个园区中人、车、货等运行状态的实时监控、调度和异常告警功能。

- 人车监控管理:对进入园区的人、车进行实时监控,并提供有效便捷的管理方案,通过实时事件推送、历史事件查询、事件视频回放等方式跟踪查询人、车运动轨迹。

- 安全告警管理:对园区内发生的异常事件进行告警,如出现违停、拥堵、探测出现不明热源等情况,实时推送给安保人员。

- 黑名单管理:可设置公路港范围内的黑名单,当检测到黑名单所标记的实体出现在园区的任意方位时,发出告警并对其进行轨迹跟踪,辅助安保人员工作,降低安全隐患。

- 拥堵、违停事件处理:通过天翼云高性能存储和计算能力支持AI算法对监控视频实时分析,判断拥堵、违停事件并与园区安保联动。

- 仓内4K高清监控:仓库内实现全视角高清监控,提供货物出入库视频追溯,如图7.1.27所示。

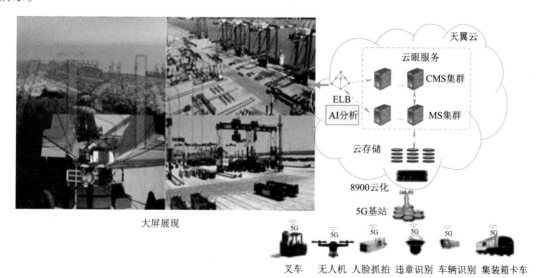

图 7.1.27 智慧之眼

项目价值:

- 基于5G+AI+云实现全视角的实时视频监控和智能分析,助力数字公路港的建设。

- 以视觉仿真、极速传输和人工智能为实现基础的全连接智慧物流新应用,将会在从物流看经济中发挥重要作用。

2. 宁波招商码头无人集卡远程驾驶

项目背景：

探索基于 5G 网络的无人集卡项目，利用 5G 高带宽、低时延特性将车辆行驶监控视频和传感器数据上传至天翼云赋能的控制平台上，后台控制人员将控制信号回传至车辆，实现远程操控无人集卡。

项目价值：

● 浙江电信与宁波码头合作致力于打造 5G + 智慧港口，保障宁波智慧码头内车辆的行驶安全，促进运营效率提升 60%。

● 目前港区已实时获取了 120 台内部集卡的实时位置，未来的港口作业将逐步实现协作化、自动化和智能化，电信 5G 应用将助力港区数据融合、自动控制与智慧运营的进一步提升。

远程驾驶控制平台展示 4 个高清摄像头的直播内容（见图 7.1.28）：

● 自动驾驶车辆正前方摄像头直播画面。

● 自动驾驶车辆右方摄像头直播画面。

● 空中无人机高清全景直播画面。

● 自动驾驶车辆车内司机位摄像头直播画面。

图 7.1.28　智慧港口

八、5G 智慧能源

5G 智能电网应用目前尚处于起步阶段，未来还有很大的发展空间。随着 eMBB 场景标准的最先完善，以及 AR/VR 终端产业链的不断发展，基于 5G 的配电房视频检测、智能巡检机器人等业务将率先成熟；无人机巡检业务则受限于无人机续航能力、野外 5G 覆盖等因素，目前处于高速发展期；电动汽车充电桩、用电信息采集等业务后期会随着 mMTC 场景相关标准的完善而得到进一步发展；分布式电源分布、应急现场自组网等业务目前处于市场启动期，预计 2 ~ 3 年后逐渐成熟；配电自动化、精准负荷控制等电网控制类业务则由于较高的安全性和可靠性要求，目前尚处于探索期。

针对能源行业分类，构建智慧能源能力体系，如图 7.1.29 所示。

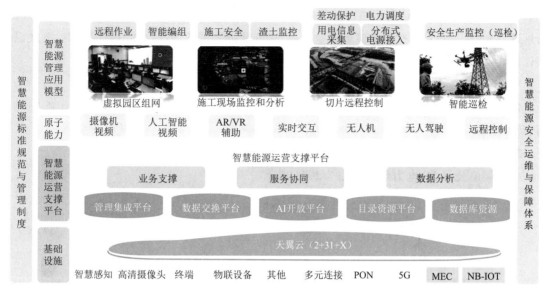

图 7.1.29　智慧能源能力体系

虚拟园区组网:5G + MEC,满足能源企业数据不出厂,如图 7.1.30 所示。

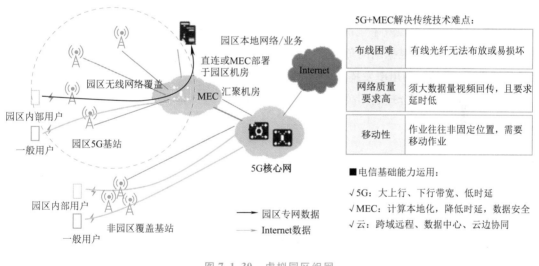

图 7.1.30　虚拟园区组网

1. 南方电网广州供电局——5G 智慧工地

客户痛点:

● 项目多、人员多:主网施工项目 100 多个,配网施工项目 5 000 多个。

● 施工质量管控难:不同角色的管理需求差异较大,系统数据利用率低,安全风险难以高效监管。

解决方案:

● 5G 高清视频监控:针对工地不具备光纤接入难点,利用 5G 大带宽低时延的特点,可以即时地对工地"3 + 1"摄像头采集的码流上传至云端,支持实时监控和进一步分析挖掘。

● 5G + AI 视觉分析:利用边缘计算等 5G 技术特点,在工人入场鉴权和高危设备操作两个场景进行人脸识别;对未按要求佩戴安全设备,进入非准入区域等进行即时数据采集,模式识别和告警。

项目价值:

广州供电局作为电力行业重点企业,项目实现其人、机、料、法、环等关键要素实施实时监测、及时预警。

2. 南京供电公司——精准负荷控制

南京供电公司 5G 电力切片如图 7.1.31 所示。

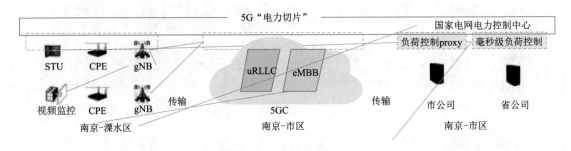

图 7.1.31　5G 电力切片

实现配电网站所管控效率全面提升:

● 生产效率提高:根据电网负荷情况实时、精细化调整用电单元,确保对高优先级用电单元的持续供电,将供电利用率发挥至最高。

● 节约成本情况:合理利用公用的 5G 基站,避免大范围铺设光纤等传统通信方式造成的成本损失。

任务小结

本任务主要介绍了 5G 在 8 个领域的应用,以案例的形式详细讲述了 5G 在各领域的应用。

※思考与练习

简答题

1. 列举现实中 5G 在哪些工程中有应用。

2. 简述 5G 在无锡机场中所涉及的解决方案。

附录 A
缩 略 语

缩　写	英　文　全　称	中　文　全　称
AAL	ATM　Adaptation Layer	ATM 适配层
ALCAP	Access Link Control Application Part	接入链路控制应用部分
AMF	Access and Mobility Management Function	接入和移动管理功能
AMR	Adaptive Multi-Rate	自适应速率
ATM	Asynchronous Transfer Mode	异步转移模式
BSC	Base Station Controller	基站控制器
BSS	Base Station Subsystem	基站子系统
CA	Carrier Aggregation	载波聚合
CC	Component Carrier	载波单元
CN	Core Network	核心网
CoMP	Coordinated Multiple Points Transmission	多点协同技术
CRNC	Controlling RNC	控制 RNC
CSI	Channel State Information	信道状态
CU	Centralized Unit	集中单元
D2D	Device-to-Device	终端直通
DRNC	Drift RNC	漂移 RNC
DRX	Discontinuous Reception	非连续发射
DU	Distributed Unit	分布单元
eRRU	enhanced Remote Radio Unit	增强的远端射频单元
FDD	Frequency Division Duplex	频分双工
FER	Frame Error Rate	误帧率
GPRS	General Packet Radio Service	通用分组无线服务
GTP-U	User plane part of GPRS tunnelling protocol	GPRS 隧道协议用户面部分
IE	Information Element	信息单元
IMSI	international Mobile Station Identity	国际移动台标识
IP	Internet Protocol	Internet 协议
ISUP	Integrated Services Digital Network User Part	ISDN 用户部分

缩 写	英 文 全 称	中 文 全 称
ITU-T	ITU-T for ITU Telecommunication Standardization Sector	国际电信联盟电信标准分局
ITS	Intelligent Traffic System	智能交通系统
LAI	Location Area Identity	位置区码
MAC	Medium Access Control	媒体接入控制
MEC	Mobile Edge Computing	移动边缘计算
MM	Mobility Management	移动性管理
MSC	Mobile Swith Center	移动交换中心
Massive MIMO	Massive multiple in multiple out	大规模多进多出技术
M-RAT	Multiple Radio Access Technology	多无线接入技术
MUSA	Multi User Shared Access	多用户共享接入
NAS	Non-Access Stratum	非接入层
NF	Network Function	网络功能
NFV	Network Functions Virtualization	网络功能虚拟化
NOMA	Non-Orthogonal Multiple Access	非正交多址接入
OAM	Operation Administration and Maintenance	运行维护与管理
OTN	Optical Transport Network	光传送网
PCP	Power Control Preamble	功率控制前导
PDCP	Packet Data Convergence Protocol	分组数据汇聚层协议
PLMN	Public Land Mobile Network	公共陆地移动网
PDMA	Pattern Division Multiple Access	图样分割多址接入
PSTN	Public Switched Telephone Network	公用交换电话网
PTN	PacketTransportNetwork	分组传送网
QoE	Quality of Experience	体验质量
QOS	Quality of Service	服务质量
SCMA	Sparse Code Multiple Access	稀疏码多址接入
SDN	Software Defined Network	软件定义网络
SMF	Session Management Function	会话管理功能
SPN	Slicing Packet Network	切片分组网
UPF	User Plane Function	用户面管理功能
V2X	Vehicle to Everything	车对外界的信息交换

参 考 文 献

[1]卓业映.5G移动通信发展趋势与若干关键技术[J].中国新通信,2015(8).

[2]陈明.5G移动无线通信技术[M].北京:人民邮电出版社,2018.

[3]梁雪梅.5G网络全专业规划设计宝典[M].北京:人民邮电出版社,2020.